化粧品の使用感評価法と製品展開

Sensory and Instrumental Evaluation of Cosmetics for Development of New Products

《普及版／Popular Edition》

監修 秋山庸子，西嶋茂宏

シーエムシー出版

はじめに

　今世紀は感性の時代といわれています。経済産業省が2010年までを「感性価値創造年」と位置づけたことにも象徴されるとおり，社会のニーズが機能性の要求から快適性の要求に向かっており，「使いやすさ」，「心地よさ」といった製品使用時の快・不快感すなわち使用感をいかに評価し，生活環境に反映させていくかがますます今後の焦点となっていくと考えられます。感性産業という言葉も徐々に定着しはじめていますが，その中でも特に化粧品産業においては，消費者の要求する使用感のレベルはかなり高く，より人の感性に訴えかける商品作りが求められています。これは，女性の社会進出が進む一方で，未だ解決されていないストレス社会を背景として，毎日使用する化粧品にささやかな癒しや爽快感を求める消費者が多いことが一因であると考えられます。人のQOL（Quality of Life）を高めるために，化粧品は今後ますます重要な役割を担うようになると考えられます。

　化粧品の使用感は人の肌に触れて人体と何らかの形で相互作用することによってはじめて感じるものであり，これまで使用感評価はその大部分を官能評価に頼ってきました。しかし最近では，化粧品の塗り心地や毛髪のくし通りなどの微妙な触感を人に代わって機器で測定しようとする試みや，脳波・心電などの生体計測による快適性評価も行われるようになってきました。これは感覚的な言語表現からはじまった感性工学が，機械工学や生理学など様々な分野にまたがる学際分野へと発展しつつあることを示しています。これらの分野が融合することにより，感性に関する学問の新たな段階への発展が期待されます。

　本書では，このような様々な学問分野からの視点とその相互の関係づけを意識し，多岐にわたる分野でご活躍中の先生方にご執筆いただきました。従来から用いられている手法である官能評価と，近年官能評価に代わる手法として開発が進められている機器測定の対比と関係づけ，さらには今後の使用感評価の展望を含めて構成されています。第1編と第2編が基礎編，第3編から第5編が実践編となっており，基礎編では官能評価と機器測定のそれぞれの基礎，実践編では官能評価と機器測定の実例，および官能評価と機器測定との関係づけと処方設計へのフィードバックについて取り上げています。

　本書の知見を土台として，エビデンスに基づいた使用感設計，さらには人の感覚に訴えかける製品開発への道筋を見出していただければ幸いです。

2008年12月

秋山庸子，西嶋茂宏

普及版の刊行にあたって

本書は2008年に『化粧品の使用感評価法と製品展開』として刊行されました。普及版の刊行にあたり，内容は当時のままであり加筆・訂正などの手は加えておりませんので，ご了承ください。

2014年7月

シーエムシー出版　編集部

執筆者一覧（執筆順）

秋山 庸子	大阪大学　大学院工学研究科　環境・エネルギー工学専攻　助教
西嶋 茂宏	大阪大学　大学院工学研究科　環境・エネルギー工学専攻　教授
神宮 英夫	金沢工業大学　情報学部　心理情報学科　教授； 感動デザイン工学研究所　所長
斉藤 尚仁	㈱ヤクルト本社　湘南化粧品工場　開発課
長沢 伸也	早稲田大学　大学院商学研究科　ビジネス専攻；商学専攻　教授
外池 光雄	千葉大学　大学院工学研究科　人工システム科学専攻 メディカルシステムコース　教授
横田 尚	㈲アセニール　代表取締役
高橋 元次	エムティーコンサルティング
鈴木 高広	東京理科大学　理工学部　工業化学科　非常勤講師； 元基礎工学部　助教授
妹尾 正巳	㈱コーセー　研究所　メイク製品研究室　美容評価グループ
大西 太郎	㈱ナリス化粧品　研究開発部
鈴木 修二	日本メナード化粧品㈱　研究技術部門　第三部 香料研究グループ　主席研究員
武藤 仁志	日本メナード化粧品㈱　研究技術部門　第三部 香料研究グループ　主任研究員
松江 由香子	クラシエホームプロダクツ㈱　ビューティケア研究所　研究員
坂 貞徳	日本メナード化粧品㈱　研究技術部門　第三部 基礎化粧品第三研究グループ　主幹研究員

大田 理奈	味の素㈱ アミノサイエンス研究所 機能製品研究部 香粧品研究室
桜井 哲人	㈱ファンケル 総合研究所 化粧品研究所 化粧品評価グループ グループマネージャー
松本 健郎	名古屋工業大学 大学院工学研究科 機能工学専攻 教授
村上 泉子	㈱カネボウ化粧品 研究本部 製品保証研究所 主任研究員
末次 一博	㈱ナリス化粧品 研究開発部 シニアリサーチャー
滝脇 弘嗣	たきわき皮フ科クリニック 院長
竹原 孝二	㈱カネボウ化粧品 製品開発研究所 商品設計第四グループ 研究員
瀧上 昭治	群馬大学 機器分析センター 准教授
鈴木 貴雅	城西大学 薬学部
吉田 大介	城西大学 薬学部；㈱コスモステクニカルセンター 製剤開発部
杉林 堅次	城西大学 薬学部 教授
宇治 謹吾	㈱コスモステクニカルセンター 処方開発部 主任研究員
美崎 栄一郎	花王㈱ 総合美容技術研究所
田中 真美	東北大学 大学院医工学研究科 教授
平尾 直靖	㈱資生堂 ビューティーソリューション開発センター 研究員

執筆者の所属表記は，2008年当時のものを使用しております．

目　次

基礎編

【第1編　化粧品官能評価の基礎】

第1章　官能評価の長所と短所　　神宮英夫

1　官能評価（sensory evaluation）は役に立たないのか ……………………… 3
2　役に立つ官能評価へ ………………… 4
3　官能評価の必要性 …………………… 8
4　感情品質の具現化 …………………… 9

第2章　官能評価手法　　神宮英夫

1　官能評価手法の概要 ………………… 11
　1.1　識別試験法 ……………………… 11
　1.2　分類法 …………………………… 12
　1.3　順位法 …………………………… 12
　1.4　記述的試験法 …………………… 13
　1.5　一対比較法 ……………………… 14
2　官能評価手法の構造 ………………… 16
　2.1　バラツキを少なくする努力 …… 17
　2.2　評価側面 ………………………… 18

第3章　化粧品における官能評価項目・パネルの選定　　斉藤尚仁

1　はじめに ……………………………… 20
2　化粧品の官能評価を構成する要素 … 20
3　官能評価項目の選択 ………………… 22
　3.1　化粧品の官能評価項目の特性 … 22
　3.2　考え方 …………………………… 23
　　3.2.1　使用する感覚は何か ……… 23
　　3.2.2　使用時のどの点を評価するのか ………………………………… 24
　3.3　具体的な作り方 ………………… 24
4　パネルの選定 ………………………… 25
　4.1　パネルと官能評価手法 ………… 25
　　4.1.1　パネルの感覚を固定して，サンプルを評価する〈パネルが物差し〉 ………………………… 25
　　4.1.2　サンプルの官能特性を固定して，パネルを評価する〈サンプルが物差し〉 …………………… 25
　4.2　パネルの種類 …………………… 25
　　4.2.1　嗜好型パネル ……………… 26
　　4.2.2　分析型パネル ……………… 26
　4.3　パネルの編成と選択 …………… 26
　　4.3.1　嗜好型パネル ……………… 27
　　4.3.2　分析型パネル ……………… 28
5　おわりに ……………………………… 28

I

第4章　商品設計・開発のための官能評価の解析　　長沢伸也

1　官能評価データの特質 …………………… 30
2　統計的方法 ………………………………… 31
3　一対比較法 ………………………………… 33
　3.1　考え方 ………………………………… 33
　3.2　実施例 ………………………………… 34
　3.3　シェッフェの一対比較法による解析について ………………………………… 36
　3.4　シェッフェの一対比較法の改良 …… 36
4　おわりに …………………………………… 37

第5章　嗅覚・皮膚体性感覚からみた化粧品使用感　　外池光雄

1　はじめに …………………………………… 39
2　嗅覚の官能評価法 ………………………… 39
3　匂いの生理的・客観的計測法 …………… 42
　3.1　嗅覚誘発電位（OEP）計測法 ……… 42
　3.2　随伴陰性変動（CNV）による匂いの計測法 …………………………………… 43
　3.3　脳磁図（MEG）による匂いの計測法 …………………………………… 44
　3.4　機能的磁気共鳴画像法（f-MRI）による匂いの計測法 ……………………… 45
4　皮膚の構成と皮膚体性感覚の官能評価法 ……………………………………… 46
5　体性感覚の生理的・客観的計測法 ……… 47
6　化粧品使用感の評価に対する今後の展望 ……………………………………… 48

第6章　化粧品の使用感評価と基盤技術　　横田　尚

1　はじめに …………………………………… 50
2　美粧効果を支える基盤技術 ……………… 51
3　化粧品産業のあり方 ……………………… 52
4　化粧品開発と使用感評価法 ……………… 53
　4.1　化粧品の開発 ………………………… 53
　4.2　使用感評価 …………………………… 54
　4.3　化粧品開発の考え方 ………………… 57
　4.4　研究方法 ……………………………… 57
5　使用感・美粧効果を支える基盤技術 …… 57
6　製剤技術の進歩と二つの方向 …………… 60
7　美しさの新しい流れ ……………………… 60
　7.1　客の要求品質 ………………………… 60
　7.2　化粧品開発の方向 …………………… 60
8　おわりに …………………………………… 61

【第2編　化粧品使用感に関連する機器計測の基礎】

第1章　機器計測の分類とその特徴　　　高橋元次

1　はじめに ………………………………… 65
2　肌理（きめ）測定 ……………………… 67
　2.1　レプリカ画像解析法 ……………… 67
　2.2　レプリカ三次元計測法 …………… 69
　2.3　ビデオマイクロスコープを用いた
　　　　皮膚表面画像解析法 ……………… 69
　2.4　レプリカを介さない三次元直接計
　　　　測法（in vivo法） ………………… 70
3　角層水分量測定 ………………………… 71
　3.1　高周波電流法 ……………………… 71
　3.2　全反射吸収—FTIR法 …………… 72
　3.3　近赤外分光法（Near Infrared
　　　　Spectroscopy；NIR） ……………… 73
　3.4　共焦点ラマン分光法 ……………… 73
4　皮脂測定 ………………………………… 74
5　皮膚バリア機能測定 …………………… 75
6　しわ測定 ………………………………… 76
　6.1　斜光照明によるレプリカ二次元画
　　　　像解析法 …………………………… 76
　6.2　レプリカを用いた三次元解析法 … 76
　6.3　in vivo計測法 ……………………… 77
7　毛穴測定 ………………………………… 78
8　皮膚色測定 ……………………………… 79
9　しみ測定 ………………………………… 81
10　紅斑測定 ………………………………… 82
11　皮膚摩擦測定 …………………………… 82
12　皮膚力学測定 …………………………… 84
13　皮膚計測の長所・短所 ………………… 86
14　おわりに ………………………………… 86

第2章　機器計測手法と官能評価項目との対応関係　　　鈴木高広

1　はじめに ………………………………… 89
2　使用感要素と機器計測項目との対応関
　　係の解析 ………………………………… 89
　2.1　消費者の官能評価と，使用感の数
　　　　値化 ………………………………… 89
　2.2　メイクアップ動作と使用感の要素
　　　　……………………………………… 90
　2.3　使用感の要素と機器計測項目 …… 91
　2.4　製品かたさに関する機器計測と使
　　　　用感 ………………………………… 92
　2.5　粉体形状に依存した使用感 ……… 93
　2.6　粉体形状係数と使用感 …………… 95
　2.7　粉体の動摩擦係数と使用感 ……… 96
3　製品物性からの使用感の予想モデルと，
　　信頼度の解析方法 ……………………… 99
　3.1　製品のカテゴリーの違いによるモ
　　　　デルの信頼度の変化 ……………… 99
　3.2　基本対応モデルと外乱因子の補正
　　　　……………………………………… 100
　3.3　複数の対応モデルと信頼度の重み

　　　　係数 …………………………… 101
　3.4　データベースを利用した製品物性
　　　　と使用感の対応予測モデル ……… 102
4　製品開発における機器計測と使用感の
　　近似モデルの利用の仕方 ……………… 104

4.1　機器計測と官能予測モデルを用い
　　　た製品開発フロー ………………… 104
4.2　官能応答予測モデルの信頼度評価
　　　と最適化 …………………………… 105
5　おわりに …………………………………… 106

実践編

【第3編　化粧品使用感の官能評価実例】

第1章　スキンケア製品　　妹尾正巳

1　はじめに ………………………………… 111
2　サンプルを考える ……………………… 112
　2.1　スキンケア製品の分類と官能評価
　　　　の関係 ……………………………… 112
　2.2　スキンケア製品の使用経験 ……… 112
　2.3　スキンケア製品の物理的性質 …… 113
3　触覚評価を考える ……………………… 114
　3.1　複数の感覚の総称である触覚 …… 114
　3.2　触覚評価の難しさ ………………… 115

4　評価方法を考える ……………………… 115
　4.1　注意点のまとめ …………………… 115
　4.2　手法について ……………………… 116
5　官能評価実例 …………………………… 117
　5.1　化粧水をサンプルとする1：2点
　　　　試験法 ……………………………… 117
　5.2　乳液をサンプルとするSD法 …… 117
　5.3　官能評価用語 ……………………… 118
6　おわりに ………………………………… 118

第2章　メイクアップ製品（ファンデーション）の使用感設計とその評価
　　　　　　　　　　　　　　　　　　　　　　　　　大西太郎

1　ベースメイクアップ製品（ファンデー
　　ション）の使用感設計の意味 ………… 120
2　使用感設計時の注視点 ………………… 120
　2.1　パウダーファンデーションの設計
　　　　ポイント …………………………… 121
　　2.1.1　特徴 ……………………………… 121
　　2.1.2　感触 ……………………………… 122
　　2.1.3　仕上がり ………………………… 122

　　2.1.4　持続性 …………………………… 123
　2.2　O/W乳化型クリームファンデーシ
　　　　ョンの設計ポイント ……………… 123
　　2.2.1　特徴 ……………………………… 123
　　2.2.2　感触 ……………………………… 123
　　2.2.3　仕上がり ………………………… 124
　　2.2.4　持続性 …………………………… 124
　2.3　W/O乳化型クリーム・リキッドフ

ァンデーションの設計ポイント … 124
　2.3.1　特徴 …………………… 124
　2.3.2　感触 …………………… 125
　2.3.3　仕上がり ……………… 125
　2.3.4　持続性 ………………… 125
 2.4　油性固型ファンデーションの設計
　　　ポイント ……………………… 126
　2.4.1　特徴 …………………… 126

　2.4.2　感触 …………………… 126
　2.4.3　仕上がり ……………… 126
　2.4.4　持続性 ………………… 126
3　評価 …………………………………… 127
　3.1　官能評価 ……………………… 127
　3.2　代替評価（例）………………… 128
4　おわりに ……………………………… 129

第3章　フレグランス製品　　鈴木修二，武藤仁志

1　はじめに ……………………………… 131
2　香りの評価 …………………………… 131
　2.1　評価用語 ……………………… 131
　2.2　評価の設計 …………………… 133
3　フレグランス製品の評価 …………… 134

　3.1　フレグランス製品の特徴 …… 134
　3.2　夏向けのフレグランス製品開発に
　　　 おける官能評価実例 …………… 135
4　機器分析と官能評価 ………………… 136
5　おわりに ……………………………… 137

第4章　ヘアケア製品　　松江由香子

1　はじめに ……………………………… 139
2　官能評価 ……………………………… 139
3　官能評価が適したヘアケア製剤 …… 140
4　評価者の選択 ………………………… 140

5　評価方法 ……………………………… 140
6　評価の実施と結果の解析 …………… 142
7　製品の性能と嗜好の関係 …………… 144
8　今後の課題 …………………………… 145

【第4編　使用感に関連する機器計測の実例】

第1章　レオロジー特性　　坂　貞徳

1　はじめに ……………………………… 149
2　マッサージクリームの粘性測定 …… 150
3　マッサージクリームの動的粘弾性測定

　 ………………………………………… 151
4　マッサージクリームの評価 ………… 154

第2章　天然保湿因子・表皮水分量　　大田理奈

1　はじめに ·· 156
2　天然保湿因子（NMF）の研究の歴史と分析例 ···························· 157
　2.1　研究の歴史 ·· 157
　2.2　NMF分析方法の概説 ···················· 157
　2.3　NMFの具体的な分析例 ············· 158
3　表皮水分量の機器評価方法 ············· 161
　3.1　間接法 ·· 162
　　3.1.1　高周波電気伝導度法 ············ 162
　　3.1.2　電気容量法 ···························· 162
　3.2　直接法 ·· 163
　　3.2.1　in vivo 共焦点ラマン分光法 ······························ 163
　　3.2.2　全反射フーリエ変換赤外線吸収スペクトル法（ATR-FTIR；Attenuated Total Reflectance -Fourier Transform Infrared） ················ 163
　　3.2.3　近赤外分光法（NIR；Near Infrared Spectroscopy） ········ 163
　　3.2.4　磁気共鳴断層撮影法（MRI；Magnetic Resonance Imaging） ································ 163
　　3.2.5　時間領域反射法（TDR；Time Domain Reflectometry） ········ 164
4　おわりに ·· 164

第3章　バリア機能の測定と評価方法　　桜井哲人

1　角層について ·· 166
　1.1　角層の役割 ·· 166
　1.2　角層の構造 ·· 166
　1.3　角層の構造を指標としたバリア機能の評価について ···················· 166
2　剥離角層によるバリア機能の評価法 ···· 167
　2.1　剥離法と装置構成 ·························· 167
　　2.1.1　角層の剥離方法 ···················· 167
　　2.1.2　測定装置 ································ 169
　2.2　剥離角層の角層細胞間脂質のラメラ液晶構造観察 ····················· 170
　　2.2.1　主観的評価と客観的評価 ······ 170
　　2.2.2　観察視野によるばらつき ······ 171
　　2.2.3　ラメラ液晶構造の同定 ········· 172
　2.3　角層細胞の透明度評価—客観的評価 ·· 173
　2.4　肌状態と角層細胞間脂質ラメラ液晶構造および角層透明度の関連性 ·· 174
　　2.4.1　角層水分量，経皮水分蒸散量 ·· 174
　　2.4.2　アトピー性皮膚炎の角層細胞間脂質ラメラ液晶構造と角層細胞透明度 ································ 175
　　2.4.3　紫外線照射後の角層細胞間脂質ラメラ液晶構造と角層細胞透明度 ································ 175
3　バリア機能への有効性が期待されるス

キンケアの評価 …………………… 176
　4　今後の角層構造評価を指標としたバリ

　　ア機能評価について …………………… 176

第4章　皮脂成分の測定と評価方法　　桜井哲人

1　皮脂について ………………………… 178
　1.1　皮脂の組成 …………………… 178
　1.2　皮脂の分泌メカニズム ……… 178
　1.3　皮脂の役割と弊害 …………… 178
2　皮脂の測定法 ………………………… 179
　2.1　皮脂を測定する ……………… 179
　　2.1.1　SEBUMETER（Courage +
　　　　　Khazaka社製）………………… 179
　　2.1.2　赤外分光（IR）法 ………… 181
　　2.1.3　ガスクロマトグラフ（GC）
　　　　　法 ……………………………… 182
　　2.1.4　薄層クロマトグラフ（TL
　　　　　C）法 ………………………… 183
　2.2　皮脂の過多に伴う皮膚状態を測定
　　　　する …………………………… 183
　　2.2.1　毛穴の評価 ………………… 183
　　2.2.2　テカリ，化粧くずれの評価 …… 184
3　皮脂測定に影響を与える因子 ……… 185
　3.1　部位差 ………………………… 185
　3.2　季節変動 ……………………… 186
　3.3　年齢 …………………………… 187
4　皮脂対策化粧品の有用性評価 ……… 188
　4.1　5α-リダクターゼ阻害剤および
　　　　抗菌剤配合美容液の3週間連続使
　　　　用試験 ………………………… 188
　4.2　リパーゼ阻害剤配合クリームの1
　　　　ヶ月連続使用試験 …………… 188
　4.3　皮脂吸収粉体配合メイク品の使用
　　　　試験 …………………………… 189
5　今後期待されること ………………… 190

第5章　皮膚の力学特性　　松本健郎

1　はじめに ……………………………… 191
2　皮膚の力学的特徴 …………………… 191
3　引張試験から得られる力学特性と皮膚
　　の組織像との関係 …………………… 193
4　層による力学特性の違い …………… 194
5　皮膚の力学特性の非侵襲計測に影響を
　　与える因子 …………………………… 196
6　皮膚の力学特性計測の実際 ………… 197
7　おわりに ……………………………… 199

第6章　皮膚表面形状　　村上泉子

1　はじめに ……………………………… 202
2　きめ …………………………………… 202
　2.1　計測法 …………………………… 203
　　2.1.1　輝度分布の解析 ……………… 203
　　2.1.2　2値化による解析 …………… 204
　　2.1.3　ビデオマイクロスコープを用
　　　　　いた解析 ……………………… 204
　2.2　加齢による変化と身体部位差 …… 204
3　しわ …………………………………… 206
　3.1　計測法 …………………………… 207
　　3.1.1　観察・スコア法 ……………… 207
　　3.1.2　斜光照明による2次元画像解
　　　　　析法 …………………………… 207
　　3.1.3　3次元解析法 ………………… 209
　3.2　加齢変化 ………………………… 210
4　毛穴 …………………………………… 212
　4.1　計測法 …………………………… 212
　　4.1.1　ビデオマイクロスコープによ
　　　　　る解析 ………………………… 212
　　4.1.2　2次元形状解析 ……………… 213
　　4.1.3　3次元形状解析 ……………… 213
　4.2　加齢変化と部位による違い ……… 214

第7章　皮膚色の評価のポイントと測定機器　　末次一博

1　はじめに ……………………………… 217
2　色について──色を知覚するためのメカ
　　ニズム ……………………………… 217
3　色を測定する ………………………… 218
　3.1　色の数値化 ……………………… 218
　3.2　色を測定する装置 ……………… 219
　　3.2.1　色彩計（刺激値直読方式）…… 219
　　3.2.2　分光測色計（分光測色方式）
　　　　　………………………………… 219
　　3.2.3　非接触型の装置 ……………… 221
4　皮膚色の測定 ………………………… 221
　4.1　皮膚色の光学的特殊性と構成色素
　　　　………………………………… 221
　4.2　シミの測定 ……………………… 222
　4.3　皮膚色の測定 …………………… 223
　4.4　接触式色彩計を用いる場合の皮膚
　　　　色測定の留意点 ………………… 224
　4.5　非接触測定装置の使用時の留意点
　　　　………………………………… 225
5　長期連用試験で皮膚色の変化を見ると
　　きの留意点 ………………………… 228
6　おわりに ……………………………… 228

第8章　皮膚血流　　滝脇弘嗣

1　はじめに ……………………………… 229
2　皮膚血流計測法と機器 ……………… 230
　2.1　クリアランス法 ………………… 230
　2.2　経皮ガス分圧モニター ………… 231

2.3	レーザードップラー血流計 ……… 233	2.5	サーモグラフィー …………………… 236
2.4	紅斑（ヘモグロビン）インデックスメーター ……………………… 235	2.6	その他 …………………………… 238
		3	おわりに ………………………… 238

第9章　毛髪の組成成分量（水分・脂質・タンパク質）　　竹原孝二

1	はじめに ………………………… 240	4	毛髪の脂質 ……………………… 245
2	毛髪の組成 ……………………… 240	5	毛髪のタンパク質 ……………… 250
3	毛髪の水分 ……………………… 241	6	おわりに ………………………… 252

第10章　毛髪の力学特性　　松江由香子

1	毛髪の構造 ……………………… 254	4.2	表面摩擦試験機—測定例 ……… 259
2	使用感に関連する機器測定の種類 …… 255	5	柔軟性（はりこし感・ごわつき）の評価 ……………………………… 260
3	毛髪強度（枝毛・切毛）の評価 ……… 256		
3.1	引っ張り試験—測定方法 ……… 256	5.1	曲げ特性の測定 ………………… 260
3.2	引っ張り試験—測定例 ………… 256	5.2	曲げ試験—測定例 ……………… 261
4	くし通りの評価 ………………… 258	6	今後の課題 ……………………… 261
4.1	表面摩擦試験機—測定方法 …… 258		

第11章　毛髪の微細構造解析　　瀧上昭治

1	はじめに ………………………… 263	4.2	ブリーチとパーマ処理した毛髪のSPM観察 ……………………… 265
2	毛髪の階層構造 ………………… 263		
3	ブリーチとパーマ処理した毛髪の調製 ……………………………… 264	5	ブリーチ＆パーマ処理した毛髪のX線回折 ……………………………… 267
4	ブリーチとパーマ処理した毛髪の電子顕微鏡観察 ……………………… 264	6	ブリーチ＆パーマ処理した毛髪の熱分析と微細構造変化 ……………… 268
4.1	B&P処理毛髪のSEM観察 ……… 264	7	おわりに ………………………… 271

第12章　生体への化粧品浸透性の分析　　鈴木貴雅，吉田大介，杉林堅次

1 はじめに ………………………………… 273
2 皮膚透過実験 …………………………… 273
3 有効成分の皮膚透過性と皮内貯留性の解析 …………………………………… 275
4 有効成分の皮膚透過性と活量 ………… 277
5 有効成分の皮膚中濃度を上げるには … 278
6 おわりに ………………………………… 278

【第5編　官能評価と機器計測の関係付けと製品展開】

第1章　処方と化粧品物性　　宇治謹吾

1 はじめに ………………………………… 283
2 油性成分の特徴 ………………………… 283
　2.1 脂肪酸・アルコールの組み合わせの違いによるエステルの一般的な特徴 ……………………………… 284
　2.2 エステルおよび植物油の相対粘度と摩擦係数（MIU） ……………… 285
　2.3 油性成分のIOB値と凝固点（曇り点，融点） ……………………… 286
　2.4 モニター評価 ……………………… 287
3 水溶性高分子の特徴とモニター評価 … 289
　3.1 特徴 ………………………………… 289
　3.2 モニター評価 ……………………… 289
4 多価アルコールの特徴とモニター評価 ………………………………………… 290
　4.1 特徴 ………………………………… 290
　4.2 モニター評価 ……………………… 291
5 製剤化した場合の特徴 ………………… 291
　5.1 乳化化粧品の使用感とレオロジーの関係 …………………………… 292
　5.2 乳化構造の違いによる効果の違い ………………………………… 293
　5.3 クリーム中における油相成分のモニター評価 ……………………… 294
6 おわりに ………………………………… 294

第2章　使用感評価に基づく処方設計　　美崎栄一郎

1 開発動向と背景 ………………………… 296
2 単繊維摺動式摩擦試験機の開発 ……… 296
3 一般的な化粧品原料の摩擦特性 ……… 298
4 使用感触の改善──複合粒子の作製方法 ………………………………………… 300
5 まとめ …………………………………… 301

第3章 触覚機構に基づく製品評価装置の開発　田中真美

1 はじめに ……………………………… 303
2 ヒトの触動作および触覚受容器について …………………………… 304
　2.1 ヒトの触動作および調査結果等について ………………………… 304
　2.2 皮膚の感覚受容器について ……… 305
3 触感センサシステム ………………… 305
4 触覚感性計測 ………………………… 306
　4.1 センサシステムおよび信号処理方法 ………………………………… 306
　4.2 毛髪触感測定システム …………… 307
5 おわりに ……………………………… 309

第4章 メンタルヘルスケアにおける美容と化粧の役割　平尾直靖

1 はじめに ……………………………… 311
2 ストレスとメンタルヘルス ………… 311
　2.1 ストレスとは ……………………… 311
　2.2 ストレス反応の生理的機序 ……… 312
　2.3 現代社会の状況とストレス緩和の必要性 …………………………… 312
　2.4 ストレスによるメンタルヘルスへの悪影響 ………………………… 313
3 化粧や美容によるメンタルヘルスケア …………………………………… 314
　3.1 化粧や美容によるストレス反応の緩和 …………………………………… 314
　3.2 外見や装いを整えることによる心理・社会的な効果 ………………… 317
4 おわりに ……………………………… 319

第1章　官能評価の長所と短所

神宮英夫*

1　官能評価（sensory evaluation）は役に立たないのか

「官能評価は役に立たない」ということを，ものづくりの現場でよく聞くことがある。JIS Z8090[1)] の記載にのっとり，きちっとした実験計画の下で官能評価実験を行い，分析結果も有意なものであり，これに基づいて製品開発を進めようとしたにも関わらずである。発売された製品の評価は芳しくなく，官能評価自体の評価が低くなってしまっている。いったい何が問題で，どのようにすれば役に立つ官能評価に変身させることができるのであろうか。

官能評価は，人がものと接したときに，そのものをどのように受け止めたかを明らかにするための手法である。人はパネル，ものはサンプル（試料）と呼ばれている。接するとは，化粧品であれば使用するということであり，食品では食するということであり，機器では操作するということである。受け止め方には，さまざまなレベルがあり，サンプルAとBの違いを区別するという単純なレベルから，好みやユーザビリティーなどの複雑なレベルまで，多様である。一般に官能評価では，前者を分析型，後者を嗜好型と呼んでいる。

きちっとした結果を出すためには，実験条件を設定して計画を立てて，評価実験を実施する必要がある。たとえば，乳液のしっとり感の評価を行おうとしたときに，保湿成分の量や種類を変化させたサンプルを準備して，実験計画法に基づいて実験を行うことになる。そして，各サンプルでのしっとり感を評価してもらうことになる。しかし，ここで大きな問題に気がつく。日常，乳液を使用するときに，しっとり感だけに着目して製品と接することはまずなく，複数の乳液を使い比べることもない。つまり，実験状況は非日常的であるということである。このことが，「官能評価は役に立たない」という評価を得てしまう，最大の原因であろう。これは，実験としての宿命である。

しかし，日常の状況では，どのような評価結果を得れば品質構成につながる結果を導き出すことができるのかは，難しい問題である。実験でありながら日常の状況を担保するという状況をどのように設定することができるのであろうか。このことが可能になれば，役に立つ官能評価に変

---

*　Hideo Jingu　金沢工業大学　情報学部　心理情報学科　教授；
　　感動デザイン工学研究所　所長

身させることができるであろう。

2　役に立つ官能評価へ

　実験でありながら日常性をということが，役に立つ官能評価への第一歩である。このためには，実験の工夫と用語の工夫そして分析に際しての統計の工夫が必要であり，結果を設計品質化につなげていくための工夫も必要になる。以下では，用語と実験の工夫について，それぞれの実例を紹介する。もちろん，サンプルの特性や必要な期待される結果によって，さまざまな工夫の可能性があり，このことに対応して使う統計手法を工夫することになる。

　化粧品の評価では，しっとり感・膜圧感・こくなど多様な評価用語が使われている。しっとり感は，おそらく誰でもあまり相違なく理解できる評価の側面であろう。しかし，膜圧感は，実際に乳液を使用して実感した人でなければ，おそらくわからない側面である。こくにいたっては，化粧品の専門家でなければわからない評価側面であろう。このように，簡単に評価できる用語から難しい用語まで，その評価用語の質には幅がある。化粧品に含まれる物理的属性の問題を考えれば，それぞれ必要な用語である。そこで，一般のパネルにもわかりやすい用語を使うことで，より日常的な評価事態を設定することができるであろう。

　感嘆詞とオノマトペを使った評価実験の例を述べる[2]。4種類の市販乳液（A：こってり・B：ややさっぱり・C：ジェル状のさっぱり・D：ノーマル）を使用し，24名の20代の女性をパネルとして，官能評価実験を行った。使用した感嘆詞は12語（うわー・すー・えーっ・うっ・あぁ・ひぃいっ・げっ・ふーっ・んー・ありゃ・ほっ・はぁー）であり，当てはまるものを複数選択してもらった。なお，これらは，事前に数名の女性に乳液を使用してもらい，得られた感嘆詞を集めて整理した結果から選択されたものである。また，使用したオノマトペは13語（ねばねば・ずるずる・ぽたぽた・すべすべ・すうすう・ぎとぎと・ぴちぴち・ぬめぬめ・もこもこ・べたべた・さらさら・ぱさぱさ・ごわごわ）であり，片側5段階の評定法で評価してもらった。ぬめぬめをとても感じれば5で，感じなければ1である。なお，これらのオノマトペは，通常の乳液の評価用語に対応するように選択した。

　パネルには，洗顔後2分間待ってもらい，0.3mlの乳液を塗布して，感嘆詞の評価の後でオノマトペの評価をしてもらい，これを2種類の乳液で行った。

　感嘆詞の結果を数量化Ⅲ類で分析し，サンプルと用語との布置図を作成した（図1）。サンプルACBDという順で落ち着き感を感じており，必ずしもさっぱりの触感とは対応していない結果であった。感嘆詞は，最初に乳液と接したときの第一印象の表現であり，現在使用している乳液や他の基礎化粧品を基準として評価されたためではないかと考えられる。次に，オノマトペの

第1章　官能評価の長所と短所

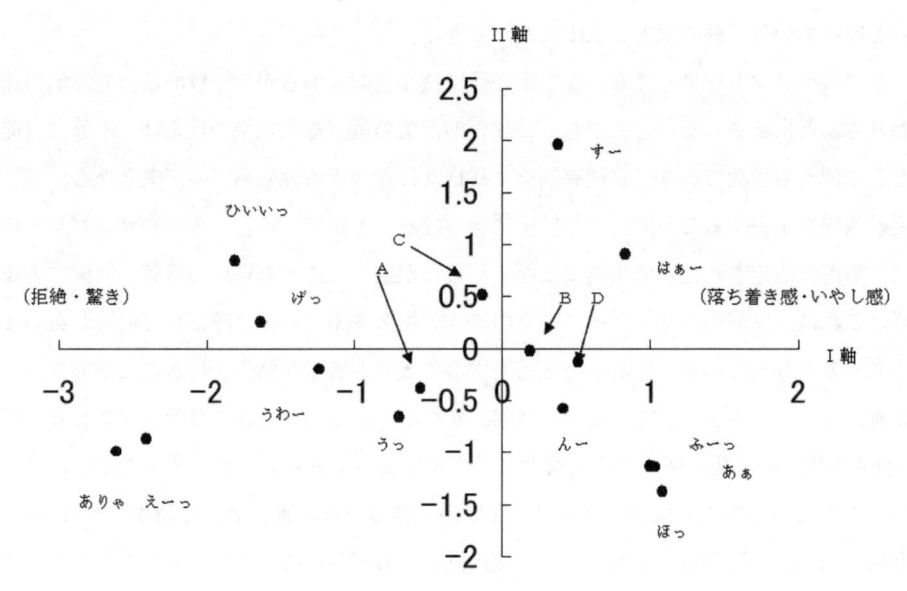

図1　乳液と感嘆詞の数量化Ⅲ類による布置図

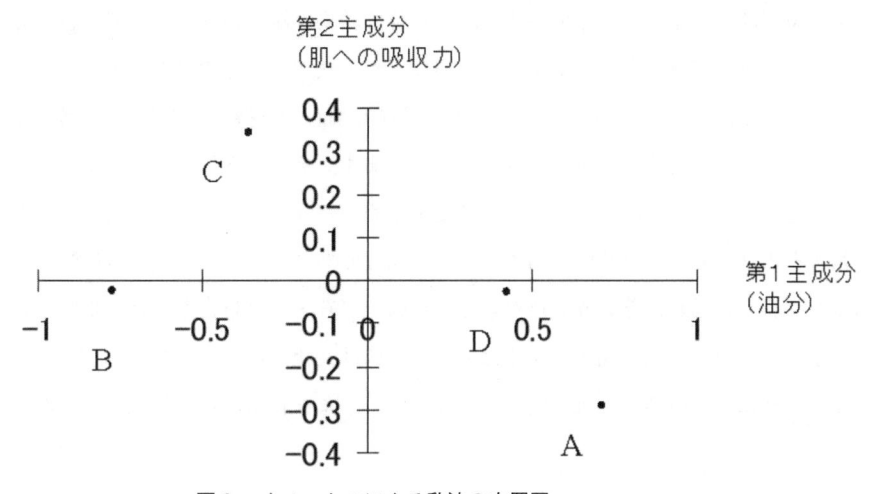

図2　オノマトペによる乳液の布置図

　結果を主成分分析で分析し，各サンプルの布置図を作成した（図2）。サンプルBC対ADという，さっぱりに対応した物理的属性に見合った評価が得られるとともに，製品の特徴を反映する結果となっていた。

　オノマトペは，擬声語（onomatopoeia）でありコトコト・ザラザラなどの聴覚印象の言語表現である。また，擬態語（mimesis）は，ヌメヌメなどの視聴触味嗅覚の5感の各印象を言語音で表現したものであり，擬声語が擬態語として使われることもある。たとえば，コトコトは，水

車の回る音と回っている状態の双方を表すことができる。

　感嘆詞にしてもオノマトペにしても，誰もが普通に使う言葉であるが，一般的に官能評価用語として使われることはあまりない。しかし，これらの言葉の選定を注意深く行えば，十分に官能評価用語として使える言葉であり，官能評価をより日常に近づける評価用語の工夫となる。

　次に，実験状況を工夫することで，より日常に近づけることができる。パネルがサンプルと接したときに，事前に設定された評価用語ではなく，自らが感じたことを自らの言葉で素直に表現してもらう。これは，文章の形態をとっているので，テキスト型データと呼ばれている。あいまいさや個人差が多々存在するが，分析などを工夫することで，有用な結果を得ることができる。

　市販の化粧水をサンプルXとして，これと触感が異なる，品質構成を変えたサンプルを6品作成した[3]。44名の化粧品開発に関わる成人女性にパネルになってもらい，各パネルで1品につき1週間の連用をしてもらった。なお，サンプルXは必ず含み，その他に3品を使用してもらい，計4品を期間として4週間使用してもらった。使用直後に毎日日記のように，感じたことを冊子に記入してもらった。なお，通常の評定法による評価実験も実施した。

　評定法の結果を主成分分析した結果，初日は図3で7日目は図4である。初日の結果は，触感の違いを反映した結果となっているが，7日目の結果は触感の違いだけでは説明できないものであり，肌効果の実感や慣れや気持ちの問題などが反映されたものとなっていた。そこで，テキスト型データの分析から，連用による肌効果の実感や慣れや気持ちの変化を明らかにしようとした。

　1日目から7日目までを日ごとに分析した。まず，テキスト型データを単語に分解して，これらをカテゴリーにまとめて，それらの頻度を求めた。カテゴリーは，官能・肌効果・香り・嗜好・感情・その他の6カテゴリーである。結果は図5であり，官能用語は急激に減少し，香り用語も減少し4日目に慣れたという記述が多く見られた。6・7日目になると，嗜好や肌効果が増加傾向を示していた。感情に関する記述は，度数的には変化はなかったが，比率では増加していた。

　このように実験事態や評価用語の工夫によって，より日常に近い状況での官能評価が可能であ

表1　サンプルの化粧水

サンプル	サンプルXから…	サンプルXとの触感の違い
A	美容成分①を減らしたもの	大
B	美容成分②を美容成分③に変えたもの	小
C	美容成分②を減らしたもの	小
D	保湿成分を減らしたもの	大
E	水の配合比率を上げたもの	中
F	美容成分①を増やしたもの	大

第1章 官能評価の長所と短所

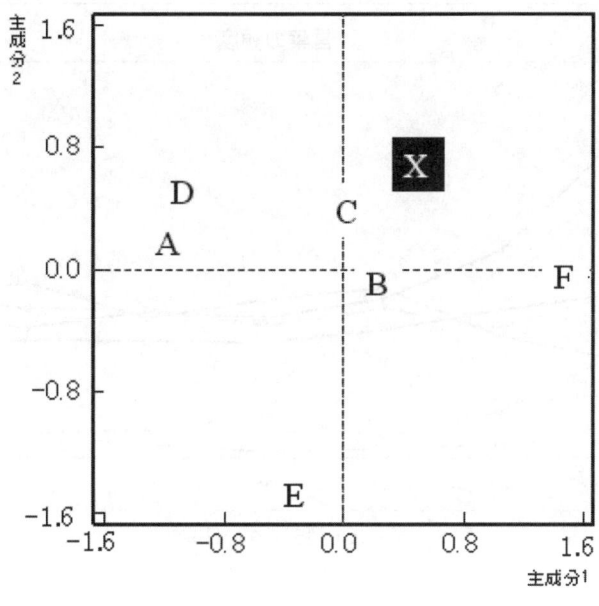

図3 化粧水の初日の布置図

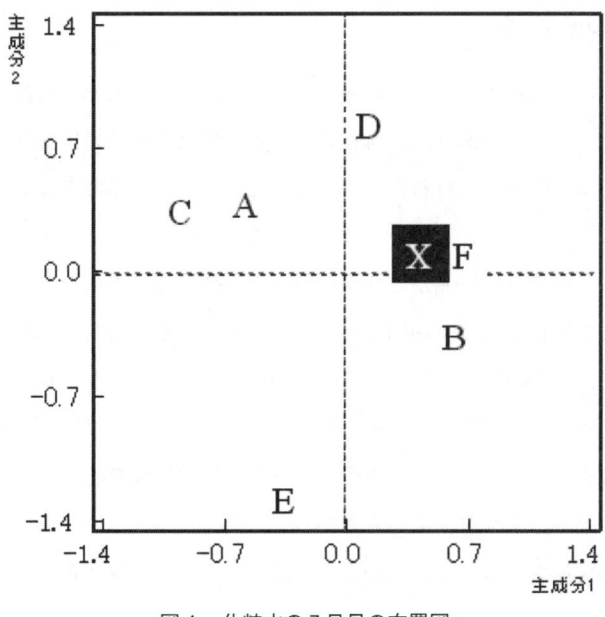

図4 化粧水の7日目の布置図

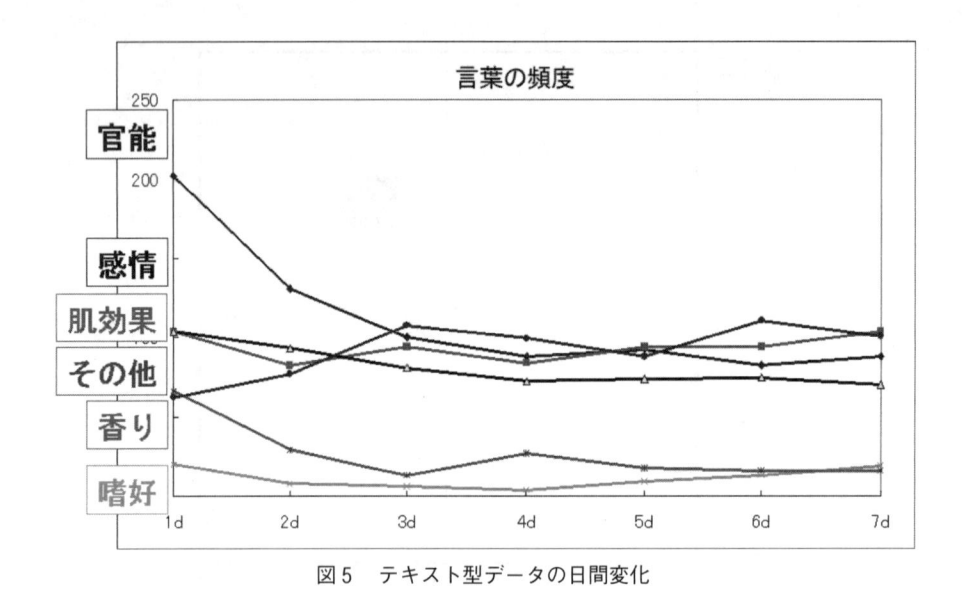

図5 テキスト型データの日間変化

り，結果を設計品質化につなげていくことができる。このような工夫によって，役に立つ官能評価を実現できるであろう。

3 官能評価の必要性

官能評価は，以前は官能検査（sensory test あるいは inspection）と呼ばれていた。品質管理（quality control）の一部であり，原材料の受け入れ検査と製品の出荷検査が主な守備範囲であった。この段階では，適切な原材料かどうかを，センサーで検出できないあるいはこれがコスト面で難しいときに，人の判断に基づく受け入れ検査が行われていた。また，製品として市場に出してよいかどうか，つまり合格品かどうかの判断が出荷検査であった。さらに，製造工程の途中で官能検査が必要な場合があり，適切な検査方法を考案することで，工程を縮減できる可能性が追求された。また，人の判断に頼らざるを得ない事態がものづくりの現場では多々存在するので，センサー開発の場面でも官能検査結果が活用されてきた。代表は，ご飯のおいしさを測る食味計である。官能検査によって，おいしさをもたらす物理的属性を特定して，この測定結果をセンサーに組み込むことで，食味計が開発されてきた。

その後，単なる出荷検査ではなく，人がその製品をどのように受け止めているか，あるいは製品コンセプトに見合ったものになっているかどうか，など，市場調査やマーケッティングとの境目がだんだんなくなってきた。パネルの単なる判断ではなく，過去経験や性格や社会の動向などの複雑な要因との絡み合いの下で，ものの判断がなされる事態が多くなってきたので，現在では

第1章　官能評価の長所と短所

官能評価と呼ばれるようになった。

　官能評価は常に人が関わるため，その個人差問題やパネルの人数の多さなど人的要因に絡む疑問が提起されることになる。このことが，官能評価は役に立たないという思いの大きな原因にもなっている。そこで，官能評価結果と生理・脳機能との対応を考え，この問題を乗り越えようとしている。ところが，あまりこの対応はうまくはいっていないのが現状である。このような機能と評価のような人の意識上の問題との乖離の大きさが，この原因である。生理機能の測定結果で心地よさが推定されても，人は必ずしも心地よさを感じているわけではない。機能と評価のどちらの結果を優先するかは，ものづくりにどちらが貢献できるか，つまりどの程度まで設計品質化に寄与できるかに関わっている。個人差を代表とした人的要因の問題は，評価用語を含めた実験事態の工夫や分析手法の工夫などで，十分に乗り越えることができる。

4　感情品質の具現化

　化粧品にとって，しっとりやすべすべなどの官能特性をよりよいものにしていくことは，当然の方向である。しかし，他社も同様の取り組みをしており，このような方向性だけでは差別化は難しい。そこで，人の気持ちに着目して，心地よさや高級感などの感情特性を設計品質化して，製品につなげることを考えることになる。しかし，この作業は非常に難しく，高級感を感じてもらえるクリームの物理的属性を特定することは至難である。しかし，これをやらなければ，わずかな品質の変更でリニューアルを繰り返さなければならなくなり，CMなどの外部情報に頼った製品展開になってしまう。

　そこで，人のこころの働きを製品開発のキーワードにして，こころの働きを活かしたものづくりのための新しいツールが必要になる。特に，買いたい・使いたい・楽しい・ほっとするなどの感情品質の実現を目指したものづくりが，感動デザイン工学（affective design engineering）[4]である。ものづくりの流れの中にどの程度までこころの働きを反映させることができるのか，このことを具現化すれば，従来とは異なった新製品開発の可能性が出てくる。

　感情特性を官能特性で表現して，これを設計品質化することで工程に落とし込み，試作品を作成する。現行品と試作品との比較の官能評価実験から，そのような感情特性を感じてもらえているのかどうかを明らかにする。もしも感じてもらえていないようであれば，官能特性の組み合わせを変更して，同様のサイクルをまわすことになる[5]。

　感動というこころの動きを，五感による官能特性でデザインして，ものづくりに反映させようというのが，感動デザイン工学である。

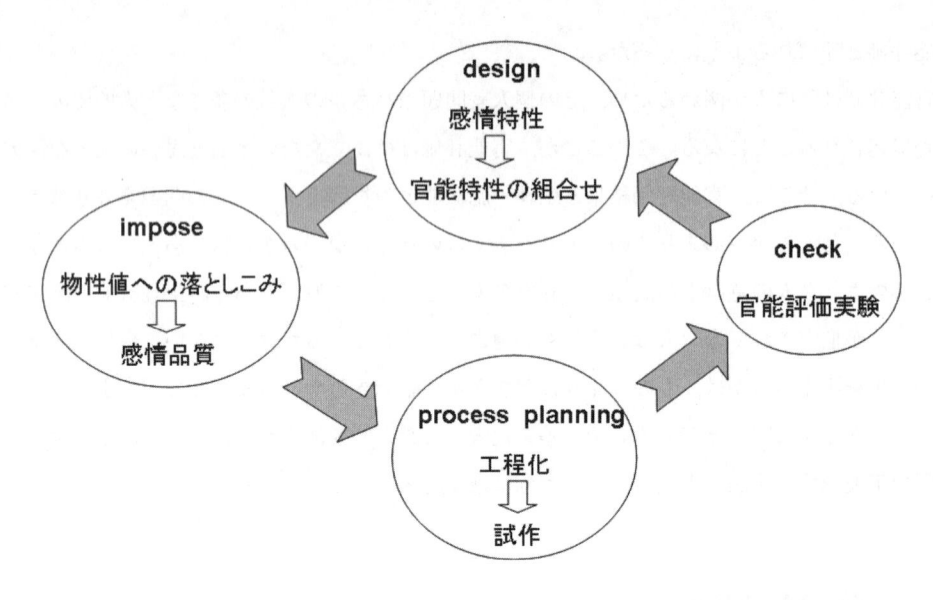

図6　感動デザイン工学でのDIPCサイクル

文　　献

1) 日本工業標準調査会, 官能評価分析-方法, JIS Z 9080, 日本規格協会 (2004)
2) 竹本裕子, 妹尾正巳, 神宮英夫, スキンケア化粧品のオノマトペと感嘆詞による評価, 日本官能評価学会誌, **5**(2), PP.112-117 (2001)
3) 妹尾正巳, 竹本裕子, 神宮英夫, 化粧水連用による官能評価の変化, 日本官能評価学会誌, **6**(2), PP.116-120 (2002)
4) http://wwwr.kanazawa-it.ac.jp/ade/
5) ㈳人間生活工学研究センター編, ワークショップ人間生活工学-第4巻, 快適な生活環境設計, 第4章心理評価の方法 (神宮英夫, 熊王康宏), 丸善 (2004)

第2章　官能評価手法

神宮英夫*

1　官能評価手法の概要

　官能評価の実施に際しては3つの段階があり，それぞれが人の内的過程と対応している。例えば，あるファンデーションに対して良い・悪いの評価が下されるのは，人の反応過程に基づいている。この反応結果としての評価は，何らかの基準との比較が必要であり，この過程は人の判断過程である。これらの一連の過程が順次行われるためには，その対象としてのファンデーションに対して，パネルがその判断基準を意図的に意識して，感覚を通して接触する必要がある。この過程は，人の感覚・認知などの一連の入力過程と関わっている。

　以下では，一般的な官能評価手法の概要を述べる[1〜3]。

1.1　識別試験法

　これは，サンプル間のある物理的属性に関する差の有無やパネルの識別能力の有無を明らかにするための方法である。

① 2点比較法

　2種のサンプルを同時的または継時的にパネルに提示して，ある物理的属性の違いを判断してもらう。同じパネルに多数回判断してもらう場合はパネルの識別能力を調べることになり，1人1回で多数の人に判断してもらう場合はサンプル間の差を調べることになる。この検定には二項分布が使われる。2つのサンプルが識別不可能であれば，それぞれ1/2の確率で選ばれるので，帰無仮説を1/2として検定することになる。この場合，片側検定と両側検定とのいずれかが行われ，2つのサンプル間に物理的属性の客観的違いが特定できない場合には，両側検定になる。

② 3点比較法

　2つは同じサンプルで1つは違うサンプルの3サンプルを1組にして継時的に順次提示し，どのサンプルが他の2つと違うかを判断してもらう。これは，帰無仮説を1/3として検定することになる。

＊　Hideo Jingu　金沢工業大学　情報学部　心理情報学科　教授；
　　感動デザイン工学研究所　所長

③ 1：2点比較法

最初に標準となるサンプルを提示した後で，これと他のサンプル（比較サンプル）とを1組にして提示し，標準と同じものを選んでもらう。この逆の方法として，2：1点比較法がある。これは，標準と比較とを2つ提示した後で，どちらか一方を提示して，先の2つのどちらかを選んでもらう。この検定は，2点比較法の片側検定と同じになる。

識別試験法は，ある特定の物理的属性に関して，サンプル間の差の小さいものに対して適用される。すぐ識別できるサンプルでは，比較する意味がない。2点比較法よりも1：2点比較法の方が成績が悪くなりやすい。これは，判断過程の複雑さ（例えば，先に提示された標準と比較との2つのサンプルの記憶の影響など）に依存している。また，サンプルの提示に関する時間上の問題がある。提示時間が長すぎると疲労などの要因が加わってくる。短すぎると判断しにくい。もちろん，判断できるまで提示時間を制限せずに，パネルの自由に任せる場合もあるが，評価条件が一定とはならなくなる。

1.2 分類法

出荷検査での合格・不合格・保留のように，複数のカテゴリーに分類された結果について，これらの比率の差を検定する。一般には，分割表によるχ^2検定が使われる。これは一定の比率が等しいかどうかの比率の同質性の検定である。例えば，ABCD各々の製造ライン間でこれらの分類カテゴリーの各比率に差があるかどうかの検定である。通常の2要因間の独立性つまり2要因間での変動の仕方（連関）を調べるためのχ^2検定と計算方法は同じであるが，この場合は，あらかじめABCDの各条件が決定されている。つまり，合格・保留・不合格の判断に変動はあっても，ABCDの条件間に変動はない。他には，コクランのQ検定や分散分析など，官能評価の事態によって多くの手法がある。

1.3 順位法

複数のサンプルのある属性について順位をつける方法である。同順位を許す場合と許さない場合とがあるが，通常は許さない場合の方が多い。

① スピアマン（Spearman）の順位相関係数

n個のサンプルに対して2組の順序づけられたデータ間の関係を求める。順位をそのままのデータとして相関係数を求め，それらの間の関連性を検定する。2組の順位が完全に一致するときは1，無関係の時は0，完全に逆順の時は−1となる。片側検定は一方が物理的属性で順位づけられたもので他方が順位の評価結果の場合であり，両側検定は双方が順位の評価結果の場合に使う。したがって，前者の場合はパネルの識別能力を調べることになり，後者では2人のパネルの

第2章　官能評価手法

関連性を調べることになる。

② ケンドール（Kendall）の一致係数 W とフリードマン（Friedman）の検定

n 個のサンプルに対して k 組の順位がつけられており，これらの間の関連性を検定する。k 組の順位が完全に一致するときは1となる。フリードマンの検定は，順位による2変数分散分析とも呼ばれており，χ^2 検定による近似法である。なお，より精度の高い方法として F 検定による近似法もある。

順位法では，提示されるサンプルの数にはある程度の限界があり，あまり多くのサンプルを一度に順位づけさせると，パネルは混乱して適切な順位づけができなくなる。最大10数個程度が限界であろう。これは，記憶が一度に保持できる数に関係している。例えば，10個の試料に対しては，9つの判断基準を同時に記憶の中に保持していなければならない。同様のことが，分類法でも考えられる。なお，どうしてもカテゴリーや順位が多くなる場合には，多段階の階層的な分類や順位づけをする必要がある。

1.4　記述的試験法

人がサンプルと接したとき，そのものが持っている多様な属性を意識し評価がなされる。どのような属性を意識しているのかを明らかにするための方法が，「記述的試験法」である。一般には，5人以上の専門家（そのサンプルをよく知っている人）に，そのサンプルを表現するにはどのような言葉が適切かを表現してもらう。得られた言葉の中で似たもの同士を集めてカテゴリー化し，使用頻度を考慮して整理していき，評価用語を決定する。

記述的試験法で得られた評価用語を用いて，サンプルの官能特性を評価することになる。この場合，各属性に対応する評価用語について，どの程度そのことを感じるかを，評定尺度で数量化してもらう。その結果を，平均値とその95％信頼区間で表現する。これは，官能プロファイルと呼ばれている。いわゆる，プロフィール分析である。さらに，複数のサンプル間の違いやパネルの違いを明らかにするために，多変量解析が用いられる。

これら一連の方法が，「定量的記述的試験（QDA：quantitative descriptive analysis）法」である。評価用語は，適切な表現語であれば，名詞であれ形容詞であれ品詞は問わない。そのサンプルがどのようなものかを，他者に伝えるのに適切な用語であればよい。また，多変量解析で主成分分析が使われるが，これは，データの縮約表現としての意味があり，評価用語の中に似ているものが使われている可能性があるためである。

これと似た方法にSD（semantic differential）法がある。これは，オズグッド（C.E. Osgood）[4]によって開発された方法である。本来は，言語の意味の測定法として開発されたが，その後，商品・企業・人物・絵画などの広範囲の対象に対して適用されるようになった。例えば，サンプル

としてあるファンデーションを使用した後で，その使用感を「悲しい－楽しい」や「重い－軽い」など形容詞対による評定法で評価する。複数のサンプルで複数のパネルによって得られた結果は，サンプル・パネル・形容詞対の3次元のデータ行列となる。そして，すべてのパネルの平均値を使って，サンプルと形容詞対とのデータ行列からサンプル間の関係あるいは形容詞対間の関係が分析される。また，すべてのサンプルの平均値を使って，形容詞対間の関係やパネル間の関係が分析される。もちろん，単一のサンプルで複数のパネルの場合は，そのサンプルに対してパネルが抱いていた印象の構造やパネル間の関係が分析される。

SD法では，言葉の情緒的意味を考えているので，評価語は形容詞か形容動詞が使われている。また，この意味は3次元空間で表現されるということを前提としているので，結果がこの空間に合致しているかどうかということを明らかにするために，因子分析が使われている。QDA法では，サンプルの表現語ということから，形容詞に限らず名詞なども使われている。また，事前に次元数を設定していないので，データの縮約表現という視点から，主成分分析が使われている。

QDA法では，まずサンプルを決めるが，同種の異なったサンプルを選ぶ必要がある。例えば，口紅ならば，色やメーカーなどが異なるものを複数個準備する。また，そのサンプルとの接し方を決めておく。見ただけでの評価なのか，使用してもらっての評価なのかということである。

次に，専門パネルがそのサンプルと接して感じたことを言葉で表現する。自らメモしながら進めていく。全員が終わったら，言葉を集めて，似たもの同士をまとめてカテゴリー化する。まとまりを表現する適切な言葉が見つからないときは，その中で一番数の多い言葉を，カテゴリーの代表とする。必要なカテゴリー数が最大30程度になるようにまとめる。これが，記述的試験法である。

これらのカテゴリーを評価用語として，なるべくこの2倍以上のパネルから，評価結果を得るようにする。評価方法は，評定法である。片側尺度による5段階の場合，感じない①・少し感じる②・感じる③・かなり感じる④・非常に感じる⑤の5段階である。

分析としては，評価用語ごとに平均とその95％信頼区間を求めて，官能プロファイルを作成し，プロフィール分析を行う。必要に応じて主成分分析を実施して，主成分得点の布置図から，サンプル間の違いを明らかにする。

1.5 一対比較法

一対比較法は，標準のサンプルを設定せずに行われる比較評価の事態である。調べるべきサンプルの数について，可能な組み合わせで対を構成し，「みずみずしさ」のようなそのサンプルが持つある側面の感じた差異の判断を求め，これらのサンプルのその側面の感じた強さの程度（尺度）を求める。この差異の判断に関して，単なる選択事態の場合は，「ブラッドレー（Bradley）

第2章　官能評価手法

の方法」と「サーストン（Thurstone）の方法」とがある。また，その程度の判断が要求される事態としては，「シェフェ（Scheffé）の方法」がある。

① 一巡三角形と一意性の係数

A・B・C 3つの口紅の好みを考えてみる。「A＞B」で「B＞C」ならば，「A＞C」にならなければならない。この場合には，論理性がある。ところが，「A＞B」で「B＞C」にもかかわらず，「A＜C」になった。このことを「＞」を「←」で表すと，3品の間で矢印がまわっているので，一巡三角形（circular triad）と呼ばれている。一巡三角形の存在は，判断の非一貫性を表している。サンプルが3個の場合は1個の三角形しか存在しないが，4個になると4個の三角形が存在することになる。これら4個の三角形の中に何個の一巡三角形があるかということから，判断の一貫性の程度を知ることができる。この指標が「一意性の係数」（coefficient of consistency：ζ）である。

② 一致性の係数

一致性の係数（coefficient of agreement）は，複数のパネル（n）の判断の一致度を表している。n人のうちx_{ij}人がT_jよりもT_iを好み，残りのx_{ji}（つまり$n-x_{ij}$）人がT_iよりもT_jを好んだとする。n人を2人ずつ組にして考えると，2人の判断が一致した組の数（Σ）は，判断総数から不一致数を引いて求めることができる。

③ ブラッドレーの一対比較法とサーストンの一対比較法

ブラッドレーの一対比較法では，k個のサンプルを2個ずつ組み合わせて比較させ，ある判断基準（好き・コク・強度など）で選ばれた方に「1」を，選ばれなかった方に「2」を与えて，n人の合計結果から，尺度値を得る。一方，サーストンの一対比較法は，n人の中で何人が一方の対を選んだかという比率の結果から，正規分布の仮定に従って，尺度値を求める。このサーストンの方法では，多数のパネルに少数回の判断を求める場合と，少数のパネルに多数回の判断を求める場合がある。比率を求める以上，パネル×回数は50以上の必要があろう。

④ シェッフェの一対比較法

この一対比較法は前2者と異なり，対のどちらかの選択だけではなく，その程度を何件法（通常は5ないし7段階）かで評定する。そして，主効果としての尺度値だけではなく，サンプル間の組み合わせの効果やその提示に関する順序効果も調べることができる。この方法では，k個のサンプルを一対比較でr回の繰り返し判断を1人のパネルが行う場合と，1人が1つの組み合わせを1回だけ判断して ${}_kC_2 \cdot 2r$人の結果を得る場合とがある。分散分析で検定できる要因は，主効果・組み合わせ効果・順序効果である。パネルの制約から考えて，あまり実用的な方法ではない。

この原法をより実用的なものとするために，種々の変法が考案されてきた。まず，「浦の変法」

ら，官能評価結果にそれ相応の特徴が反映されるということになる。したがって，出費に関して多様な群の人たちが入り混じっていれば，個人間差が大きくなり，結果の変動が大きくなる。他にも，年齢や肌状態など，多様なフェイス項目が考えられる。

2.2 評価側面

一般的に，「分析型官能評価」と「嗜好型官能評価」という呼び方で，評価側面を表現している。分析は，例えば化粧水の保湿性に関して，しっとり感の評価側面を保湿性をもたらす物理的属性の違いからどの程度識別できるか，ということを意味している。嗜好は，単に好き・嫌いだけではなく，物理的属性に帰属することができない評価側面，例えば高級感などの評価を意味している。

サンプルが持っている品質構成を規定する物理的属性と，これに直結した個別評価と，これらが複雑に絡み合った総合評価，という「評価の階層性」を想定したとき，分析型は物理的属性に直結した個別評価を行うことであり，嗜好型は総合評価を行うことになる。このことを図示すると，図1となる。

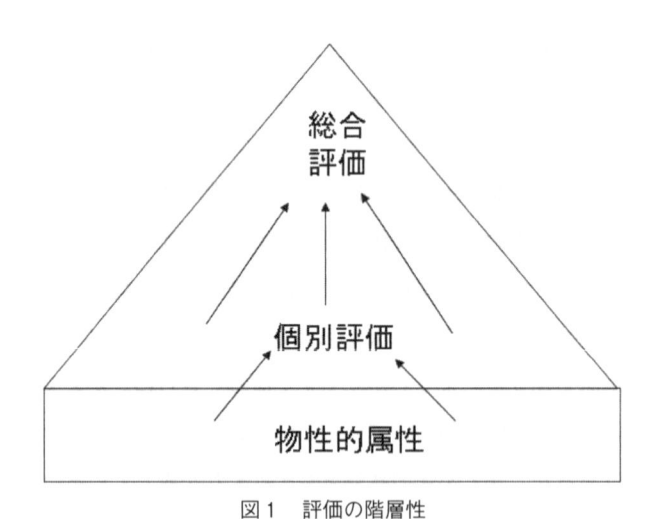

図1 評価の階層性

第2章　官能評価手法

文　　　献

1) 日本工業標準調査会，官能評価分析-方法，JIS Z 9080，日本規格協会（2004）
2) 神宮英夫，印象測定の心理学—感性を考える—，川島書店（1996）
3) ㈳人間生活工学研究センター編，ワークショップ人間生活工学-第4巻，快適な生活環境設計，第4章心理評価の方法（神宮英夫，熊王康宏），丸善（2004）
4) C. E. Osgood, G. J. Succi and P. H. Tannenbaum, The measurement of meaning. Urbana: University of Illinois Press(1957)

第3章　化粧品における官能評価項目・パネルの選定

斉藤尚仁[*]

1　はじめに

　官能評価とは，調査の一つであると考えられる。調査に不可欠なものは仮説と目的であり，これらの分析の手段として調査項目が存在する。一方，官能評価とはJIS[1)]において表1のように定義されている。

　「人間がその感覚器官によってサンプルが持つ属性を評価する」のが官能評価だと強引に定義してみると，官能評価項目とは「調べたいサンプルが持つ属性」，パネルとは「人間そのもの」となる。化粧品においてサンプルの持つ属性は化粧水，乳液，クリーム……とアイテムによって異なり，また，パネルについても特徴や選定方法，教育方法など触れなければならない点が多い。本章では，基礎編にあることから化粧品における官能評価項目とパネルの基本的な考え方を中心に述べたい。

表1　官能評価の定義

属性：	試料，製品，環境などが持つ固有の特性
官能特性：	人間の感覚器官が感知できる属性
官能試験：	官能特性を人間の感覚器官によって調べること
官能評価分析：	官能特性を人間の感覚器官によって調べることの総称
官能評価：	官能評価分析に基づく評価

2　化粧品の官能評価を構成する要素

　化粧品の官能評価の目的は，化粧品を使用し続けていく過程において，人がどのように五感で感じていくのかを定量化し評価していくことである。品質管理的な官能評価（分析型）の場合は調べたい試料と標準品との間に存在する五感で感じられる差について定量化することであり，マーケティングや商品開発の場合は「感じた感覚が使用者にとって『好ましく』，『使い続けたい』と思えるものか」を定量化することである。

---

[*]　Naohito Saito　㈱ヤクルト本社　湘南化粧品工場　開発課

第3章　化粧品における官能評価項目・パネルの選定

　官能評価には様々な手法があり，サンプルの渡し方や期間，被験者の属性や人数など無数の組み合わせが存在する。しかし，官能評価をシステムとして捉えて，これを構成する要素を考えてみると，図1に示すようにシンプルである。

　本章で触れる官能評価項目は「調査票」の要素の一つであり，パネルとは「人」の要素そのものを指す。なお，このモデルの中心には，目的・仮説がある。官能評価は調査の一つであることから，目的や仮説のない調査が役に立たないのと同様に，官能評価においても目的や仮説は不可欠である。つまり，官能評価項目もパネルも明確な目的と具体的な仮説があって初めて選択できるものであり，逆に目的や仮説のないままに最適な評価項目やパネルは選択できないのである。

　実務において業務がルーチン化されてくると，「とりあえず嗜好型の使用テストでもしよう」というような官能評価の実施もよく見られる。このような場合は，単なる平均値の評定や他のサンプルの優劣の議論に終始して，パネルから得られたデータの真の意味を見失うことも多い。また，見た目によい結果であれば業務としては前進するが，思わしくない結果となればさらに誤った方向へ進むことになる。

　官能評価を実施する上では，
① 目的を定め，きちんと仮説を設定する
② 目的に合致した評価手法を選択する
の2点が重要である。本章で目的や仮説の重要性について紙面を割いた理由は，具体的に官能評

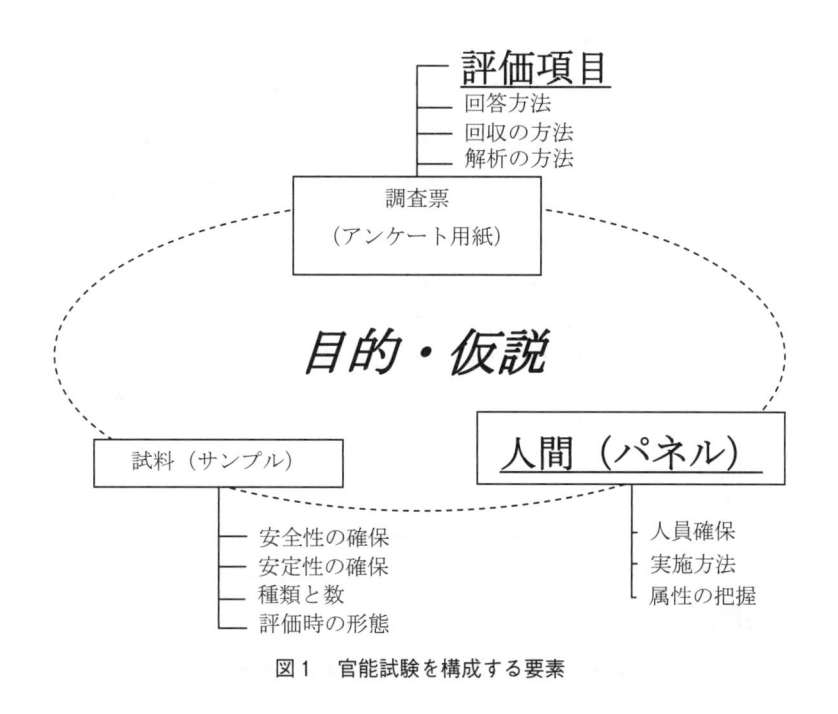

評価項目
― 回答方法
― 回収の方法
― 解析の方法

調査票
（アンケート用紙）

目的・仮説

試料（サンプル）　　**人間（パネル）**

― 安全性の確保　　　― 人員確保
― 安定性の確保　　　― 実施方法
― 種類と数　　　　　― 属性の把握
― 評価時の形態

図1　官能試験を構成する要素

価項目やパネルを考える前提条件として，この官能評価を形成する根幹を成すのが目的・仮説であることを伝えたいからである。

3 官能評価項目の選択

3.1 化粧品の官能評価項目の特性

化粧品の官能評価項目は，その設定，表現，回答のさせ方，さらには得られたデータの解析…と，考えれば考えるほど難しくなってしまう。ここでは，官能評価項目の選択にあたり，このように難しくさせてしまう根源を考えてみたい。

心地よさといった嗜好性の強い項目ではなく，保湿力と「潤い感」について，理化学的測定（機器分析）による皮膚生理的な評価結果と「潤い感」という官能評価による心理的な評価結果の整合性を考えてみる。「保湿」には，皮膚生理に基づいた「効果・効能」である保湿力と，使用者が実際に感覚として受け取り，実際に実感できる「効果感」の2種類がある。前者は主に機器分析（理化学的測定）測定系での評価であり，後者は官能評価での評価となる。これらの2つの測定系は，図2に示すように相容れない性質を取るものである。

官能評価が難しくなる理由は様々あるが，心理的な効果は言語表現であることも大きな理由である。実務レベルにおいては，言葉を介さなければ官能評価データを収集・分析することはできないのである。例えば，「しっとり感（保湿力）」を考える場合，皮膚生理的には塗布後の水分量を測定し，例えばジーメンス（S）という単位の数値で表記することができる。しかし，言語的に「保湿力」を表現すると，「しっとり感」以外にも「みずみずしさ」や「ぷるぷるとした感じ」，「潤っている感じ」のように様々な表現が存在する。さらに，その表現に対する使用者の反応も多様でありその度合いも正確に得ることができない。言語のデータは，試験方法を厳密に設定

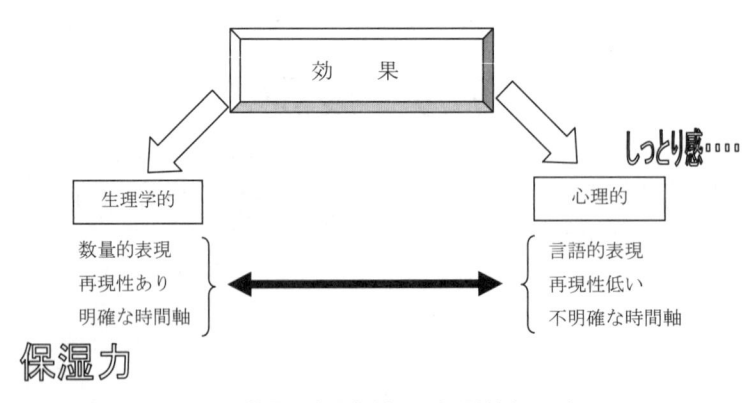

図2 効果の生理的側面と心理的側面の違い

第3章　化粧品における官能評価項目・パネルの選定

し，適切な統計処理を行うことである程度精度は高められるものの，理化学的な数値データのように再現性や客観性があまり保証できないのが現実である。つまり，理化学的なデータのように簡単に昔のデータや他のサンプルのデータと客観的に比較することができないのである。

さらに，心理的な効果は感じ取る項目や程度が時間軸によって異なることが挙げられる。官能評価によって評価できる項目は時間によって変化する。その変化の時間軸は，個人差だけでなく同じ人であっても日によって異なってしまう。

このように言葉で評価する官能評価には，データとして扱うには困難が伴う根源的な要因が存在するのである。

3.2　考え方
3.2.1　使用する感覚は何か

官能評価は人間の五感を使用して評価するものであるから，五感のどこを使って評価するのかによって，評価項目を分類することができる。化粧品の場合，最も使用するのは触覚である。

触覚とは，サンプルを介して皮膚に加わる力の状態に関する感覚を評価することとも言える。力は，①始点（力が加わり始める点），②方向（加える力の方向），③大きさ（加える力の大きさ）の3要素から成る。さらに，塗布行為は肌への力と指を動かす力の2種で規定することができる。以上の状況を模式的に表したのが図3である。皮膚表面に乗せたサンプルに指等で力を加え

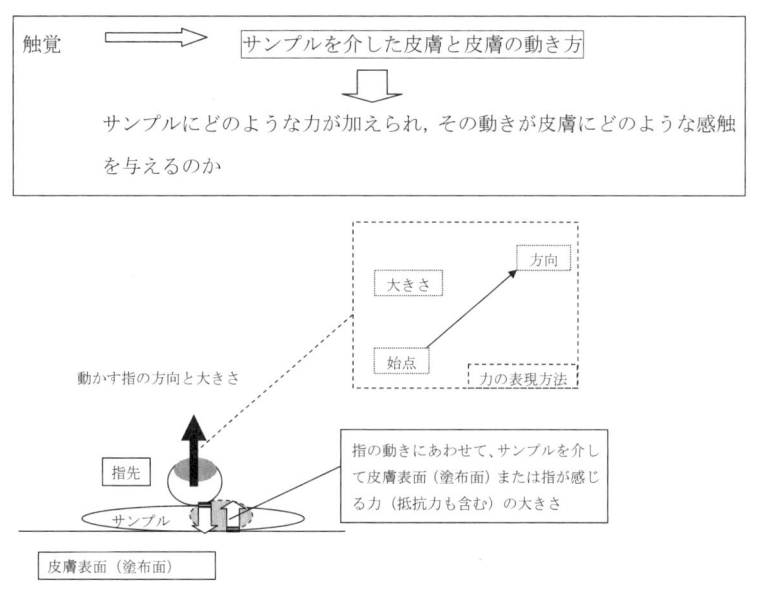

図3　触覚における力

ルのイメージを示す。

　パネルとは，官能評価に参加する人の集団である。参加するパネルの持つ能力や知識・経験の有無により様々な特徴を持つパネルが存在する。しかし，パネルを大きく分ける要因は，「官能評価能力に基づき選定し，その能力を訓練しているか」であると言える。ここで重要なのは，分析型官能評価では訓練されたパネルが必要であり，一方で訓練されていないパネルの官能評価結果の精度はパネル数に依存することである。ここから，少人数のパネルでは嗜好は評価できず，消費者パネルによる分析型官能評価は精度が低いという前提条件も見いだせる。実務では様々な制約があることから，時に少人数の訓練されていないパネルで嗜好性を論じたり，官能評価項目のスコアで複数サンプルの優劣を評価したりすることがあるが，パネルの定義から考えると前提条件すらクリアできていない官能評価であると考えられる。

　以下に、実務でよく使う嗜好型、分析型のパネルについて簡単にまとめる。

4.2.1　嗜好型パネル

(1)　定義（JIS[1]）

　試料に対する消費者の嗜好を予測するためのパネルである。パネルは目的とする消費者の嗜好を代表するように構成される。

(2)　化粧品での活用例

・サンプルの総合評価（試作品に対する嗜好性）
・官能特性がどのように購入意向に影響を与えるか
・官能特性の消費者レベルの識別

4.2.2　分析型パネル

(1)　定義（JIS[1]）

　試料の属性を分析的に試験する時に用いるパネルであり，あらかじめパネル自身の嗜好を意識して試験では除去するように要求される。製品の研究や品質管理に用いられ，品質の微妙な差の検出，欠点の発見などに使われる。

(2)　化粧品での活用例

・標準品との差の検出
・自社・他社製品マッピング
・開発で目指す官能特性の強度設定（対照品のプロファイル）

4.3　パネルの編成と選択

　官能評価を適切に実施するためには，その目的に合致したパネルを集めることである。業務を効率化するためには，必要に応じてパネルを探すことからはじめるのではなく，あらかじめ準備

第3章　化粧品における官能評価項目・パネルの選定

しておいた方がよい。その一方で，パネルを準備しておくには維持コストがかかる。製品開発では，分析型パネルと嗜好型パネルを使い分けながら進めていくことが多い。逆に，品質管理では常に分析型パネルが必要になる。業務に応じてどのようなパネルを準備して（編成），適切に維持しつつ必要に応じて選択するのか，業務と官能評価の関係（種類，頻度）を常に検討する必要がある。以下に，嗜好型と分析型パネルの編成や維持方法を簡単であるがまとめておく。

4.3.1　嗜好型パネル

(1)　構成

理想的なパネルとして以下が挙げられる。
・低コストで適切なパネル数が確保できる
・実施したい時に応じて簡単に召集できる
・パネルに顧客ターゲットがある一定数存在する

(2)　選定方法

JIS[1]では評価者の選抜における基準は以下の通り。
・評価者を必要な人数だけ確保できる
・動機付け（やる気および興味）が明確である
・健康状態がよい

(3)　維持方法

・モチベーションの維持

　評価しなくてはならないという心理的抑制を抱えることがあり，義務感や悪い評価を与えにくいという感情が，官能評価の取り組みに対するモチベーションを低下させることがある。

　また，社内パネルの場合は，やらざるを得ない状況で依頼を受けることになり，パネルを憂鬱にさせることがある。

　調査票の誤字脱字や意味がわからない質問はなくし，時期や時節をわきまえない依頼は避けるべきである。

・官能評価試験慣れの問題

　同じ人に同じ評価方法・アンケート用紙でテストを依頼し続ける反動で，パネルがアンケート用紙の形式に慣れてしまい，アンケート用紙に大きな不備があったにも関わらず，回答できてしまうことがある。また，自由意見欄への回答が極端になくなる傾向も見られる。

　官能評価試験に対するパネルの注意力が落ちてきており，惰性で官能評価を実施している可能性も高い。対策は，対象パネルを変えるのが一番であるが，制約条件を考えるとなかなか難しい。アンケート用紙の細かな表現の変更といった小さな変化を与えることで，この傾向は防止できることもある。

4.3.2　分析型パネル

(1)　構成

能力による選抜と定期的な訓練が必要であるが，人数は少なくてもよい。官能評価試験では拘束時間は短いが実施頻度は高い。このことから，従業員が対象の中心である。専任の社員を配置できることが好ましいが，専任に拘るよりも兼任でも適性能力があるメンバーで構成した方がよいこともある。

(2)　選定方法

識別能力があることが第一条件である。能力の評価では，JIS[1]で挙げている感度試験の実施が考えられる。

・評価者の閾値を確かめるための試験
・腐敗検知試験のように，ある濃度の物質とそれ以外の低濃度の物質が共存する場合としない場合の試験
・下降系列または上昇系列を用いた希釈法

識別試験法等によって評価を実施し，その正解率から能力を判定する。まぐれ当りという要因を排するため，同一試験を複数回行い，平均点または総得点で評価した方がよい。また，同じ官能特性に対する評価を異なる複数の試験方法で結果に基づき判定するのが望ましい。

(3)　維持方法

感覚の確認試験・適性試験を定期的に行うパネルの訓練を実施し，パネルの能力維持とパネルの能力を把握することが維持の目標となる。兼任しているパネルに対しては，モチベーション維持にも配慮が必要となる。パネルの都合に合わせたスケジュールを設定するなど，パネルが参加しやすい環境を整える必要がある。

5　おわりに

官能評価では，「どのようなパネルでどのような試験をするのか」によって，選択すべき評価項目や項目の表現が定まってくる。以下のケースで，具体例を挙げてみる。

①　分析型パネルに対して分析型の試験を行う
②　一般消費者に対して嗜好型の試験を行う

・①のケース

皮膚を理化学測定機器のレベルまで高めた状態での評価。
評価項目で用いる言葉が与える曖昧さを，可能な限り排除する。

第3章　化粧品における官能評価項目・パネルの選定

（例）
　一つの評価項目に対して，試料の量，塗布する場所（面積も含む），加える力の大きさや方向，感覚を感じ取る場所（指先か，塗布面か）などをしっかりと定義する。
　林ら[4]は，客観的な官能評価を実施するためのポイントとして，各評価用語の定義を明確にして，パネルに周知徹底させる必要性と，各評価項目についてパネルの評価データの信頼性をチェックすることを提言している。

・②のケース
　実務的には，アンケート用紙を介して行う使用テスト方法での評価。
　使用する語句は特別な説明を必要としない平易で一般的なものを選ぶ。

（例）
　人によって語句の意味が変わりやすいものや意味がわかりにくいものは，意味の範囲を狭める工夫をしたり，わかりやすい表現に言い換えたり，あえて質問しなかったりする配慮が必要である。

文　　献

1) JISハンドブック57，「品質管理」，2005年度
2) 池山永津子，小柳敏栄，宮下忠芳，*J. Soc. Cosmet. Chem. Japan*, **18**(1), 32-40 (1984)
3) 菅沼薫，丹羽雅子，*Fragrance Journal*, 1995-2, 42-54 (1995)
4) 林照次，小野正宏，色材，**63**(1), 41-45 (1990)

第4章　商品設計・開発のための官能評価の解析

長沢伸也[*]

1　官能評価データの特質

　官能評価では，出力として得られるデータは，機器による測定値のような比例尺度や間隔尺度ではなく，順位尺度あるいは分類尺度が中心になる。

　たとえば，等級などを上・中・下に格付け分類したデータは順位尺度である。また，質問紙（アンケート用紙）を用いて，図1(a)のような反対語を両端に置いたSD法（Semantic Differential Scale）か図1(b)のような評定尺度法の形式で質問することが多いが[1)]，「かなり上品な」は「非常に上品な」ほどではないが「やや上品な」よりは強いというカテゴリーに格付けられて順位付けられることを表すので，本来は格付け分類された分類尺度または順位尺度である。

	非常に	かなり	やや	どちらでもない	やや	かなり	非常に	
	(-3)	(-2)	(-1)	(0)	(1)	(2)	(3)	
下品な	□	□	□	□	□	□	□	上品な

(a)　SD法による場合（7件法の例）

	非常にそう思う	そう思う	どちらともいえない	そう思わない	全くそう思わない
	(5)	(4)	(3)	(2)	(1)
機能的な	□	□	□	□	□

(b)　評定尺度法による場合（5件法の例）

図1　よく用いられる質問形式（順序カテゴリカル尺度法）
（出典）長沢伸也編著，川栄聡史共著『Excelでできる統計的官能評価法―順位法，一対比較法，多変量解析からコンジョイント分析まで―』日科技連出版社，2008年，p.9，図表1-5

---

[*]　Shin'ya Nagasawa　早稲田大学　大学院商学研究科　ビジネス専攻；商学専攻　教授

第4章　商品設計・開発のための官能評価の解析

しかし，これを図1の括弧内にあるように点数化して間隔尺度と「みなす」ことができるとして，解析することが多い。

このように間隔尺度と「みなす」ということは，「かなり上品な」と「非常に上品な」との差は「やや上品な」と「かなり上品な」の差に等しいとすることである。あるいは「非常に上品な」と答えた人と「やや上品な」と答えた人が同数いれば，平均値をとると「かなり上品な」になるということである。

また，SD法は，意味微分法，意味測定法ともいう。オズグッド（C. E. Osgood）[2]によって，言葉の意味を測定する目的で考案されたものであるが，現在では，イメージの測定，態度の測定などにも広く使用され，主成分分析などでも利用されるなど，官能評価の手法として定着してきている。

2　統計的方法

本節では特に感性評価およびそのデータ解析に有効な手法で，多変量解析も含めたものを統計的方法（統計的官能評価法）と総称し，紹介する。感性評価のための統計的方法以外にも，統計解析で一般的に知られている検定，分散分析，相関，回帰分析などの手法が，データの取り方，分類の仕方などによっては使えることはもちろんである。

感性評価のための統計的方法（統計的官能評価法）の概要を表1に，また，代表的な統計的方法を表2に示す[3]。

表1　感性評価のための統計的方法の概要

方　　法	目　　的	手　　法
分類する	特性の差の識別，好ましさの比較	分類データの解析法（識別法・嗜好法）
格付けする	特性または好ましさの格付け	格付け分類データの解析法（格付け法）
順位を付ける	特性または好ましさの序列付け	順位法
対にして比較する	特性または好ましさの尺度化	一対比較法
順序カテゴリカル尺度または直接採点により評点をつける	特性の測定，好ましさの評価	順序カテゴリカル尺度法または採点法

（出典）天坂格郎，長沢伸也共著『官能評価の基礎と応用―自動車における感性のエンジニアリングのために―』日本規格協会，2000年，p.56，図2.1.1を一部修正

表2 代表的な統計的官能評価手法

手法	名称	方法	解析方法
分類データの解析法 （識別法・嗜好法）	2点識別法	A,B 2個の試料を与え，ある特性について，どちらがより大きいか判定させる。	二項検定（$H_0: p = 1/2$） （片側検定）
	2点嗜好法	A,B 2個の試料を与え，どちらが好きかを答えさせる。	二項検定（$H_0: p = 1/2$） （両側検定）
	3点識別法	A,B 2個の試料を比較する際(A,A,B)を1組として与え，Bを指摘させる。	二項検定（$H_0: p = 1/3$） （片側検定）
	3点嗜好法	(A,A,B)を1組として与え，Bを指摘させた後，どちらが好きかを答えさせる。	三項検定（$H_0: p = 1/6$） （両側検定）
	1対2点識別法	まずAを与え，次に(A,B)を1組として与え，どちらがAかを指摘させる。	二項検定（$H_0: p = 1/2$） （片側検定）
	配偶法	試料の組を2組与え，各組から1個ずつ取り出して同種の試料の対を作らせる。	クレーマーの方法
格付け分類データの解析法 （格付け法）		上・中・下，優・良・可，合格・不合格などの階級に試料を格付けする。	分割表によるχ^2検定 コクランのQ検定 不良率の検定 フィッシャーの評点法 累積法，精密累積法 累積χ^2法
順位法		数個の試料について，ある特性の大きさに従って順位をつけさせる。	順位相関係数 （スピアマン，ケンドール） ケンドールの一致性係数W ウィルコクソンの順位和検定 クラスカルのH検定
一対比較法	基本的方法	数個の試料を比較する際，2個ずつを組にして比較し優劣を付けさせる。	一意性の係数ζ 一致度の係数u サーストンの一対比較法 ブラッドレイの一対比較法
	シェッフェの方法	数個の試料を比較する際，2個ずつを組にして比較し，差の評点を判断させる。	シェッフェの一対比較法 （シェッフェの原法，芳賀の変法，浦の変法，中屋の変法）
順序カテゴリカル尺度法	SD法・評定尺度法	順序に並べた言葉を与えておき，試料がどの分類に属するかを答えさせ，数値を付与する。	t検定・F検定，分散分析 相関・回帰分析 多変量解析
採点法		試料を与えて，ある特性の大きさ，品質の良否や好ましさの程度などを採点させる。	t検定・F検定，分散分析 相関・回帰分析 多変量解析

（出典）天坂格郎，長沢伸也共著『官能評価の基礎と応用—自動車における感性のエンジニアリングのために—』日本規格協会，2000年，pp.56-57，図2.1.2を一部修正

第4章　商品設計・開発のための官能評価の解析

3　一対比較法

　感性評価（官能評価）の代表的手法として，シェッフェの一対比較法（浦の変法）を取り上げる[4]。
　数個の試料が存在するとき，それらを2個ずつ組にして評価者に呈示し，比較判断（比較対象との直接的な比較によって評価する試料呈示方法）によって評価する試験方法を一対比較法（method of paired comparison）という（JIS Z 8144 2043）。一対比較法は，複数（n）個の試料を比較する際に，2種類の試料対についてのすべての組合せ$n(n-1)$を作り，それぞれの組合せでどちらが強いか好ましいかなどを比較する方法である。さらに，その強さや好ましさの程度を，記述的尺度（目盛を言語で表した尺度）によって評価させる場合がある。なお，食品などの場合のように，2種類の試料対を同時に比較できない場合には，順序効果（2つ以上の試料を連続して評価するとき，最初の試料の影響を受けて次の試料の評価が偏るという心理効果）を考えなければならない。同時比較が可能な場合には，組合せの数は$n(n-1)/2$となる。また，ブラッドレイやシェッフェとその変法など，目的に応じた試験方法があり，測定から統計的解析法までを含めた一連の手法が開発されている（同2043解説）。
　一対比較法により得られたデータの解析法についても，一般的に「一対比較法」と呼ばれる。対にして比較した結果を優劣のみで判断すれば名義尺度，差の程度を記述的尺度で判断して点数を付与すれば間隔尺度とみなすことになる。この方法だけが尺度の分類に対応した手法名となっていないが，それは「対にして比較する」という試験方法が独特であることと，官能評価手法の中でも横綱級であるからである。一対比較法には，一意性の係数ζ，シェッフェの一対比較法（シェッフェの原法，芳賀の変法，浦の変法，中屋の変法）などがある。
　以下では，一対比較法の代表的手法としてシェッフェの一対比較法（浦の変法）を取り上げる。
　シェッフェの原法では，k個の試料における2個の組合せ(i, j)の対を，1人のパネリストがi, jの順に1回だけ評価し，その結果をもとに解析を行った。よって，パネル全体の大きさがN人であるとき，(i, j)の対に対して得られる判断数はn個，すなわち$N/k(k-1)$個となる。しかし，Nの大きさがあらかじめ小数に限られている際は，判断数nの大きさも小さくなり，解析結果に支障をきたすことが考えられる。
　そこで，1人のパネリストにすべての組合せと両方の順序の対を一対比較させ，解析する手法が浦の変法である。この際，パネリスト間の評価の違いを考慮して解析する必要があるが，その分，個人の嗜好に関する情報が得られるというメリットがある。

3.1　考え方

　n人のパネルのうちl番目のパネリストO_lが，k個の試料$A_1, A_2, \cdots, A_k$から2個ずつ対にし

て組合せて A_i を先に A_j を後にした順序で比較した組合せ (A_i, A_j) に与えた評点を x_{ijl} とするとき, データの構造を次のように考える。

$$x_{ijl} = (\alpha_i - \alpha_j) + (\alpha_{il} - \alpha_{jl}) + \gamma_{ij} + (\delta + \delta_l) + e_{ijl}$$

- k : 試料数。
- i : 先に呈示された試料の番号。$i = 1, 2, \cdots, k$
- j : 後で呈示された試料の番号。$j = 1, 2, \cdots, k$
- n : パネリスト(または繰返し)の総数。
- l : パネリストの番号。$l = 1, 2, \cdots, n$
- α_i, α_j : 主効果, つまり試料 A_i と A_j に対してパネル全体がもっている平均的な嗜好度。解析を容易にするために, $\Sigma \alpha_i = 0$ とする。
- α_{il}, α_{jl} : 主効果の個人差。試料 A_i と A_j に対してパネリスト O_l がもっている嗜好度の個人差, つまり, パネリスト O_l の嗜好度とパネルの平均嗜好度との差。したがって, パネリスト O_l は試料 A_i に対して, $\alpha_i + \alpha_{il}$ の嗜好度をもつ。ここでも, $\Sigma \alpha_{il} = 0$, $\Sigma \alpha_{il} = 0$ とする。
- γ_{ij} : 組合せの効果, つまり A_i と A_j を組にしたことによるカモと苦手あるいは相性のような効果。$\Sigma \gamma_{ij} = 0$, $\gamma_{ij} = -\gamma_{ji}$ とする。
- δ : 平均の順序効果。
- δ_l : 順序効果の個人差。$\Sigma \delta_l = 0$ とする。
- e_{ijl} : 誤差。平均 0, 分散 σ^2 の正規分布に従うものとする。

3.2 実施例

ビール泡のきめ細かさの調査において, 4種の試料 A_1, A_2, A_3, A_4 を用意し, シェッフェの一対比較法, 浦の変法により3人の官能検査員 $O_1 \sim O_3$ に評価させた。すなわち, 3人の各検査員が, すべての組合せと両方の順序の対 $(A_1, A_2), (A_1, A_3), (A_1, A_4), (A_2, A_1), (A_2, A_3),$

表3 ビール泡のきめ細かさに関する一対比較結果

検査員 試料	O_1	O_2	O_3	検査員 試料	O_1	O_2	O_3
A_1, A_2	1	1	0	A_3, A_1	-2	-2	-1
A_1, A_3	2	2	-2	A_3, A_2	-2	-1	-2
A_1, A_4	1	2	1	A_3, A_4	-2	1	-2
A_2, A_1	-2	-1	-1	A_4, A_1	-2	-2	-2
A_2, A_3	2	1	1	A_4, A_2	2	-1	-2
A_2, A_4	-1	2	1	A_4, A_3	1	-1	0

第4章　商品設計・開発のための官能評価の解析

	A	B	C	D	E	F	G
61	分散分析表						
62	要因	平方和	自由度	不偏分散	F_0値	P値	判定
63	主効果S_α	42.7500	3	14.2500	23.0192	0.000001	有意である
64	主効果×個人$S_{\beta(\alpha)}$	20.5000	6	3.4167	5.5192	0.001449	有意である
65	組合せ効果S_γ	4.5833	3	1.5278	2.4679	0.090203	
66	順序効果S_δ	2.7778	1	2.7778	4.4872	0.046246	有意である
67	順序×個人$S_{\delta(\beta)}$	4.3889	2	2.1944	3.5449	0.047158	有意である
68	誤差S_ε	13.0000	21	0.6190			
69	総平方和S_T	88.0000	36				

図2　実施例（浦の変法）のExcel入出力例

（出典）長沢伸也編著，川栄聡史共著『Excelでできる統計的官能評価法―順位法，一対比較法，多変量解析からコンジョイント分析まで―』日科技連出版社，2008年，p.200，図表6-38

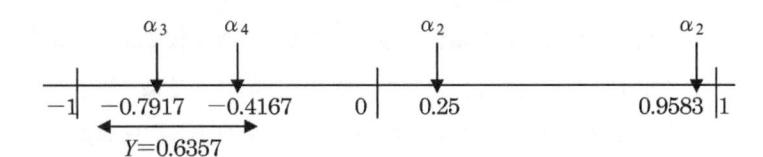

$$\alpha_3 \quad \alpha_4 \qquad \alpha_2 \qquad \alpha_2$$
$$-1 \quad -0.7917 \quad -0.4167 \quad 0 \quad 0.25 \qquad 0.9583 \quad 1$$
$$Y = 0.6357$$

注）矢印 ⟵⟶ はヤードスティックYによる推定幅であり，$|\alpha_i - \alpha_j|$がYより離れていれば有意である。

図3　実施例（浦の変法）のα_iの尺度図

（出典）長沢伸也編著，川栄聡史共著『Excelでできる統計的官能評価法―順位法，一対比較法，多変量解析からコンジョイント分析まで―』日科技連出版社，2008年，p.204，図表6-40

(A_2, A_4)，(A_3, A_1)，(A_3, A_2)，(A_3, A_4)，(A_4, A_1)，(A_4, A_2)，(A_4, A_3)の評価を1回ずつ，5段階の尺度（5件法）で行っている。評価結果を表3に示し，これを解析する。

詳細な計算手順は省略するが，実施例のExcelによる分散分析表を図2に示す。

2組の試料ごとの主効果の差が，求めたヤードスティックYよりも大きければ，その試料の間に有意な差があることになる。図3に尺度図を示す。

結果は$(\alpha_3 - \alpha_4)$以外は$|\alpha_i - \alpha_{ij}| > Y$となり，その他の試料の組合せ間には有意差があるといえる。α_3とα_4の間には有意な差があるとはいえず，試料A_3，A_4の間にビールの泡のきめ細かさに関する差があるとはいえないことになる。

以上の解析結果から，4種類のビールには，その泡のきめ細かさに差があると統計的にいえる。また，3人の検査員の評価の仕方に差がある上に，判定する試料の順序によって評価が影響を受ける（$\delta = -0.27778 < 0$なので，後に飲んだ試料の評価が高くなる）。さらに，順序効果の個人差も有意であるため，各検査員が順序の影響を受ける度合いにも差があることになる。

各試料の位置付けは，図3で示した平均嗜好度α_iの尺度図のようになると推定された。すな

わち，A_1の泡が最もきめ細かく，次いでA_2，A_4，A_3と続く。ただし，A_4とA_3の間には有意差が検出されなかったため，4種の試料における泡のきめ細かさはA_3・$A_4<A_2<A_1$であると統計的に結論付けられる。

3.3　シェッフェの一対比較法による解析について

　一対比較法は，専門家ではない素人や未熟練者でもわりあい簡単に行え，しかも判断がやさしく安定する。一方，試料数が多くなると，組合せの数が膨大となり，小数の被験者で行う場合には1人の実験回数が大きくなるので，疲労したりして実験の実施が困難になるという欠点もある。

　ここで紹介した浦の変法では，1人が1反復の一対比較を行い，人を変えて反復する。比較順序を考慮する手法である。研究室などのようにパネリストを多く集められない場合や専門パネルのようにもともと人数が限られている場合に適当である。一対比較で評価することにより，主効果が間隔尺度として求まるだけでなく，主効果の個人差，組合せ効果，順序効果，順序の個人差まで求まる。しかもその有意性が分散分析で検定でき，主効果の差の区間推定まで行うことができる優れた手法である。

　感性を扱う場合，「蓼食う虫も好き好き」のように人によって好みが異なるという個人差が必ず問題になるが，これが解析できることは特筆される。もし，主効果の個人差が有意になるほど大きい場合は，これを分解して求めずに誤差とすれば誤差が大きくなるために分散分析で主効果が有意になりにくくなる。また，主効果の個人差が有意にならないくらい小さい場合は，個人差が問題にならないことが担保される。したがって，どちらに転んでも，主効果の個人差を求めておくことは重要である。組合せ効果，順序効果，順序の個人差についても同様のことがいえる。

3.4　シェッフェの一対比較法の改良

　なお，代表的な統計的官能評価手法の「シェッフェの一対比較法」では，原法や3つの変法とも，一対比較が完全に実施されることが前提になっている。しかし，評価対象が多い場合には一対比較の組合せ数が膨大になり実験が困難になる。そこで，表4のように一対比較が不完全な場合について線形模型に基づいた解析方法が芳賀やNagasawa[5]により提案されている。さらに，1人が1つの組合せでもすべての組合せでもなく比較対象数のk回だけ比較する方法（サイクリック一対比較法）もNagasawa[6]により提案されている。特に表5の「サイクリック一対比較法」は，極めて少ない一対比較数（対象数と同数回）で全試料の序列付けと分散分析ができる。

第4章　商品設計・開発のための官能評価の解析

表4　不完全な一対比較によるデータ

i \ j	1	2	3	4	計
1		x_{12}	x_{13}		$x_{1\cdot}$
2	x_{21}		x_{23}	x_{24}	$x_{2\cdot}$
3	x_{31}	x_{32}		x_{34}	$x_{3\cdot}$
4		x_{42}	x_{43}		$x_{4\cdot}$
計	$x_{\cdot 1}$	$x_{\cdot 2}$	$x_{\cdot 3}$	$x_{\cdot 4}$	$x_{\cdot\cdot}$

（出典）長沢伸也編著，日本感性工学会感性商品研究部会著『感性をめぐる商品開発―その方法と実際―』日本出版サービス，2002年，p.169, 表11-15

表5　サイクリック一対比較法によるデータ

i \ j	1	2	3	4	5
1		x_{12}			
2			x_{23}		
3				x_{34}	
4					x_{45}
5	x_{51}				

（出典）長沢伸也編著，日本感性工学会感性商品研究部会著『感性をめぐる商品開発―その方法と実際―』日本出版サービス，2002年，p.169, 表11-16

4　おわりに

　物理的に測定されたデータを「透明ガラス」を通して見る映像とするなら，理化学的な計測器ではなく人間が感覚や感性で評価する官能特性データは「すりガラス」を通して見るデータだと比喩できる。このような特質をもつ官能特性データの統計的解析手段として統計的官能評価法が，雑音と信号とを分離し映像をはっきりさせる道具として，また錯綜とした構造を，本質をゆがめず明確にするための道具として大いに役立つであろう。

　官能評価が従来の検査段階から設計開発あるいは商品企画へというように源流段階へさかのぼって行われるようになって，顧客ニーズ，顧客の満足を満たすような商品コンセプトを作り上げていくという商品企画の段階にまで踏み込んだ状態になっている。したがって，積極的に顧客にとっての感性というものと深くかかわるところに官能評価を拡大する必要が出てきたことを指摘したい。

化粧品の使用感評価法と製品展開

　つまり今日では，たとえば「使って楽しい」とか「価値がある」というような顧客の感性領域へ踏み込んだ品質概念を考えなければならなくなっており，商品コンセプトを創造する際に，ターゲットとする顧客の感性と評価特性を認識する必要がある。

　品質や商品の評価は人の感性で行われるのであるから，官能評価も品質管理もマーケティングも「どうできたか」ではなく「何をつくるか」に重きを置くならば，感性の問題は避けては通れない。感性工学が人とモノをつないで「感性に訴えるモノづくり」とか「感性を活かしたモノづくり」を目指す手法の体系だとすれば，本稿で紹介した官能評価・感性評価の統計的方法はそのプロセスやアウトプットの統計的評価に不可欠といえよう。

文　　献

1) 長沢伸也，アンケート調査，神田範明，大藤正，岡本眞一，今野勤，長沢伸也共著，『商品企画七つ道具―新商品開発のためのツール集―』所収，日科技連出版社，pp.81-133（1995）
2) C. E. Osgood, G. J. Suci and P. Tannenbaum, *The Measurement of Meaning*, Univ. Illinois Press（1957）
3) 天坂格郎，長沢伸也共著，官能評価の基礎と応用―自動車における感性のエンジニアリングのために―，日本規格協会（2000）
4) 長沢伸也編著，川栄聡史共著，Excelでできる統計的官能評価法―順位法，一対比較法，多変量解析からコンジョイント分析まで―，日科技連出版社（2008）
5) S. Nagasawa, Improvement of the Scheffe's Method for Paired Comparisons, *Kansei Engineering International*, **3**(3), pp.47-56, Japan Society of *Kansei* Engineering（2002）
6) S. Nagasawa, Proposal of "the Cyclic Paired Comparisons," *Kansei Engineering International*, **3**(4), pp.37-42, Japan Society of *Kansei* Engineering（2002）

第5章　嗅覚・皮膚体性感覚からみた化粧品使用感

外池光雄*

1　はじめに

　私たちが化粧品の使用感を官能評価する際には，一般に幾つかの官能評価項目が考えられるが，その中の最も重要な2つの要素として嗅覚と皮膚体性感覚とが挙げられる。そこで，本稿では化粧品を使用した時の使用感の評価にとって不可欠な，化粧品の嗅覚と皮膚感覚に関する基礎的な計測・評価法について述べる。最初に，化粧品の使用感で重要な匂いの感覚である嗅覚の官能評価法，および皮膚体性感覚の官能評価の代表的な検査法について述べる。次に，このような官能評価法を補完する重要な技術として，匂いの感覚や皮膚体性感覚を客観的・生理的に計測・評価する方法について検討する。

2　嗅覚の官能評価法

　匂いには様々な種類があるので，官能検査でどのような匂いの種類を用いるかが大変難しい課題である。また，同じ匂いでも濃度によって匂いの質の印象が異なるため，濃度を考慮することが重要である。さらに，匂いには著しい特徴として順応現象があるので，同じ匂いを何回も長い時間嗅いでいると鼻が順応して匂いの感覚が弱まることが知られている。そこで，このような匂いの特徴や性質を良く考慮して官能評価を行う必要がある。匂いの官能評価法として，我が国で現在最も一般的に用いられているのは，基準嗅覚検査法と呼ばれている「T&Tオルファクトメータ法」[1]である。この検査法は特に耳鼻咽喉科の基準嗅力検査の診断・治療にも用いられており，保険の点数が決められ，保険適用になっている。この検査法ではA，B，C，D，Eの5種類の基準臭が定められているが，1年間保障で冷暗保存の小瓶の中に，10倍単位に調合された8段階の濃度の匂い溶液が入れられており，この中に短冊形の濾紙の先端約10mmを浸して鼻で匂いを嗅ぎ判定を行う。匂いの嗅ぎ方は，濃度の薄い方から順に嗅いでいき，何の匂いかは分からないが匂いを知覚した時のその濃度を検知閾値，また，匂いが何の匂いであるかが認知できた時

＊　Mitsuo Tonoike　千葉大学　大学院工学研究科　人工システム科学専攻
　　メディカルシステムコース　教授

の濃度を認知閾値として，検査用紙に印をつけて記録する。

　一般に，耳鼻咽喉科で用いられている別の嗅覚検査法に「アリナミン嗅覚検査法」[2]がある。この嗅覚検査法はアリナミンを静脈に注射した時からストップウォッチをスタートさせて時間を計り，ニンニク臭の匂いが知覚された時までの時間を指標にして嗅覚の診断を行う方法であり，静脈性嗅覚検査法とも呼ばれている。この手法を用いることによって嗅覚の障害が嗅粘膜部分の抹消系であるのか，脳の中枢系であるのかの判断が可能になると考えられる。但し，アリナミンを静脈注射するために，注射による痛みを伴うなどの問題点もある。

　官能検査法には，通常，嗜好型官能検査法と分析型官能検査法がある[3]が，嗜好型検査法は一般のパネルの多くにアンケートを行って答えさせ，その結果を集積して傾向を解析するような方法である。この場合は，年齢層や時代の流行などを反映しやすいが，必ずしも安定した結果が得られるとは言い難い。これに対して分析型官能検査法は訓練された専門のパネルを用いるので，測定の結果も再現性に優れており，一定の原則的な法則性を見いだすことが可能になる。ここでは，主に分析型官能検査法による嗅覚検査の幾つかを紹介する。最近，主に欧米で食品の官能評価のISO基準として用いられる傾向にあるものにQDA法（Quantitative Descriptive Analysis）[4]がある。これは，ある食品の官能評価を訓練された何人かのパネルで行うが，その時，その食品の特徴を表す幾つかの代表的な官能表現（言葉など）を尺度にして，官能値を数値化し，これらの数値をレーダーグラフ上にプロットして表すような評価法であり，定量的記述分析法とも呼ばれており，食品関連の企業で行われている官能評価法の代表的な方法である。当然，化粧品の匂いを評価する場合においてもこのようなQDA法による官能評価法の適用が考えられる。

　ところで，現在，匂いの判定を人の鼻で行う「嗅覚判定士」制度[5]が国家資格として定められている。これは環境庁が指定した国家資格であり，「嗅覚判定士」の免許資格を持った人は環境中の匂いに対して嗅覚の採取・測定を行い，法律で定められた匂いの環境基準に合致しているかどうかの判定を行い，法的な規制の権限を持っている制度である。「嗅覚判定士」が鼻で行う匂いの官能評価法には，「3点比較式臭い袋法」[6]が用いられている。この3点比較式の評価法は，ある匂いの強度を評価するのに匂いガスを入れた1個のバッグ（無臭のバッグを用いる）の中に清浄無臭の空気を入れて希釈させ，この希釈された匂いバッグと，空気のみが入った他の2個のバッグと計3個のバッグを鼻で嗅いで，匂いの入ったバッグを判定する検査法である。

　一般に悪臭の計測法では，主に嗅覚を用いて匂いの強さが実測されており，その感覚的強度を表すのに「六段階臭気強度表示法」[7]が用いられている。また，閾値を持って表される匂いの強度の表現法に「臭気濃度」と「臭気指数」がある。「臭気濃度」は，例えば何かの悪臭を清浄な無臭の空気で希釈した時，無臭に至るまでに要した希釈倍率で表される。これに対して，「臭気指数」とは臭気におけるウェーバー・フェヒナーの対数の法則を適用して，臭気指数＝$10 \times \log($臭

第5章 嗅覚・皮膚体性感覚からみた化粧品使用感

気濃度）から得られる数値である。また，匂いの快・不快度を官能評価で表す方法に「九段階快不快度表示法」が用いられている。「六段階臭気強度表示法」と「九段階快不快度表示法」を表1，表2に示す。

一方外国で行われている匂いの官能測定法で有名な方法に「セントメータ検査法」[8]がある。この検査法は，米国のシアトルやポートランド，セントルイスなどで用いられている匂いの検査法である。この検査では，活性炭が入った小型の匂い嗅ぎ箱に空気を吸い込み，4種類の直径の異なるかぎ穴を経由して匂いを嗅ぐことによって匂いの強度が評価できる器具が用いられている。また米国ペンシルバニア大学のDoty R. L. らによって開発された匂いの官能評価法に「UPSIT嗅覚検査法」（University of Pennsylvania Smell Identification Test）[9]がある。これは，あらかじめテストを行う匂いが試験用の紙上のマイクロカプセル中に閉じ込められており，爪やヘラなどでこすってマイクロカプセルを破って匂いを嗅ぐ嗅覚検査法である。一方，欧州の嗅覚検査法では基準臭にブタノール溶液が用いられており[10]，ブタノール溶液を希釈して作成され定められた希釈倍率系列の基準臭が入れられたフラスコを鼻で嗅ぐ方法によって嗅力の検査が行わ

表1　六段階臭気強度表示法

臭気強度	内　容
0	無臭
1	やっと感知できるにおい（検知閾値濃度）
2	何のにおいであるかがわかる弱いにおい（認知閾値濃度）
3	らくに感知できるにおい
4	強いにおい
5	強烈なにおい

悪臭公害規制に関して1972年に答申された

表2　九段階快不快度表示法

快不快度	内　容
−4	極端に不快
−3	非常に不快
−2	不快
−1	やや不快
+0	快でも不快でもない
+1	やや快
+2	快
+3	非常に快
+4	極端に快

れている．また，米国コネチカット大学化学臨床研究センターとエール大学のCain W. S. らによって開発された「CCCRC嗅覚検査法」(Conneticut Chemosensory Clinical Research Center Test)[11] がある．この検査法も，容器に入ったブタノール溶液の濃度を3倍希釈で濃度の薄い方から嗅ぎ，連続して4回正しく回答した時にその濃度を検知閾値とする閾値検査，および嗅覚同定検査法である．この他，Appell L.ら[12]によって酢酸エチルの匂いガスを基準臭として検査に用いられた例や，最近では，斉藤らによって開発された簡便な「スティック型嗅覚同定検査法」[13] などもある．

3 匂いの生理的・客観的計測法

化粧品の使用感の評価で重要な感覚である嗅覚を官能的に計測する方法は，既に述べたとおりであるが，ここでは匂いの感覚を生理的・客観的に計測する方法について述べる．官能的な計測法は主観的計測法であり，これ自体重要な計測法であるが，人による個人差があり，評価された結果にバラツキがあることが多い．また，人によってその評価の基準が違っていたり，評価の概念が異なるような場合には人によって異なる解釈で評価をしてしまう危険性も考えられる．さらに，故意に悪意のある「うその評価」をされても第3者には分からないという欠点を有している．

そこで，官能検査法を補足するために不可欠な計測が客観的・他覚的計測法である．特に人間の嗅覚を客観的・生理的に計測するためには，動物実験ではなく人間に適用できる非侵襲的な計測技術が必要である．一般に現在用いられている非侵襲的計測法には，脳波（EEG），機能的磁気共鳴画像（functional MRI, f-MRI）法，陽電子放射計測（PET）法，脳磁界計測（MEG）法，近赤外光スペクトロスコピー（NIRS）法などがある．

ここでは，時間的分解能に優れた脳波（EEG）法と脳磁界計測（MEG）法，およびf-MRI法について述べることにしたい．PETによる計測法は放射線同位元素を静脈注射する必要があり，PET装置の所在も限られた機関にしかない．また，NIRS法は最近我が国で最初に開発された計測法であるが，まだ実験例数が少ないので，紙面の都合でここでは触れない．これらPET法やNIRS法などについては他書を参照して頂きたい．

以上により，ここで述べる匂いの非侵襲的計測法は，現在，匂いの非侵襲的計測法として最も良く用いられているEEG，MEG，f-MRI法について述べる．

3.1 嗅覚誘発電位（OEP）計測法

人の嗅覚の応答を頭皮上の電位の変化である脳波（EEG）によって生理的・客観的に計測する試みは，Allison T., Goff W. R.[14] によって初めて行われ，匂い刺激をパルス状にして鼻に与

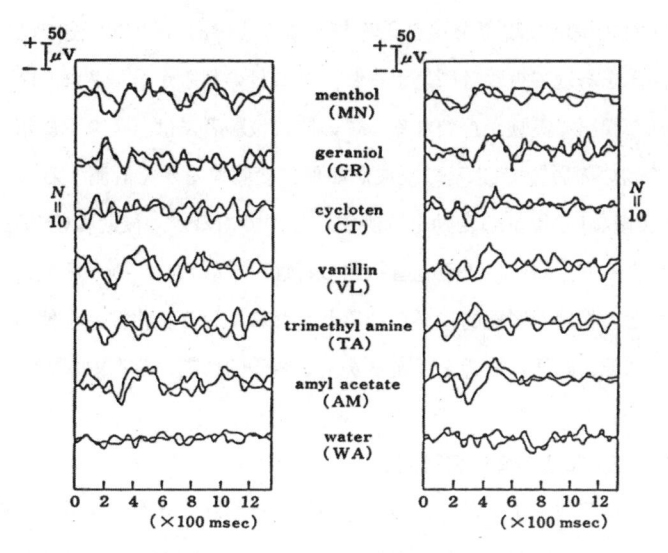

第5章　嗅覚・皮膚体性感覚からみた化粧品使用感

図1　種々の匂いに対する嗅覚誘発電位の応答波形
左側と右側は異なる被験者，各2本の波形は異なる日の測定

えた時に誘発される嗅覚誘発電位（OEP: Olfactory Evoked Potential）が観測された。筆者も[15]，その後，我が国で最初に嗅覚誘発電位を計測することに成功し，呼吸同期式匂い刺激法や嗅覚刺激装置の開発を行ってきた[16]。その後，世界的にも我が国においても，嗅覚誘発電位（OEP）の測定は普通に行われるようになり，匂い・食品関連企業や，香粧品を扱う企業でも，匂いの脳波計測ができるようになった。それまでは，専ら上述のように専門パネルを用いた官能検査法のみであった。しかしながら，脳波による客観計測の可能性が明らかになったことによって，各企業においても，人の感覚を客観計測し，生理的・客観的に製品を評価するニーズが高くなった。これは化粧品メーカも同様であり，今日では官能検査を補完する重要なキー技術の一つとなっている。図1は，以前に筆者が計測した種々の匂いに対する嗅覚誘発電位計測の測定の実例である[15]。このOEP波形解析結果と，匂いを表現する幾つかの言葉（尺度）を用いたSD評価法（Semantic Differential Method）などの心理・官能実験の結果とを比較することによって，匂いの効果・影響をより客観的に表現できるようになった[17]。

3.2　随伴陰性変動（CNV）による匂いの計測法

その後，鳥居ら[18]は精神神経検査などで用いられていた随伴陰性変動（CNV: Contingent Negative Variation）法を，匂いの生理的・客観計測の指標に用いる試みを初めて行った。このCNV法は，一般に事象関連電位（ERP: Event Related Potential）と呼ばれている脳波計測法の

一種であり，内因性の脳活動現象を捕らえる有力な方法である。CNV法では2種類の異なる2つの刺激が一定間隔をあけて被験者に呈示され，2つ目の刺激が呈示された時に，すばやくボタン押しを行うような課題で実験が行われる。この間に被験者には，テストに用いる匂いが流されており，これらの匂いの影響でCNVの脳波が如何に変動するかを計測するものである。一般にCNVの変化では緩慢なDC電位の変動を計測するものであるが，後期のCNVと呼ばれている部分の波形の変動によって，匂いによる覚醒状態の特性が求められ，脳が活性化状態であるか鎮静状態であるか，などの指標が客観的に得られると言われている。化粧品を使用した後に化粧品の香りが我々の覚醒状態に如何に影響を与えるか，を客観的に調べる有力な方法の一つであろう。

3.3 脳磁図（MEG）による匂いの計測法

上記に述べたように脳波を用いた匂いの研究が長年行われてきたが，近年，科学技術の急速な進歩によって，脳波以外の新しい有力な客観計測法も登場してきた。ここではこのような非侵襲計測法の一つである脳磁図（MEG: magnetoencephalography）の計測法について述べる。MEG計測法は，SQUIDと呼ばれる超伝導量子干渉素子を用いて脳から出ている極めて微弱な磁場を

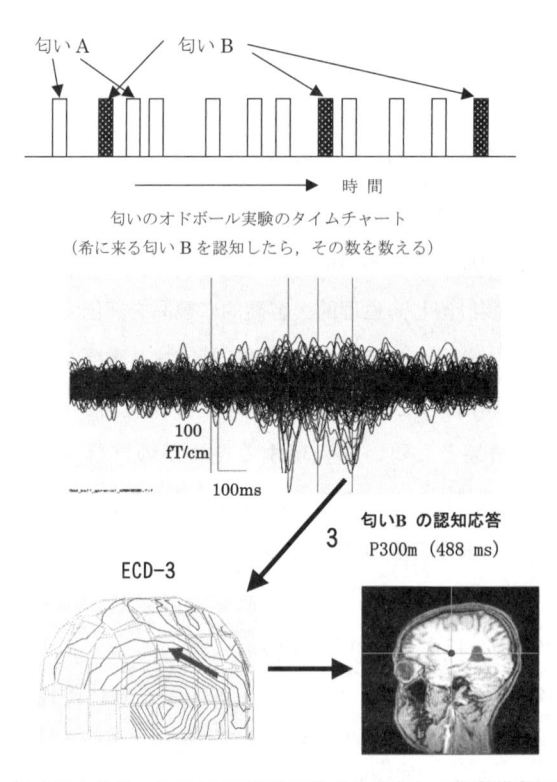

図2　匂いのオドボールのMEG実験で得られた匂いの認知応答(P300m)

第5章　嗅覚・皮膚体性感覚からみた化粧品使用感

計測する方法である。この計測を行うには，全頭型脳磁計と呼ばれている脳磁界を計測する装置の下に頭を入れ，椅子に座って脳から出ている磁場を計測するが，この装置では約−270℃の極低温である液体ヘリウム中に浸されたSQUIDの半導体センサーを頭皮上にたくさん（通常100〜500チャンネルくらい）配置したヘルメットの下に頭を入れて計測する。また，地球磁場や環境雑音磁界の影響を除くために磁気シールドルーム内で測定が行われる。当然，大がかりな計測になる上，装置や実験にかかる費用も大変高価になるのが欠点である。しかし，これまでの計測ではできなかった精密な脳活動計測が行え，匂いの効果が脳にどのような影響を及ぼしているかを研究する上で重要な役割を果たしている。図2は，筆者が計測した匂いのオドボール実験のMEG計測結果である[19]。このMEG計測では，2種類の異なる匂いを用いて希に刺激される匂いに対して数を数えるようにした時に，匂いを認知した時の反応（P300m）が初めて観測された実験結果である。このように，これまで良く分からなかった人間の脳内における匂いの知覚や認知に関する情報処理の過程や脳機能を明らかにすることが大いに期待されている。

3.4　機能的磁気共鳴画像法（f-MRI）による匂いの計測法

現在，もう一つ脳機能を計測する有力な手法として最も注目されている客観計測法に機能的磁気共鳴画像法（f-MRI）がある。MRI計測法は，水素の原子核であるプロトンの原子核スピンを応用した計測法であり，一定の強力な静止磁場（一般には，約1.5Tの磁場強度）の中に頭を入れ，縦方向，横方向に高周波によってプロトンのスピンの角運動量を変化させた後，緩和時間（スピンの倒れた軸が戻ってくるまでの時間）を計って，その程度が傾斜磁場の部位によって異なることから脳の部位を画像化して表す測定法である。この方法によって，脳内の各部位が画像化された断層画像が得られるようになり，さらに血液中のヘモグロビンの酸素化ヘモグロビンと還元化ヘモグロビンの磁化率の差から血液のBold効果が測定できるので，これを用いて脳血量の代謝状態を画層化できるのがf-MRI計測法である。その結果，脳のどの部位に血流が多く消費され，脳神経活動が如何に機能しているかを画像化して視覚的に客観観測できるようになった。これは本当に驚くべき技術で，生きたままの人間の脳の内部を画像化できる上，脳神経活動の機能まで視覚化できるようになってきたのである。これもMEG同様に大がかりで高価な装置であるが，人類の科学に及ぼす恩恵は計り知れず，病気の診断や治療に日夜用いられているが，当然ながら化粧品の匂いの効果がどのように脳に影響を及ぼすか，を精密に計測するのにも大きな役割を果たすであろう。図3は，宇野や筆者らが計測した3種類の果物臭の匂い刺激に対するf-MRIによる脳活動の計測結果例である[20]。

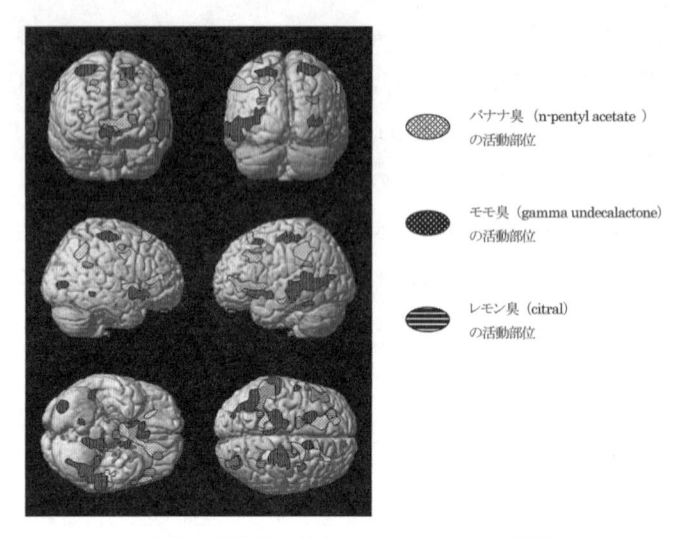

図3　果物臭に対するf-MRIのRender画像

4　皮膚の構成と皮膚体性感覚の官能評価法

　化粧品を使用したことによる官能評価において，嗅覚の次の大きな要素は体性感覚であろう。体性感覚は五感の中の一つの重要な感覚であるが，一般には視覚，聴覚，嗅覚，味覚以外で私たちの体に関係している様々な種類の感覚の総てを含めて定義されることが多い。しかし，ここでは化粧品の使用に関連した皮膚感覚のみを狭義の「体性感覚」として述べることにする。

　皮膚は複雑だが体を守っている重要な器官である。皮膚の構成は良く知られているように，表皮，真皮，皮下組織，から成っており，有毛皮膚と無毛皮膚に分類される。有毛皮膚には自由神経終末，Ruffini小体，Pacini小体などの体性感覚受容器が存在している。Ruffini小体は皮膚を圧迫するような圧力に反応する受容器である。これに対してPacini小体は速い振動に反応する大きな受容器（0.5mm×1.0mm）であり，たまねぎ状の形をしている。また，自由神経終末は皮膚の表皮の直下に存在しており，痛みや温度変化に反応している受容器である。自由神経終末は毛穴の基部や毛幹の周囲にも存在し，毛の動きを検出している。一方，無毛皮膚にも，上述の自由神経終末，Ruffini小体，Pacini小体の受容器が存在する他に，真皮の表皮中への突出部にはMeissner小体が存在しており，低周波数の振動や皮膚に対する短時間の接触に反応する。また，表皮の基部や汗管の側に存在しているMerkel盤の受容器は機械的な圧力に反応する。これらの皮膚の状態を模式的に図4に示す。

　皮膚感覚には，冷たい/熱い，の温冷感覚，皮膚にかかった圧力を感じる触覚，圧感覚，また痛みの感覚や，かゆみなどの感覚もある。このような複雑な皮膚感覚の総ては，皮膚の中にある

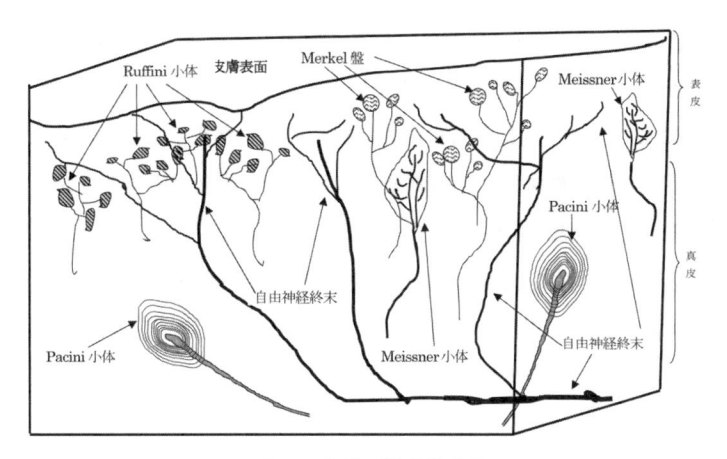

第5章　嗅覚・皮膚体性感覚からみた化粧品使用感

図4　皮膚の構造模式図

上述の幾つかの体性感覚受容器によって捕らえられており，さらに三叉神経，体性感覚神経にこれらの情報が伝えられて脳で知覚・処理されている。

5　体性感覚の生理的・客観的計測法

これらの体性感覚の計測には一般に下記のような生理的計測が用いられている。最も直接的な生理計測では，皮膚に電気刺激や，接触・圧力刺激を行った時の反応を脳波で計測する方法がある。この計測によって得られる脳応答は，体性感覚誘発電位（脳波）と呼ばれている。Penfieldによって示された第1次体性皮質感覚野（SI）は，大脳頭頂部の中心溝に沿う後壁領域に存在しており，身体の各部，例えば上肢，下肢，顔，指，舌，唇，胸，腹部，というようなそれぞれの身体部に明瞭に対応する活動部位が中心溝に沿って並んでいることが明らかになっている。最も良く用いられている体性感覚刺激は，手首の正中神経に電気刺激を行うもので，これによって体性感覚応答の第1波（N20）が約20msの潜時で観測されている。また，右側の手や足に対する抹消神経刺激によって対側の左の大脳部の手や足の体性感覚野に応答が得られるので，体性感覚応答は対側優位となっている。このように我々の身体の皮膚の内部には幾つかの体性感覚受容器とそれにつながった神経が存在している。既に述べたように自由神経終末の受容器は皮膚の表皮の浅い場所に存在しているが，触覚の圧力を感じる機械受容器は表皮の最も深い場所，あるいは表皮の下の真皮に分布している。

例えば，鋭い痛みの感覚（first pain, sharp pain）は自由神経終末の受容器で捉えられ，小径で有髄のAδ神経線維によって伝えられるが，この線維を選択的に刺激する方法に炭酸ガスレーザ光が用いられている。また，表皮内の自由神経終末のみを選択的に刺激する「表皮内電気刺激

第6章　化粧品の使用感評価と基盤技術

横田　尚*

1　はじめに

化粧品の進化は文化的な発展と文明的な進歩の二面がある。化粧目的の文化，化粧術の入念度

表1　女性の成長と美容法の推移

区分	年齢	身体的変化	美容的特徴	お手入れ	総合評価
老人期		【整形美容】			総合的女性の美しさ
向老期					
初老期	55	肌の老化現象鮮明 顕著な皮脂の低下	【プチ整形美容】←	【お手入れに無力感】 【お手入れに意識高い】 「シワ・たるみ」目立つ	
成人期	50	膠原繊維・弾力繊維・基質変化して，その作用衰える		肌の衰えが気になる	
	47	更年期　47才±5 皮膚薄くなりケラチン生産低下　—化粧意識最も高い— 皮膚の柔らかさ・弾力消失	『成熟した美しさ』	【フルステップ】	
	40	皮膚厚み増大，伸展性低下 『35才から女性は本物』『女盛り』	【全身美容】 皮膚の曲がり角実感	「シミ」，乾燥肌多くなる 《人生のターニングポイント》	
青年期	35	新陳代謝低下 脂性肌から乾燥肌に変化	プロポーションの曲がり角・老化の幕開け「ハゲ」 顔，目，口元に小じわ 老化の促進	【準フルステップ】 【ボディのお手入れ】	精神的肉体的女性の美しさ
	30	皮脂分泌量減少 （性ホルモン支配）	女性美をいっそう追求し夢を追う「肌あれ」肌の衰え自覚， シミ・シワに悩む，張りがない		
	28	肌の抵抗力低下　肌が乾燥，	『最も女らしく美しい』 くすむ	【本格的なお手入れ】	
	25	ホルモンバランス	皮膚の老化顕在化「小じわ」		肉体的な女性の美しさ
	23	メラニン分解機能低下 弾力繊維の変化（皮膚老化）	皮膚の曲がり角・お肌の機敏さにめざめる 季節により小じわ・肌あれ気になる		
	20		『人間の最も美しい』，魅力ある肌， 張り・弾力に富み透明感・艶がある	【本格的メイキャップの開始】	
	18	ホルモンの働き目立つ「ニキビ」		【シンプルなお手入れ】 【入浴美用法】	
若年期	16	生殖期16才±3	肌の脂っぽさ，吹き出物	【髪の手入れ】	
思春期	14	発情期12才±2	皮脂，汗分泌量に変化，皮脂膜形成困難		
少年期	12	食事好き嫌い目立つ ホルモンの働き目立つ	乳房の発育		
幼児期	7				
胎児期					

10─────20─────30─────40─────50─────60─────70

・つるりとしてはじけるような美しさ
・白く澄んだハリのある美しさ・色っぽいしっとりした美しさ
・生き生き艶のある美しさ

*　Takashi Yokota　㈲アセニール　代表取締役

第6章　化粧品の使用感評価と基盤技術

（高度化）などの文化的発展と，化粧品品種の増加，品質や技術の向上などの文明的進歩である。化粧品は，自らを美しく磨くため，女性の美意識，また技術の進歩と共に進化してきた。そのため，皮膚の美しさはその文化度を表すといわれ，美・健康・感性を高める文化産業として位置付けられている（表1）。

化粧品の開発には，その機能に加えて使用時の「感触」，「肌触りのよさ」など，使用者の「嗜好」が化粧品の満足度を大きく左右するため，使用感にストーリーがあり調和が取れていることが必要である。

使用感評価能力の強化には鋭い感性（五感）を磨く必要があるが，それによりお客様に役立ち，感動を与える化粧品を開発することができるといえる。

2　美粧効果を支える基盤技術

化粧品の新しい価値を生み出し，また美しさを訴求する「ファッション性」，表現の可能性や使用感の向上を可能にしたのは，技術の進歩である（図1）。

① 化粧文化を育てた技術

化粧品の歴史は技術の歴史といわれ，女性をさらに美しくする「技」と「センス」を高める。

図1　21世紀のキーワード

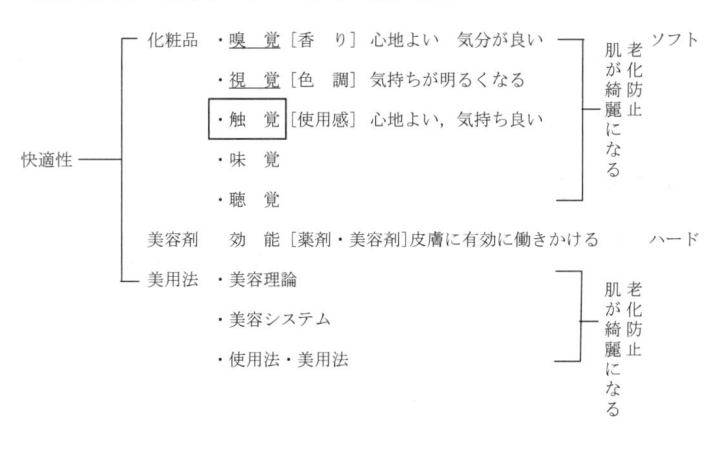

価値の高い化粧品開発には，本質的な基盤技術（新しい素材や技術）を積極的に取り入れ，商品の質的転換を図る必要があり，技術で表現できる理想の肌の美しさ，若さ，健やかさなど，その命題は「健康」，「美」と「若返り」である。その結果，高額でも使用者が納得できる品質が必要になってきている。

② 基盤技術の問題点

安定性を保つために使用感が犠牲になる。また，人間が触って気持ちのよい感触の領域は広くない。要求品質には二律背反事象が多く，どう両立させるかが問題となる。

③ 「見た目の美しさ」，「肌触りのよい」基盤技術の開発

化粧品の新しい使用感，心地よい使用感・感触の広がりは不均一安定化基盤技術，製剤技術によるところが大きく，優位差別化の製品展開を可能にする中心的役割を演じている。安定化が難しい不均一安定化技術（構造・働き）が基礎となっていることを忘れてはならない。

④ 「違和感」の研究開発

化粧品の評価項目がほとんどよくても，消費者の感性に合わない項目が一つでもあると，嫌い，使いたくないなどの結果になる場合が多い。違和感の原理，メカニズムの開発も重要である。

⑤ 美しさの追求

「美しいということは，生き生きと素晴らしい生命を持っていること」で，皮膚の美しさを演出する基盤技術と評価方法こそが最大のテーマである。

⑥ 美しく輝いているために

基盤技術（新素材・新技術），情報，美容法の開発による化粧品の価値の拡大と，感性，新機能，安全性からのアプローチが重要である。

3 化粧品産業のあり方

健康にもよい新しい化粧品の開発やその評価法確立が必要だが，評価判定法がないものもあるため，その評価基準をつくり，効能の範囲を見直す必要がある。

① 環境の変化
・国民生活水準の向上で個性的な商品が求められている。
・女性の社会進出により美容意識が高まっている。
・高齢人口の増加で美と健康を長く保ちたいと願っている。
・外出機会が増大している。

② 国民のニーズ・願い

第6章　化粧品の使用感評価と基盤技術

・若さ・美しさを保ちたい。年はとっても肌はいつまでもみずみずしく若々しい肌を保ちたい。
・化粧品の質的転換を求めている。
・美より健康。いつまでも若々しく美しくありたい願望は「若く美しく粧うこと」から「皮膚などの健康を保護すること」に変わりつつある。継続使用し，肌荒れ，日焼けを防ぐことが生理的バランスを維持するなど，これからの化粧品は健康にもよい効能が必要である。
・効能，安全性を重視する方向にある。老化の要因となる「皮膚の乾燥」，「光からの防御」，「酸化からの防御」，「微生物からの防御」に対して，老化防止の薬剤開発及び投与システムの開発が重要である。外部からの刺激に対して皮膚組織がどのような働きをしているのか，年齢を重ねるごとに皮膚が硬くなる角質や老化がどうして起こるのか，皮膚生理のメカニズムについて未解決な部分を解明していく必要がある。

4　化粧品開発と使用感評価法

社会は安全，安心，便利（利便性），快適，感動等の価値を求めている。

4.1　化粧品の開発

化粧品の開発には安全・安心と並んで使用感・感触（快適性）が重要な要素となる。

顧客の求める使用感へのニーズをいち早く把握し，品質と使用時の心地よさ・感触（タッチ）のよさを演出する技を身につけることが大切である。そのためには，原料（素材）・技術の蓄積が重要であり，その中から生まれたアイデアが市場の要求に適合したときに，大きな感動が生まれる化粧品の開発が可能となる。

化粧品はその機能だけでなく使用感・快感性（心地よさ）が重要な品質となるために化粧品開発には多くの課題が生じる（表2）。

市場や技術の変化のスピードも加速しており，顧客の期待を越える価値ある品質の化粧品をつくり出すために，創造技術の発展を支える原料（素材）と基盤技術（加工技術）の進歩発展が欠かせない。最近は新しい技術や成分で他社や今までにない使用感・効能効果での差別化を図っている。

表2　化粧品の価値体系と価値開発の方向

基本的な化粧品の価値体系		
化粧品の価値体系	機能上(目的上)の価値 (機能的・物性的価値)	作用・性能，物性的・技術的な要因群・因子群から成り立っている。本質的価値。 その商品が目的の実現と問題の解決にどの程度貢献しえるかを意味するもの。 化粧品の価値は基本的には機能に優れているか否かで評価されるから　　　　　　　　　　　　　　　一時的価値要因
	感覚上(快適性)の価値	心地よさ。商品の選択基準。 五感でとらえられる商品の外観，形状，香り，音，感触…… 商品がその機能を果たす際の果たし心地 　　　　　　　　　　　　　　　二次的価値要因として不可欠
	心理上(保有上)の価値	幸せ，楽しさ，リラクセーション，やすらぎ，ストレス緩和効果 所有　豊かさ，贅沢，所有，安定感，充足，余裕 優越　希少性，オリジナル性，高級，優越，自己顕示，階層，地位 創造　創造，個性，遊び，解放，名誉，社会性，自己実現
	化粧品はすべてなんらかの形で上の3つの価値を具備することが求められている。 『感性』とは，日常行われている事実の中に，新たな商品化の機会を感知することこそ感性である。 今の自分の仕事の中に自身の『感性を技術として』発現することを急ぐべきである。	
化粧品の価値開発の方向		
	量，機能的な優劣競争から，感覚上・心理上の差異・優位性の開発に移行。	

4.2　使用感評価

　一般にメーカーは効能・効果の表現ができず感触（肌触りのよさ）に頼っているため，評価能力の水準，特に官能的評価能力が要求される（図2）。

　化粧への基本的期待感を評価することが使用感評価である。

　・化粧することで感覚的作用での快適性・満足感を与える（図3）。

　・化粧することで皮膚表面を健康にし，美化する（図4）。

　・化粧することで心理的作用での心の安らぎを求められる。

　見た目の美しさ，使ってみたい，触ってみたい，この気持ちにさせる要素は，心地よい使用感や肌触りのよさ（皮膚感）でつくられ，皮膚の魅力を感じ満足させる。

第6章　化粧品の使用感評価と基盤技術

人間の特性に合っ	化粧品の使用感・感触	化粧品への基本的期待
た基盤技術開発	快適さと効果のバランス	ユーザーが実感として良さを認める

機能に加えて使用時の「感触」など使う人の『嗜好』が満足度を大きく左右する

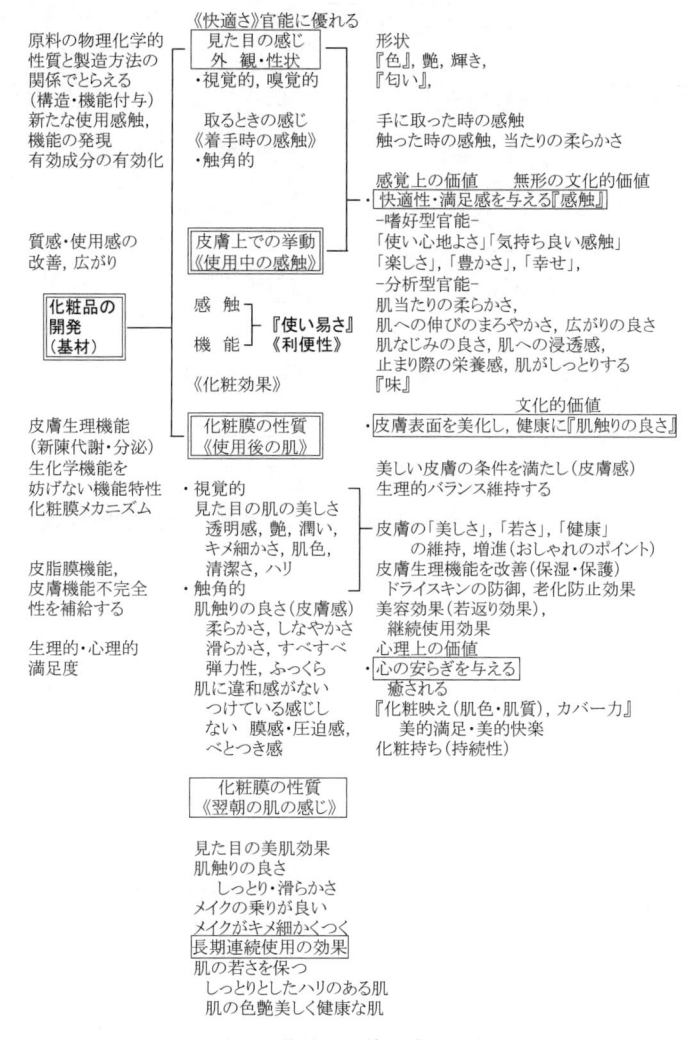

```
                         《快適さ》官能に優れる
原料の物理化学的         ┌─────────────┐
性質と製造方法の         │  見た目の感じ  │
関係でとらえる           │  外　観・性状  │         形状
（構造・機能付与）       └─────────────┘         『色』，艶，輝き，
新たな使用感触，           ・視覚的，嗅覚的           『匂い』，
機能の発現
有効成分の有効化           取るときの感じ            手に取った時の感触
                         《着手時の感触》           触った時の感触，当たりの柔らかさ
                          ・触角的
                                                   感覚上の価値    無形の文化的価値
質感・使用感の           ┌─────────────┐     ・快適性・満足感を与える『感触』
改善，広がり             │ 皮膚上での挙動 │        －嗜好型官能－
                         │ 《使用中の感触》│        「使い心地よさ」「気持ち良い感触」
┌──────┐             └─────────────┘        「楽しさ」，「豊かさ」，「幸せ」，
│化粧品の│                                          －分析型官能－
│開　発  │─┤          感　触   ┌──────┐       肌当たりの柔らかさ，
│（基材）│             機　能   │『使い易さ』│       肌への伸びのまろやかさ，広がりの良さ
└──────┘                      │《利便性》  │       肌なじみの良さ，肌への浸透感，
                                 └──────┘       止まり際の栄養感，肌がしっとりする
                         《化粧効果》                『味』
                                                                     文化的価値
皮膚生理機能             ┌─────────────┐     ・皮膚表面を美化し，健康に『肌触りの良さ』
（新陳代謝・分泌）       │ 化粧膜の性質   │
生化学機能を             │ 《使用後の肌》 │         美しい皮膚の条件を満たし（皮膚感）
妨げない機能特性         └─────────────┘         生理的バランス維持する
化粧膜メカニズム          ・視覚的
                           見た目の肌の美しさ        皮膚の「美しさ」，「若さ」，「健康」
                           透明感，艶，潤い，           の維持，増進（おしゃれのポイント）
皮脂膜機能，               キメ細かさ，肌色，         皮膚生理機能を改善（保湿・保護）
皮膚機能不完全             清潔さ，ハリ                 ドライスキンの防御，老化防止効果
性を補給する              ・触角的                    美容効果（若返り効果），
                           肌触りの良さ（皮膚感）       継続使用効果
                           柔らかさ，しなやかさ        心理上の価値
生理的・心理的             滑らかさ，すべすべ        ・心の安らぎを与える
満足度                     弾力性，ふっくら             癒される
                           肌に違和感がない            『化粧映え（肌色・肌質），カバー力』
                           つけている感じし              美的満足・美的快楽
                           ない　膜感・圧迫感，        化粧持ち（持続性）
                           べとつき感

                         ┌─────────────┐
                         │ 化粧膜の性質   │
                         │ 《翌朝の肌の感じ》│
                         └─────────────┘
                           見た目の美肌効果
                           肌触りの良さ
                             しっとり・滑らかさ
                           メイクの乗りが良い
                           メイクがキメ細かくつく
                         ┌─────────────┐
                         │長期連続使用の効果│
                         └─────────────┘
                           肌の若さを保つ
                             しっとりとしたハリのある肌
                             肌の色艶美しく健康な肌
```

図2　化粧品の使用感評価法

化粧品の使用感評価法と製品展開

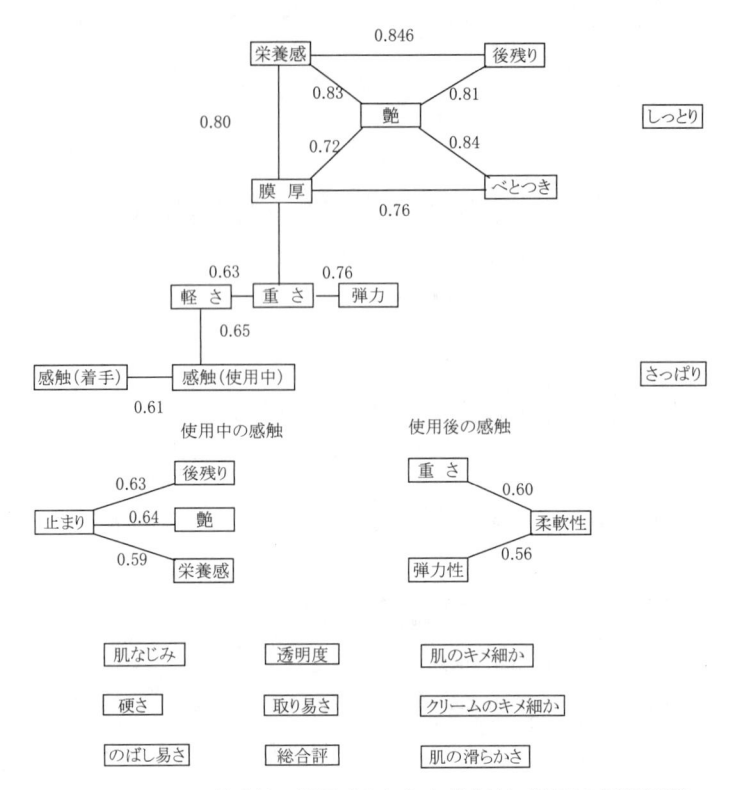

図3 クリームの快適性・満足感を与える『感触』(用語の相関係数)

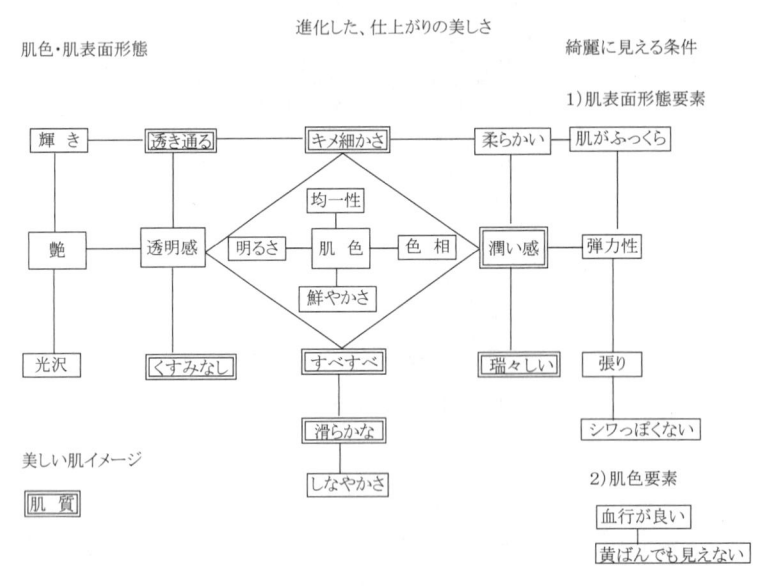

図4 化粧映え 肌色・肌質

4.3 化粧品開発の考え方

問題に対していろいろな考え方や実験事項を積み重ねながら，地道に科学的理解に向けてアプローチすることの重要性こそ認識しなければならない。問題の処理に当たっては既習の事項を適応すればすむ場合もあり，新しい儀儒を要求される場合もある。後者の場合，新しい概念を構成したり，新しい原理や法則を見出したり，またそれらを適合して目的にあった解決をしたりし，さらに進んだ知識や技能を生み出し，研究の方向付けをしていく。

・どのようなものをつくりたいか。

・予想される問題は何か。

4.4 研究方法

① 形態を与える技術

原料の物理化学的性質と製造方法の関係でとらえる。

② 機能を与える技術（創造技術，付加技術）

皮膚上での挙動及び化粧膜の性質を基剤との関係でとらえる。使用感（感触），基本機能，美容効果など。また環境問題に対応した環境にやさしい原料，製造過程，容器，グリーンシール，高齢化に対応。

5 使用感・美粧効果を支える基盤技術

化粧品技術（原料・技術）はその時代に消費者が求める化粧品の品質・機能・特徴，美容法を満たすことで発展してきた（表3）。化粧品の処方研究における形態・剤型の変遷，使用特性の変化は用いる原料の違いに大きく依存する。そのため，製品の特徴を出すには，これがなければできない，という原料を開発していくことが化粧品技術者にとって重要なことである。

新原料開発が必要な場合は，①代替がきかない（使用性・機能・性能の限界），②技術的問題が解けない，③新機能を持った合成品，④配合品，等がある。化粧品原料は容易に得られた天然物から，新しい価値観，需要の拡大・嗜好の多様化に合わせ様々な合成原料が開発され利用されてきた。

現在使われている原料は，安全性のスクリーニングを受けた上，商品に要求される性能を満足させるようにつくられている。使用される原料も，合成・分析などの科学技術の発展と共に，天然物から合成物や醗酵生成物と原料ソースが広まってきたが，環境に対する考え方から天然物が改めて見直される傾向にあり，また一方，皮膚の恒常性維持のメカニズム解明における進歩や皮膚状態の評価技術の進歩から，それに応じた原料の新しい展開が見られる（表4）。

化粧品の使用感評価法と製品展開

表3　化粧品と技術・原料の変移

時代	化粧品の歴史	製剤技術・基剤の歴史		原料・成分の歴史	
				天然	合成
1890	石鹸				
1897	化粧水			グリセリン	
1899	ボディ洗浄料				
1907	クリーム	O/W乳化技術			
1909	ホホ紅				
1911	ポマード	油脂透明化技術		木ロウ，ヒマシ油	
1912	乳液				
1914	シャンプー				
1915	ヘアトニック			エタノール	
1917	多色粉白粉	粉体分散技術		タルク	
1918	リップスチック			ヒマシ油，ラノリン	
	コールドクリーム	W/O乳化技術		ミツロウ，ホウ砂	
1921	香水NO5				
1925~1949	マネキンガール		鉱物油の時代	ワセリン，流動パラフィン	
1950~1959	ファッションに合わせた化粧品			TEA	
1956	透明石鹸	石鹸透明化技術			シリコーンオイル
1960~1964	化粧品普及時代	安定性・使用性重視時代	天然油探索時代	スクアラン	
1964	ロングラッシュマスカラ			β-コレスタノール	
1965~1969	油性ファンデーション 男性化粧品ブーム	油中粉体分散技術	天然油合成時代	・レシチン	合成スクアラン，ODO
1965	こじわ予防クリーム	粉体表面処理技術			パラベン，カーボポール940，トリ(カプリル/カプリン酸)グリセリン
1970~1974	化粧品高額化時代 ―白い肌ブーム―	安全性・使用性重視時代			
1971	クレンジングオイル	アミノ酸ゲル乳化技術		コレステロール	トリオクタノイン，硬化ヒマシ油
1975~1979	化粧品多様化時代 ナチュラルメイク	可溶化技術	精製天然油の時代	マカデミアンナッツ油	ピロテルCPI・ショ糖エステル
1975	美容液	顔料分散技術		ホホバ油	・トリイソステアリン酸ポリグリセリル-2
1977	―汗に強いメイク― 食べる化粧品	固形化技術			・リンゴ酸ジイソステアリル
1978	パウダーファンデーション ―パール系化粧― 自然化粧品	弱酸性乳化技術 複合乳化技術		コンドロイチン硫酸Na コラーゲン	AGA デンプン脂肪酸エステル
1979	2wayファンデーション	液晶化技術，Si蒸着技術		バチルアルコール	揮発性シリコーン
1980~1984	スキンケア時代 ―育毛ブーム―	機能効果追求時代	合成油の時代	セチバルミテート	・デキストリン脂肪酸エステル
1980	バイオ化粧品	顔料易分解技術			ジカプリン酸ネオペンチルグリコール
1985~1989	化粧品差別化時代 生体化粧品 ―美白ブーム―	液晶乳化技術 W/S乳化技術	有用性原料時代	スフィンゴ脂質 アルギニン，	・ポリエーテル変性シリコーン
1990~1994	UVカット化粧品	精神的価値・本質追求時代	ライトオイル	植物スクアラン・フォンブリン	イソノナン酸イソノニル
	落ちない口紅	高有用性技術時代			・グリセリンオリゴマー脂肪酸エステル
1995~1999	目的別・美容液 化粧持ちの良いリキッドファンデーション	リポゾーム ナノカプセル化技術		水添レシチン	水添ポリイソブテン
2000~2005	化粧品高機能・高効果時代	W/S乳化技術	生体適合性高機能		・イヌリン脂肪酸エステル
	老化防止化粧品 グロス口紅	油脂透明化技術	高感触原料時代	高粘度イソステアリン酸，高光沢油剤	

―――――液体油剤ゲル化剤

第6章　化粧品の使用感評価と基盤技術

表4　基盤技術と使用感

最先端基盤技術	基剤	使用感・機能・効果
包接化技術	分子カプセル	スーッと伸びて肌サラサラ滑らか 保湿性・肌改善効果が高い
乳化技術	パウダー エマルション	肌の上で液体に変わり、いつもフレッシュ 滑らかなエマルションタッチで肌に素早く浸透
高分子乳化技術	さっぱりライト エマルション	肌にマイルドな軽い使用感 肌へのなじみが早い さっぱりしていて使用後しっとり
高圧乳化技術	化粧水 エマルション	感触はパシャパシャのローションだが肌に浸透すると潤いシールを形成する
液晶化技術	液晶 ローション	まろやかなローションが肌に良くなじみ潤いを高めキメ細かでみずみずしい透明感のある明るいハリ、弾力のある肌に変わる 美肌効果に優れる しっとりなのにさっぱりした使用感が特徴
微粒子分散技術	高発色 ドープ	滑らかな使用感、密着力、持続性に優れ、深い色味が出せる、白っぽさがない 透明度の向上、光沢の向上、鮮やかさ向上 隠蔽力向上が期待できる
透明ゲル化技術	透明スティック	透明で肌当たり柔らかく、軽く滑らかにソフトに伸び、均一にフィットし、違和感なくクリアーな発色をし、つけた感じがしない 自然な仕上がりする ラメ、パールが素直に輝く
透明固形化技術	透明 クリーム	ピュアな感じのクリスタルクリーム コツンとした難さで取れ軽い感じで伸びる 湿潤効果に優れカサカサした肌を潤す 美容剤・薬剤の吸収性に優れる
水性ゲル化技術	水溶性 高分子ゲル	見た目美しく、柔らかで弾力性のある硬さ 伸びが良く、べたつかずさわやかな使用感 浸透性が良く、生体親和性良く、皮膜形成性良く、保湿・保護効果等優れた美肌効果を示す
リポゾーム技術	リポゾーム 多重層カプセル	粒子が細かいため、肌への親和性に優れ角質層の乱れた部分にもスムースに浸透し、潤いが肌の奥まで届きしっとり滑らかになりプルプル感肌に柔軟性、しなやかさ皮膚のモイスチャーを増し長時間持続する

　原料開発は今後も新しい形態、効能、使用感を兼ね備えた魅力的な商品を送り出すために、外観性、使用性、感触、使用感、機能・性能、効能・効果、安全性・安定性等の技術的問題を解き、新しい機能と付加価値を付与することが必要である。

　化粧品変遷の中で製剤化技術の進歩や新原料の開発はもちろんであるが、美粧効果の高い安全な化粧品、保湿性・保護効果に優れた有効な化粧品が生み出されてきた。

　このような観点から化粧品と製剤技術と原料について美粧効果を支える原料と技術の実際について下記に述べる。

6 製剤技術の進歩と二つの方向

① 原料が変わり技術が変化し，それに伴って価値観や文化が変わっていく
② 生活様式が変わっていくのを価値観の変化と分析し，対応する技術を開発し，ふさわしい原料を探し出す

人間の感覚の微妙さにより，色，におい，使用感，化粧効果など差を感じとる能力を消費者が持って，使って，楽しむことができることも大きな要素であり，それを「美しい，もの」と受け入れる「ファッション的な憧れ」があってこそ製造技術が活きてくる。

7 美しさの新しい流れ

7.1 客の要求品質

①外観性，②利便性，③快感性，④効能性，⑤安全性，⑥安定性

7.2 化粧品開発の方向

量や機能的な優劣競争から感覚上，心理上の差異，優位性の開発に移行している（表5）。

① 感覚上（快適性）の価値　使い心地のよさ，使いやすさ
② 心理上（保有上）の価値　精神的，美的満足，安らぎ，ストレス緩和効果，身体的，精神

表5　美を演出し感性に訴える水溶性増粘・ゲル化剤

使用感触	とろりとしたまろやかさ	肌当たりの滑らかさ　肌へのなじみ良さ　肌の潤う感じ　肌がしっとりした　肌が柔らかくなる	ライトなさっぱりとした使用感	べたつきのない浸透しやすい軽い感触	とろりとした滑らかな感触　ジェルエモリエント成分により，べたつきを防ぎさっぱりした使い心地	伸ばした瞬間みずみずしく肌になじんですぐに柔らかなつるつる肌に
機能	肌への浸透力	有効成分が効率よく肌に浸透する		肌への浸透力	肌への素早い浸透	潤い，みずみずしさが長時間持続
		低刺激	再生力高める		みずみずしさの持続	
			バリアー機能正常化		テカリのない滑らかな肌	
効能効果	肌アレを防ぎ弾力のある潤い肌	潤いと弾力透明感	乾燥・くすみ・こじわたるみを複合的に改善	潤いの弾力に満ちたハリのある肌に	潤いを肌にため込んで美しいハリのあるしなやかな，滑らかな肌に	ふっくら柔らかな肌のクッションがよみがえったような肌感触

的,美的快楽,感動

8 おわりに

アンチエイジング対応等は,サイエンスとして水分保湿機能,柔軟性・弾力性,生理機能の向上があり,細胞レベルでの皮膚の健康と若さの維持には,アンチストレス対応の高機能・高感性が必要である。柔軟効果,保護効果など,使用するたびに美しく,快適さが味わえ,安らぎを与えてくれるものが重要となってくる。

今後,人間本来の欲求である心とからだの「美しさ」「若さ」「健康」,の維持・増進のため,技術目標として価値創造力の向上すなわち,感性豊かで機能的で高度な「心理的・生理的素材」,「肌触りのよい技術」の開発が進んでいくであろう。

第2編 化粧品使用感に関連する機器計測の基礎

化）へと変化し，測定精度，分解能も飛躍的に向上している。この発展の裏には皮膚計測工学の進歩や医薬におけるEBM（Evidence Based Medicine）の考え方，香粧品における有用性研究（Evidence Based Cosmetics）の進歩がある[1~7]。

これまでに開発された測定法を皮膚特性ごとに，また時系列的に見ると表1のようにまとめられる。また肌に対する化粧品の効能（厚労省から認められている55効能のうち肌に関するもの）とこれらの皮膚特性評価と対応させると表2のようになる。ここではその中から特に化粧品の使

表2 肌に対する化粧品の効能とヒト皮膚での評価

効能	評価法の1例
肌につやを与える	変角反射率（光学特性）
（皮膚の）乾燥を防ぐ	角層水分量，皮膚バリア機能
肌の肌理を整える	皮膚表面形態，角層水分量，皮膚バリア機能
肌を滑らかにする	皮膚摩擦
（汚れを落とすことにより）皮膚を清浄にする	（VMSなどによる）皮膚表面観察
肌を整える	皮膚表面形態，角層水分量，皮膚バリア機能
皮膚を健やかに保つ	皮膚表面形態，角層水分量，皮膚バリア機能，皮膚色
肌あれを防ぐ	角層水分量，皮膚バリア機能，皮膚表面形態
肌にはりを与える	皮膚力学的性質
肌をひきしめる	皮膚表面形態，力学的性質
皮膚を保護する	皮膚バリア機能
皮膚にうるおいを与える	角層水分量
皮膚の水分・油分を補い保つ	角層水分量，皮脂（油分）測定
皮膚の柔軟性を保つ	皮膚力学的性質，角層水分量
肌を柔らげる	皮膚力学的性質，角層水分量
ひげそり後の肌を整える	皮膚表面形態，角層水分量，皮膚バリア機能
アセモを防ぐ（打粉）	（VMSなどによる）皮膚表面観察
（洗浄により）ニキビ，アセモを防ぐ（洗顔料）	（VMSなどによる）皮膚表面観察
日やけを防ぐ	皮膚測色，皮膚バリア機能
日やけによるしみ・ソバカスを防ぐ	皮膚測色

高橋元次，香粧会誌，**26**，250-255（2002）を改変

表3 化粧品の使用感に及ぼす肌特性

使用感	肌特性
視覚的評価が主となるもの	皮膚色 しみ 紅斑 しわ 毛穴
触覚的評価が主となるもの	摩擦 力学的特性
視覚的評価にも触覚的評価にも影響	皮脂 角層水分 肌理 皮膚バリア

例えば，角層水分は肌の「透明感」や「しっとりさ」といった視覚にも触覚にも影響を与える。同様に，肌理は「ザラツキ」や「見た目の肌の美しさ」に，皮膚バリアは間接的に触覚，視覚両者に影響する。

用感に関係すると考えられる皮膚の特性を計測する方法について概説する。これらは表3に示すように主として視覚的な評価に影響するもの，触覚的な評価に影響するもの，両者が合わさったものに分類できる。皮膚色やしわなどは視覚的評価に，摩擦や力学特性は触覚的評価に関係する。また，皮脂は「てかり」といった視覚評価や「べたつき」といった触覚評価にも影響を及ぼし，角層水分や肌理も同様に視覚，触覚両方に関与する。

2 肌理（きめ）測定

肌理を調べる方法には大別して2種類ある。ひとつはシリコンラバーなどの印象剤を用いて皮膚表面のレプリカを採り，CCDカメラでそのレプリカ画像を写し画像解析から表面粗さを定量化する方法，あるいはレーザー光を用いてレプリカ表面の凹凸を精度よく三次元計測する方法である。もうひとつはレプリカを介さず直接，皮膚表面形状を調べる方法で，ビデオマイクロスコープやダイレクトスキンアナライザーを用いて皮膚表面画像を撮影しそれを画像解析する方法，あるいは格子状のパターン像を皮膚に投影しその画像の歪みから皮膚の三次元情報を得る方法である。画像解析による方法ではレプリカ画像や皮膚表面の画像を取り込む際の照明条件によって結果が異なること，深さ方向の精度は三次元計測法に比べ劣ることが知られている。しかし，肌理の解析においては，個々の皮溝・皮丘の深さよりもそれらによって作られるパターン（紋様）の解析の方が重要であるため，深さ方向の絶対値の計測は難しいものの画像解析法も有用な方法としてよく用いられている。

2.1 レプリカ画像解析法[8]

レプリカに対し3方向（各120度）から光を照射し，その表面画像をCCDカメラで取り込み，各画素における輝度（明るさ）を求め，一定の値（スライスレベル）以上を白，以下を黒に分け（2値化処理）2値化画像を得る。2値化画像およびこれを細線化あるいは直線化処理して求められる細線化画像，直線化画像に対しその幾何学的な特徴を抽出するため表4に示す様々なパラメータを算出する。これらは肌理の状態を記述するのに有用で，中でもKSDは皮溝，皮丘の鮮明さ（深さ）を，VC1は皮溝の不均質性（異方性）を表すので肌理の加齢変化や化粧品の有用性テストなどに使われている。図1，2からも明らかなように加齢とともにKSDは低下し皮溝は不鮮明になり，またVC1は増加し皮溝の異方性は増す。

表4 頰部における皮膚表面形状パラメータ

	指標名	算出方法	内容
1	ALL	画像全体（180×180ドット）の総黒画素数	皮溝の密度
2	KSD	画像全体の階調（0～63階調）分布の標準偏差	形状の凹凸（深さ）
3	VC1	画像全体を12×12メッシュに分け各メッシュにおける黒画素の変動係数	皮溝の均質性
4	WD	2値化像と細線化像における画素数の比	皮溝の太さ
5	LEN	2値化像を細線化，直線化処理して得られた直線の平均長	皮溝と皮溝の交点間の平均長
6	NUM	2値化像を細線化，直線化処理して得られた直線の数	皮溝の本数
7	NN	直線化像の斜め直交2方位の皮溝総長の比（左下斜め／右下斜め）	皮溝の方向性
8	TT	直線化像において縦方向成分量の総皮溝成分量に対する割合	皮溝の放射状態
9	TY	直線化像において横方向成分量の総皮溝成分量に対する割合	皮溝の放射状態
10	MAL	縦7ドット，横7ドット連続する中心点の階調を14ドットの平均値とし画像全体の平均階調に対し2値化処理した後の黒画素比率	毛孔の占める割合

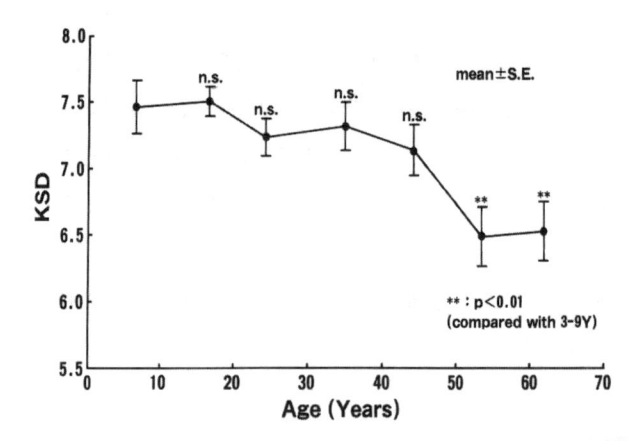

図1 KSDの加齢変化（皮溝の深さ）[8]

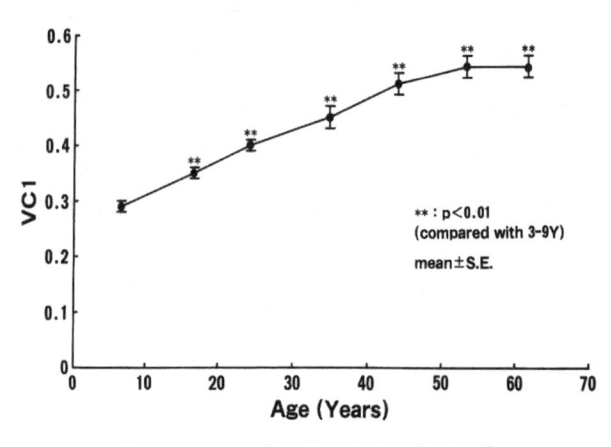

図2 VC1の加齢変化（皮溝の異方性）[8]

第1章　機器計測の分類とその特徴

2.2　レプリカ三次元計測法

　物体形状の三次元座標を求める方法として共焦点顕微鏡法やレーザー光切断法，パターン投影法などがある[9]。いずれもZ-方向（高さ方向）において1μm程度の分解能がありレプリカ上の肌理を精度よく解析することができる（図3）。解析パラメータは表4に記載したもの以外にISOで決められた表面粗さ指標（Ra，Rz，Ry）やこれらを二次元的に展開したSRa，SRz，SRy（0，45，90，135度の各方向における値の平均）も計算でき[4]，2.1項で述べた画像解析法よりも精度高く，かつ様々なパラメータの解析が可能である。

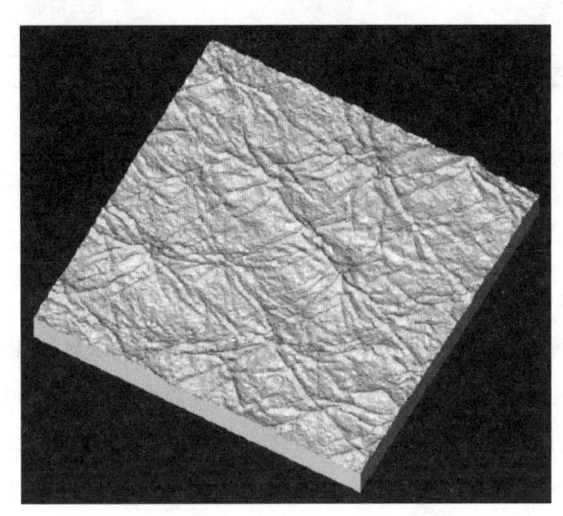

図3　レプリカ三次元解析結果
頬部皮膚のレプリカを共焦点顕微鏡法で解析しOpen GLで表示した

2.3　ビデオマイクロスコープを用いた皮膚表面画像解析法

　ビデオマイクロスコープで得られる画像は肌理と一緒に色情報も含まれているため，これまでは視覚情報としての活用が主であった。しかし，最近，荒川ら[10]によりビデオマイクロスコープを用いた肌理や毛穴の定量化が進められ，見た目と対応した肌理の細かさの定量化が可能になってきた（図4）。解析精度はレプリカ法に比べて劣るが，この方法の最大のメリットは瞬時に撮像，解析ができ同一部位について何度も繰り返し測定が可能なこと，レプリカ剤によるアーティファクトが入らないことである。

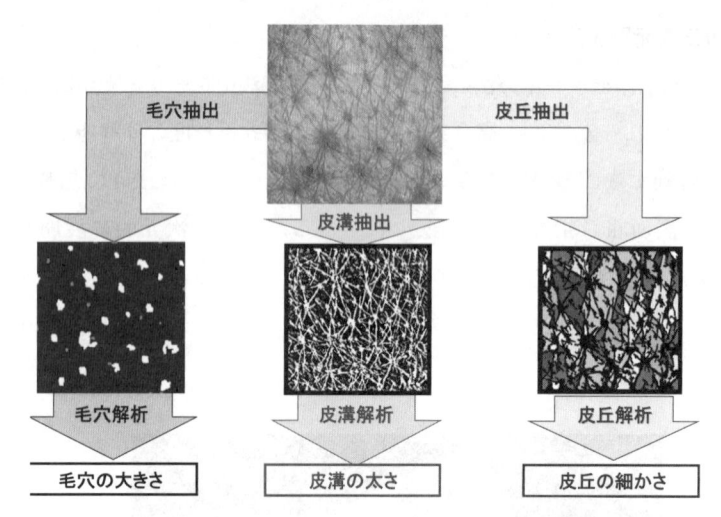

図4 ビデオマイクロスコープを用いた肌理・毛穴解析
荒川尚美ほか,粧技誌, **41**, 173-180(2007)を改変

2.4 レプリカを介さない三次元直接計測法(*in vivo*法)[11, 12]

　非接触で皮膚表面の三次元計測を行う市販測定機器としてPRIMOS(GFM社,ドイツ)とderma Top-Blue(Breuckmann社,ドイツ)がある。いずれも三角測量の原理を用いたパターン投影法である。深さ方向における測定分解能は2μm程度で静止物体の測定には十分な精度であるが,被験者の脈動や体動があるためシャープな画像が得られず,現時点では頬部や前腕屈側のような皮溝の浅い部位での肌理測定は精度が落ちる(図5)。

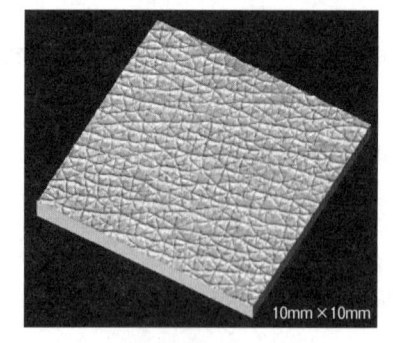

図5　前腕屈側同一部位における *in vivo* 測定とレプリカ三次元解析の比較
M.Takahashi *et al*., Handbook of non-invasive methods and the skin, pp205-212(2006)

3　角層水分量測定

　角層水分量の測定法として高周波電流を用いて皮膚表面のコンダクタンスやキャパシタンスを測定する方法，赤外線スペクトルや近赤外線スペクトルを用いる方法などがある。近年，角層および表皮中の水分について深さ方向における分布を調べることのできる in vivo 共焦点ラマン顕微鏡も開発されている。角層水分量に関わる物質として，従来からいわれてきたNMF（Natural Moisturizing Factor，自然保湿因子）や角層細胞間脂質以外に，皮脂中のグリセライドが分解して生じるグリセリン，表皮細胞が作るヒアルロン酸，あるいは表皮細胞の細胞膜に存在して水，グリセリン，尿素などの通路（チャネル）となっているアクアポリン3などの関与も考えられている。しかし，健常人や皮膚疾患も含めて幅広く角層水分量とよく対応するのはNMFで，これを補うものがこれらの成分であると思われる（図6）[13]。

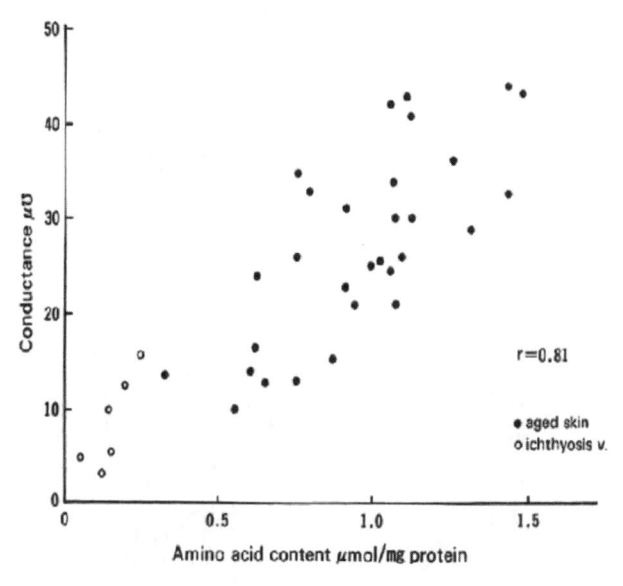

図6　角層水分量とNMF量の関係[13]

3.1　高周波電流法

　汎用されている機器としてコンダクタンスを測るSkicon（IBS社，浜松）とキャパシタンスを測るCorneometer（Courage + Khazaka社，ドイツ）がある。いずれも電極を一定の圧力で数秒間皮膚に軽く押しつけるだけで容易に測定できるが，周囲の環境条件に影響されやすいので一般的には温度20℃，湿度50％前後など発汗の影響のない一定環境下で行う。Skiconは測定値がばら

つくが，測定レンジが広い。一方，Corneometerは，ばらつきが小さいもののレンジが狭い，またSkiconに比べてCorneometerは皮膚の深い位置まで測定している（表皮を含む）などの特徴がある。

3.2 全反射吸収—FTIR法[14]

vivoで直接，皮表水分量を推定する方法に全反射吸収—FTIR（Attenuated Total Reflectance-Fourier Transform Infrared; ATR-FTIR）がある。アミドⅠ（1645cm^{-1}）の吸収は蛋白と水分の影響を受けるが，アミドⅡ（1545cm^{-1}）は蛋白の影響だけなので2つの吸収の比（アミドⅠ／アミドⅡ；MF moisture factor）を用いて相対的な水分量が測定できる。皮膚に対する測定深度は装置や光の波長によって若干異なるが，この波長領域では1μm程度で角層のごく表面の水分を測定している。この方法は角層水分量だけでなく脂質の量や脂質の構造に関する規則性（2920cm^{-1}あたりのC-Hの伸縮振動）などについても調べられるのでテープストリッピングを繰り返しながら測定することにより角層の状態を様々な観点から深さ方向において考察できる（図7）。

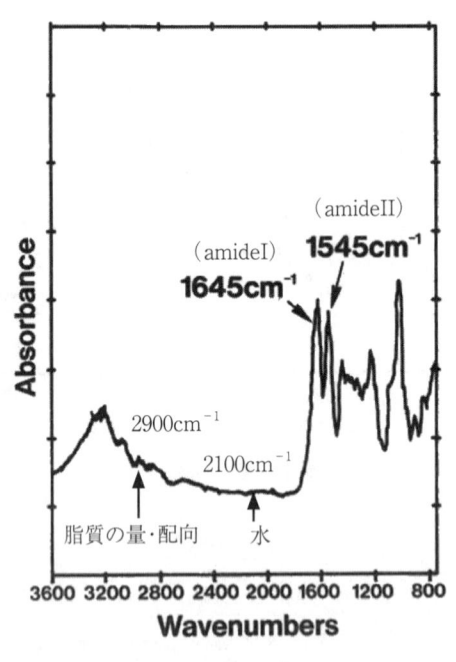

図7　皮膚表面のATR-FTIRスペクトル

3.3 近赤外分光法 (Near Infrared Spectroscopy; NIR)

近赤外では水分子は2つの明瞭なOH基による吸収帯（1450 nmと1940 nm）をもつ（図8）。このピークを用いて皮膚の水分量を求めることができる。Rigalら[15]皮膚による吸収が最も小さい1100 nmと水分子による1940 nmのピーク差を求め，ドライスキンの程度と対応させている。しかし，近赤外光は皮膚内への到達深度が深く（数百μm程度），角層だけの測定ではないことに注意しなければいけない。反面，このこと（表皮，真皮の水分も含めた測定）は皮膚全体の物理特性が反映する肌の感触や使用感の評価などにとっては有用であろう。またNIRスペクトルの2次微分から水分子の存在状態が推定できるので，ただ単に水分量だけでなく自由水，結合水も含めた形での検討が可能である[16]。

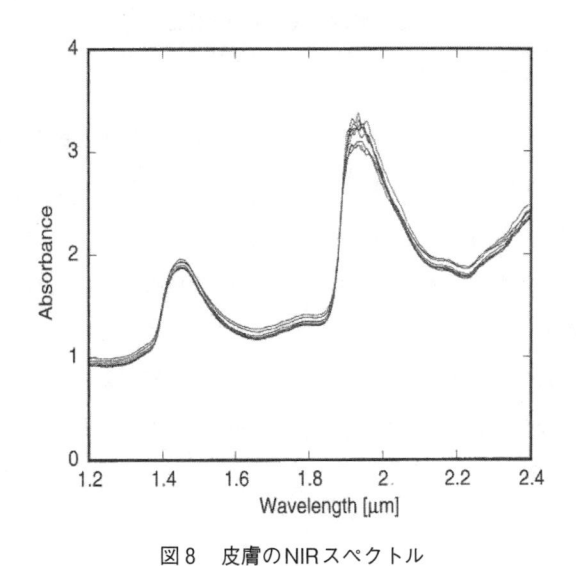

図8　皮膚のNIRスペクトル
H. Arimoto *et al.*, *Skin Res & Technol.*, 27-35（2005）

3.4 共焦点ラマン分光法

ラマン分光法は光の散乱に基づく分光法であり，励起波長として，紫外線・可視光・近赤外線などが使用されている。ある物質に振動数ν_0の光が照射されると入射光と等しい振動数をもつ弾性散乱光（レイリー散乱）と振動数が$\nu_0-\nu$（ストークス散乱）あるいは$\nu_0+\nu$（アンチストークス散乱）の非弾性散乱光（ラマン散乱）とが散乱されてくる。物質中の原子やイオンによって非弾性散乱光の振動数がシフトすることをラマン効果といい，シフト量νは，個々の物質に特有であるため，νを測定することにより物質の構造を解析することができる。最近，*in vivo*共焦点レーザーラマン顕微鏡[17]を用いて（ストークス散乱を調べている），角層を含む表皮中の深

図9 角層・表皮中の水分布[5]

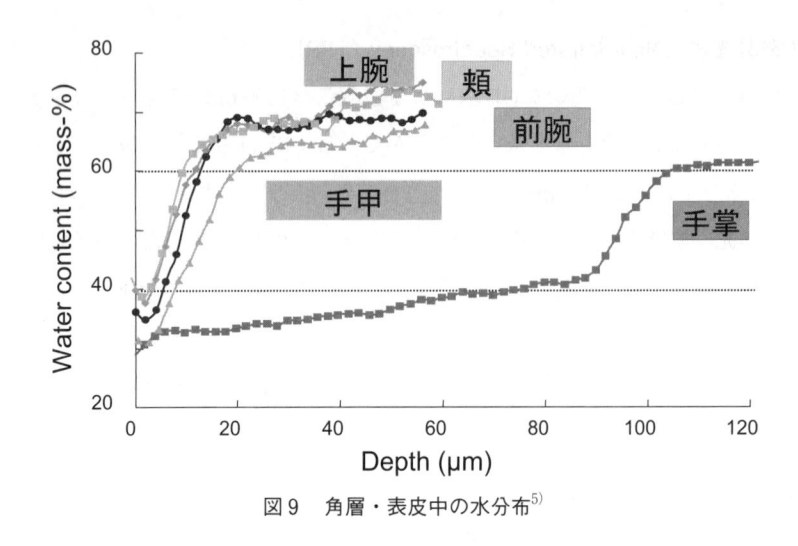

さ方向における水分やNMFの分布状態が調べられている。水分は皮膚表面から皮膚内部に向かって増加し，角層-顆粒層界面あたりから一定になる（図9）。これまで角層水分量の測定法として報告された高周波電流法もNIR法も測定深度が明確でなくどこまでの深さの水分を測っているのかについては不明であったが，本法により初めて$vivo$で角層の深さ方向における水分量変化を調べることが可能になった。

化粧品を塗布した時の角層の深さ方向における水分布の状態によって，その使用感は異なることが考えられる。肌感触と角層中の水分布の関係の検討に本方法は応用可能であろう。

4　皮脂測定

皮膚表面に存在する脂質（皮表脂質）は95％近くが皮脂腺由来の脂質（皮脂）で残りが表皮細胞由来の脂質（表皮脂質）である。皮脂成分としてはトリグリセライド，スクワレン，ワックスエステル，遊離脂肪酸があり，表皮脂質成分にはコレステロール，コレステロールエステル，スフィンゴ脂質がある。通常，表皮脂質成分も含めて皮脂として測定している。皮脂は常時，一定量存在する。これを平常皮脂（casual lipid）といい，50～400 μg/cm^{2}である。これを除去した後，2時間程度で元の状態に戻るが（回復皮脂），洗浄後の回復皮脂を皮脂量として測定することが多い。

皮脂の採取には濾紙や樹脂テープなどに吸着させる方法やカップを用いて有機溶媒で抽出する方法がある。濾紙に吸着した皮脂中の不飽和二重結合をもつスクワレンや不飽和脂肪酸をオスミウム酸で黒化させ，その黒化度から皮脂量を求める。あるいは赤外分光法によって2945～

第1章 機器計測の分類とその特徴

2875 cm^{-1}（C-Hの非対称伸縮）のピーク面積から求める。皮脂量を測定する専用市販機器には半透明のガラス板や樹脂テープに皮脂を吸着させることにより光透過性が変化することを利用したSebumeter（Courage+Khazaka社，ドイツ）がある。これらは皮脂量については求めることができるが，成分に関する情報は得られない。有機溶媒で抽出した皮脂を薄層クロマトグラフィやガスクロマトグラフィで分析すれば，各成分について定量的に求めることができる。また，アルミホイルを皮膚に押しつけ皮脂を写し取りATR-FTIRでスペクトルを求め，PLS解析（多変量解析のひとつである）により簡易的に皮脂成分を調べる方法もある[18]。

皮脂量は身体部位，性，年齢，さらには環境温度や日内，季節によっても大きく変動する。また，洗浄後の時間によっても変わるので測定には，これらの条件をコントロールしておくことが必要である。

5 皮膚バリア機能測定

角層および表皮顆粒層にあるタイトジャンクションは外界からの異物の侵入や体液の漏出に対してバリアになっている。角層ではその主たる役割は角層細胞間にラメラ状に存在する脂質層が担っている。この細胞間脂質は皮膚保湿に重要なNMFが細胞外に流出しないように，また体内からの水分蒸散を抑え角層に水分を貯留させている。皮膚のバリア機能は皮内から外に蒸散する水分量，すなわち経表皮水分損失量（Transepidermal Water Loss；TEWL）から調べられる。測定器には測定セルが閉塞型のものと開放型のものがあり，さらに閉塞型には換気式と非換気式に分かれる。換気式は空気や窒素ガスを循環させ，その中に含まれる水分量を調べるので精度は高いが測定に時間がかかる。一方，非換気式はセル内の湿度上昇が直線的に変化する領域の傾きから求めるので短時間（10秒程度）で測定できるが，測定精度が悪い。換気式，非換気式ともに

表5 TEWL測定法の種類とその特徴

タイプ	閉塞型		開放型
機種	・Meeco	・Vapometer ・サイクロン水分蒸散計	・Evaporimeter ・Tewameter
長所	・空気流の影響を受けない ・測定精度が高い ・微差を検討できる	・空気流の影響を受けない ・測定時間が短い ・バラツキは小さい	・測定精度が高い
短所	・測定時間がかかる	・測定精度，感度がやや劣る	・空気流の影響を受ける ・センサーを水平に保つ必要があるため部位によっては測定が難しい

閉塞型は部屋の空気流の影響を受けずに測定できるメリットがある。

開放型の原理は皮膚表面から空気中へ水分がFickの法則によって拡散すると仮定し，皮膚上数mmの2点の蒸気圧の差を求め皮表から蒸散する水分量を算出する。従って，この方法では測定面を水平に保つ必要がある。開放型は空気の流れの影響を受けるため鼻口近くでの測定や空気の流れの強い場所での測定には適さない（表5）。

6　しわ測定

しわ測定には肌理測定と同様，レプリカを介してその凹凸を調べる方法とレプリカを採らずに直接，皮膚を三次元計測する方法（in vivo法）とがある。肌理と同一の手法を用いるものの，肌理測定では皮溝，皮丘のパターンの変化が重要であるのに対し，しわ解析では個々のしわの深さ，長さ，数などが対象となり用いる解析パラメータが異なる。また，しわ改善評価においては処理前後における部位の厳密なマッチングが必要である。なお，しわ測定に関しては日本香粧品学会よりガイドラインが作成されている[19]。

6.1　斜光照明によるレプリカ二次元画像解析法[20]

簡便で一般的に用いられる方法である。しわを強調した画像を作るためにレプリカに対し斜め一方向（伏角20～30度）から光を照射し，しわによる影を作り2値化処理して得られた影の部分の高さ，長さなどからしわの深さ，大きさを算出する。深いしわの陰に隠れた小じわの解析ができないこと，しわの深さに関する精度が低いこと，2値化の条件によって抽出されるしわが異なることなど欠点はあるが，照明および撮影装置があればよいので安価で手軽に行える利点がある。

6.2　レプリカを用いた三次元解析法

肌理測定と同様，共焦点顕微鏡法やレーザー光切断法，パターン投影法などがある。三次元座標が得られることにより，6.1項で述べた斜光照明による画像解析法よりも正確に，またしわ体積，しわ横断面（深さのプロフィール）など二次元画像解析では求められない有用なパラメータも計算できる。三次元表示が可能なのでしわ改善の程度を明瞭に表示することができる（図10）。

第1章　機器計測の分類とその特徴

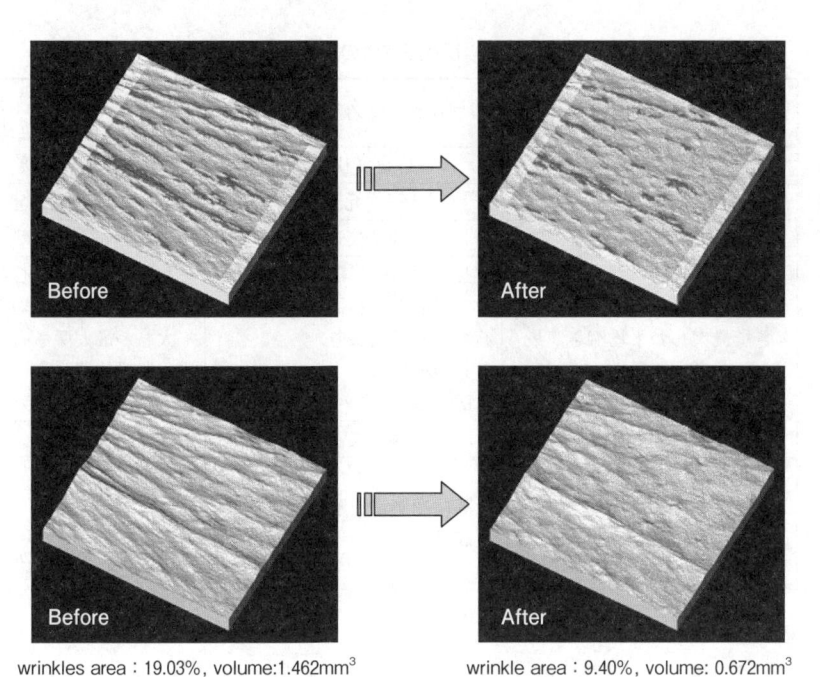

wrinkles area：19.03%, volume:1.462mm³　　　wrinkle area：9.40%, volume: 0.672mm³

図10　レプリカ三次元解析によるしわ改善評価
高橋元次, 美容皮膚科学, 126-144（2005）

6.3　*in vivo*計測法

　レプリカを採らずに直接，しわの三次元座標を調べる機器としてPRIMOS（GFM社，ドイツ）およびderma Top-Blue（Breuckmann社，ドイツ）がよく用いられている。2.4項で述べたように肌理測定には未だ改良の余地があるが，しわ測定には十分である。レプリカ剤では粘稠度によってしわの奥まで入らず皮膚表面形状を正しく再現していないケースが稀にあること，レプリカ剤による閉塞にともなう皮膚水和によって表面形態が変わる可能性などが考えられ，レプリカ作成の巧拙によらず非接触で測定できる本方法は極めて有用である。上述したこれら3つの測定法の比較を表6に示す。それぞれ長所，短所があり，状況に応じて使うことが必要である。

表6 しわ測定法の比較

	レプリカによる斜光照明を用いた二次元画像解析法	レプリカによる三次元解析法	in vivo（直接法）による三次元解析法
測定対象	レプリカ	レプリカ	皮膚直接
測定方法	二次元測定（画像解析）	三次元測定	三次元測定
測定精度	普通	極めて高い	高い
解析項目	・しわ面積率，総しわ平均深さ，最大しわ平均深さ，最大しわ最大深さ	・しわ面積率，総しわ平均深さ，最大しわ平均深さ，最大しわ最大深さ ・しわ総体積 ・ISO表面粗さパラメータ	・しわ面積率，総しわ平均深さ，最大しわ平均深さ，最大しわ最大深さ ・しわ総体積 ・ISO表面粗さパラメータ
解析精度	普通	極めて高い	高い
特徴	・短時間での測定可能 ・安価 ・影に隠れた部分の解析には工夫が必要	・高精度測定・解析が可能 ・高価	・皮膚の直接測定が可能 ・高価 ・測定時の体動等が影響

7　毛穴測定

2.3項に述べたビデオマイクロスコープによる方法でも毛穴の大きさをある程度測定することはできるが，精度が悪い。また，深さや体積に関する情報が得られない。そこで，一般的には肌理やしわと同様，皮膚表面レプリカを用いて三次元解析を行い，毛穴の形状（面積，体積，毛

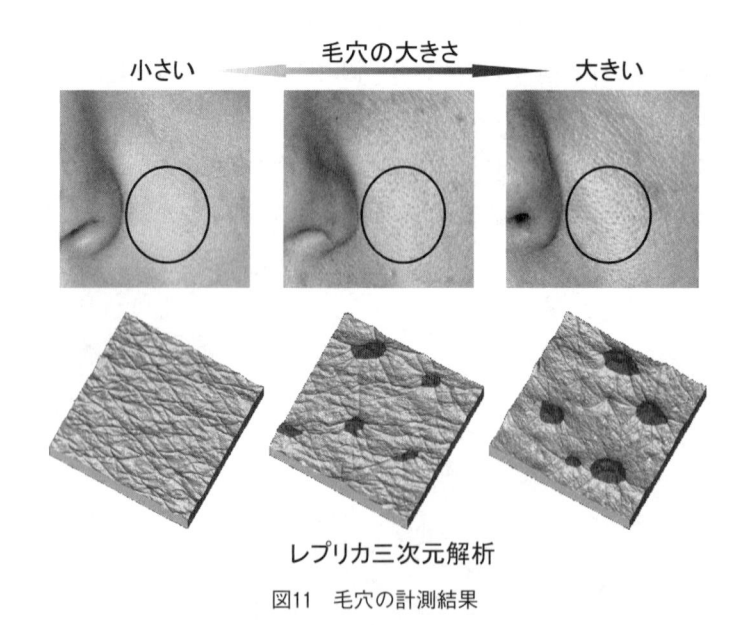

図11　毛穴の計測結果

第1章　機器計測の分類とその特徴

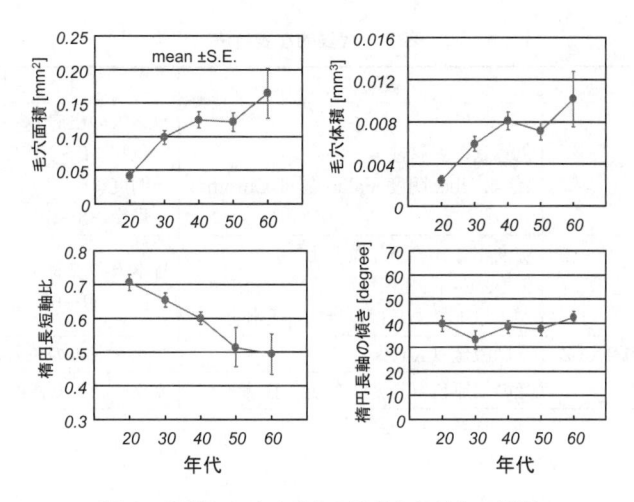

図12　頬部における毛穴の形状と加齢との関係
楕円長軸の傾きは身体の垂直方向（頭から足）と楕円長軸方向との角度を示す。
高橋元次, *FRAGRANCE JOURNAL*, **9**, 26-37（2006）

穴を楕円近似した時の長径，短径の長さ，円形度など）を調べる。レプリカ剤としてSILFLOを用い，共焦点顕微鏡法で計測し，毛穴を表示した結果を図11に示す。加齢とともに毛穴の面積，体積は増加し，円形度も小さくなりより楕円化するのがわかる（図12）。スキンケア前後におけるレプリカの位置合せを行えば，同一の毛穴の変化も計測可能である。

8　皮膚色測定

色を数値化するための代表的なシステム（表色系）を表7に示す。美術や産業面で広く用いられているマンセル表色系は色の3属性（色相：H，明度：V，彩度：C）で表すもので，色の差が感覚的に等間隔になるように作られており，また色票（カラーチャート）とマンセル値が対応しているのでわかりやすい。化粧品領域でよく用いられる$L^*a^*b^*$表色系ではL^*軸が明度を，a^*軸が赤―緑，b^*軸が黄―青の色度を表し，2色間の色差は $\{(\Delta L^*)^2+(\Delta a^*)^2+(\Delta b^*)^2\}^{1/2}$ で示され感覚差と対応している。マンセル系と$L^*a^*b^*$系は座標の表し方が異なるだけで空間としては類似である（図13）。RGB表色系は光の三原色（赤，緑，青）の加法混色で全ての色を表現できるという発想のもとに生まれたもので，テレビ画面の色はそれぞれの輝度を変え混色することで得られる。この光の三原色の代わりに人間の感覚（錯体細胞）で捉えられる三原色（RGBを修正したもので，XYZと表記し三刺激値という）で表す系をXYZ表色系という。RGBとXYZは数式でつながっており，またXYZから$L^*a^*b^*$に変換できる。$L^*a^*b^*$やHVCが皮膚の表色

表7 代表的な表色法

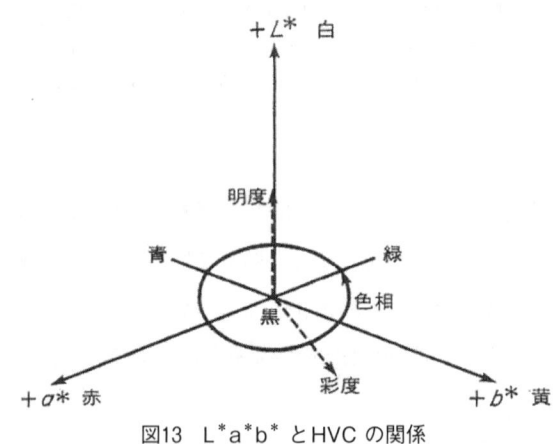

名称	表現因子	特徴
マンセル表色系	色感覚の三属性 (色相 Hue, 明度 Value, 彩度 Chroma)	日本人の皮膚 色相:0〜10YR 明度:5〜7 彩度:3〜5
CIE-L*a*b*表色系	明度 L*, 赤み a*, 黄み b* 色差 $\Delta E = \{(\Delta L^*)^2+(\Delta a^*)^2+(\Delta b^*)^2\}^{1/2}$ が1以下であればほぼ同等と判断	日本人の皮膚 L*:59〜69
XYZ表色系(CIE-1931XYZ)	三刺激値 (XYZ)	スペクトルの色も物体色も表される
RGB表色系	光の三原色 (R 赤, G 緑, B 青)	カラーテレビ, パソコンなどに使用

図13 L*a*b* と HVC の関係
瀧脇弘嗣, 西日本皮膚科, **55**, 415-419 (1993)

系としてよく用いられる。

　皮膚色の測定器には分光反射率曲線を求める反射分光光度計があり, 結果をHVC, XYZ, L*a*b*, それぞれの表色系で表すことができる。分光反射率曲線は色とその明るさの絶対的なデータである（このデータがあれば皮膚色をどのような形にでも表すことができ, 基本中の基本である）。この分光反射率曲線を求めずに簡便型としてXYZやL*a*b*を測定する色彩計もある。最近ではディジタルカメラを用いて各画素のRGBからL*a*b*表示する方法も提案されている[21]。

　皮膚色測定ではないが, 皮膚色と関わりの深い紅斑や色素沈着の程度をヘモグロビン指数あるいはメラニン指数として測定する機器もある。例えばMexameter（Courage+Khazaka社, ドイツ）やDermaspectrometer（Cortex Technology社, デンマーク）である。両者とも狭波長域の

第1章　機器計測の分類とその特徴

反射率を吸光度に変換し，その吸光度の差から求める。例えば，Mexameterでは568 nm（ヘモグロビンの吸収）と660 nm（ヘモグロビンの吸収が殆どない領域）の吸光度差から，Dermaspectrometerでは568 nmと655 nmにおける吸光度差からヘモグロビン（紅斑）指数を求める。またメラニン指数についても同様に655 nm，660 nm，880 nmなどの反射率を吸光度に変換して求める。

9　しみ測定

しみはメラニン色素が皮膚に沈着し褐色を呈する斑で明度や色調が周囲と異なることからこれまでしみの評価には色彩計が広く用いられてきた。専ら明度（L^*）値から調べられているが，L^*値は皮膚の赤みの影響を受けるので微妙な変化を論じることは難しい。そこでMexameterやDermaspectrometerが用いられることが多い。しかし，これらの機器も若干ヘモグロビン（赤み）の影響を受けるので，この欠点を改良するため500～700 nmの範囲で皮膚分光反射率曲線をメラニン，ヘモグロビン（酸化型および還元型）のスペクトルで重回帰し，それぞれの量を推定する方法が考案された[22]。その結果，紅斑の影響を受けずにメラニン量を求めることができるようになり，より高精度にしみを評価することが可能になった。さらにこの考えを広げ，全顔あるいは顔の一部をCCDカメラで撮影し各画素におけるRBG値からXYZ値を算出し，その値と皮膚反射スペクトルから算出したメラニン量とで重回帰式を作り，各画素におけるメラニン量を推定する方法も開発された[23]（図14）。最近，このような回帰式を用いずにディジタルカメラで撮影した画像のRGBから簡便に各画素におけるメラニン指数を算出することも可能となり，しみや目の周りのくまの評価に活用されている[24]。

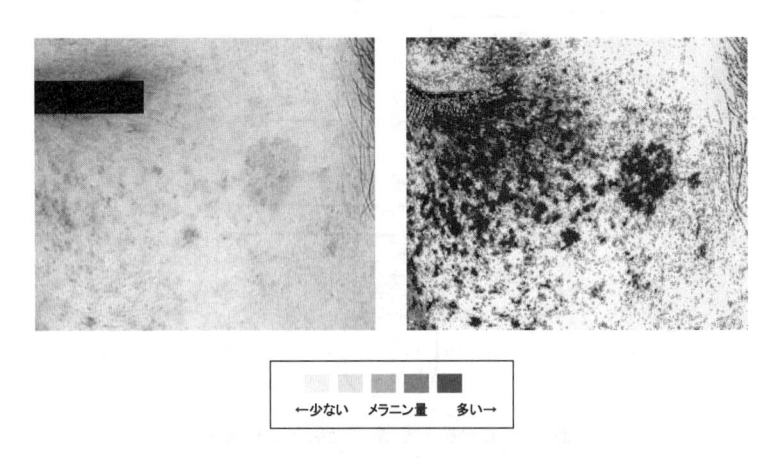

図14　ディジタルカメラ像からメラニン量の分布を求める

10　紅斑測定

紅斑（ヘモグロビン量）はa*で求めることが多いが，色素沈着はa*に影響を及ぼす。従ってL*a*b*系でヘモグロビン量の変化を正確に定量するのは限界があり，MexameterやDermaspectrometerを用いることが薦められる。

しみ測定と同様にディジタルカメラによる画像（RGB画像）から各画素における紅斑指数や酸素飽和度を求める方法が提案されている[23,24]。また，顔画像からメラニン，ヘモグロビンの分布を表示・計測できる市販機器としてVISIA（Canfield，アメリカ）が開発されている。これらの方法は画像上でしみや紅斑の分布状態を示すことができるので結果がわかりやすく肌状態や化粧品などの効能を調べるのに有用である。

11　皮膚摩擦測定

皮膚の摩擦特性を測る方式としてセンサー（摩擦子）を回転する方法（図15）と直線的に動かす方法（図16）がある。摩擦の法則としては古くからアモントンの法則が知られており，摩擦子にかかる垂直加重をP，摩擦力をFとした時，摩擦係数（μ）はF/Pで示され，μは垂直加重の

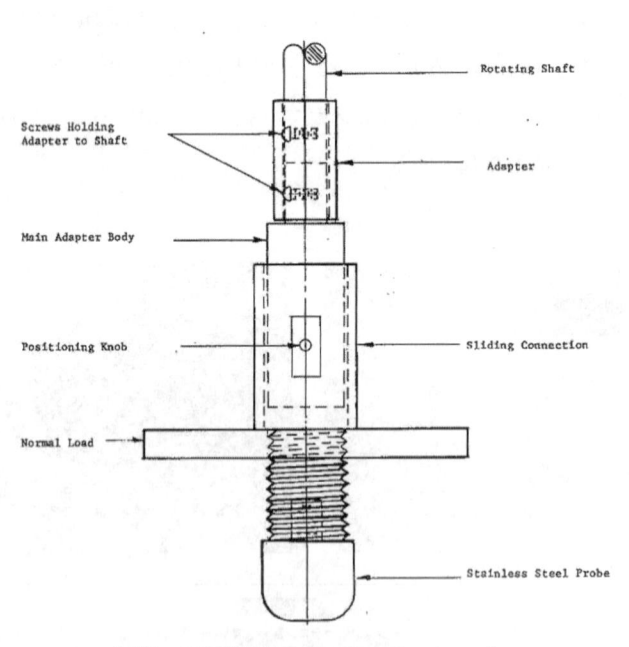

図15　皮膚摩擦測定器（Rotational type）
A. F. El-Shimi et al., J. Soc. Cosmet. Chem., **28**, 37-51（1977）

第1章　機器計測の分類とその特徴

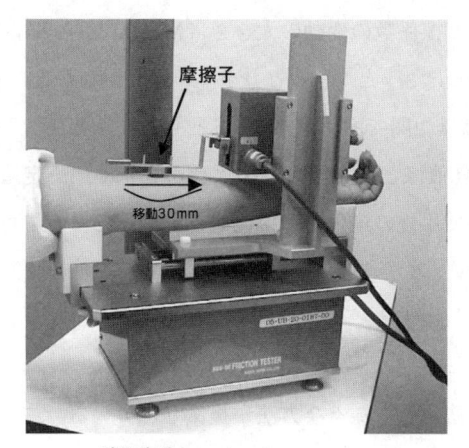

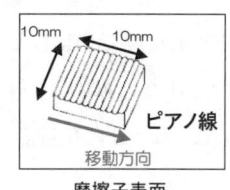

図16　皮膚摩擦測定器（KES-SFRICTION TESTER）[25]

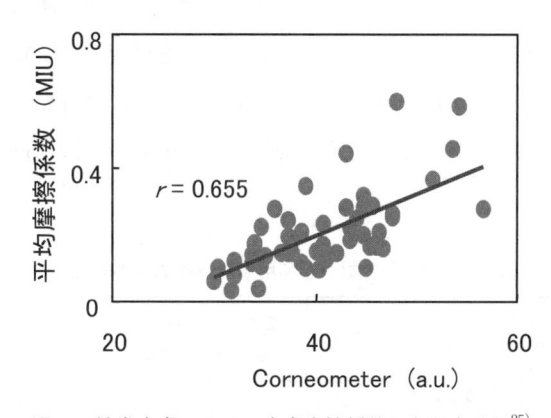

図17　健常皮膚における皮膚摩擦係数と角層水分量[25]

大小によらず一定，接触面積の大小によらず一定，摩擦子を動かす相対速度の大小によらず一定であるとしている。しかし，これは理想的な状態での話で，皮膚での測定ではこの法則からはずれ，垂直加重が大きくなると摩擦係数は低下し，プローブの移動速度が速くなると大きくなる。摩擦係数は皮膚の状態によって大きく変化し，水分量（図17）や皮脂量が多くなると大きくなるし，また皮膚の表面形態や力学特性にも依存する[25]。油分（ワセリンやスクワランなど）を塗布すると直後では潤滑効果があり一度低下するが，その後，徐々に皮膚水和が起こり摩擦は上昇する。一方，人工皮革などの上で測定すると摩擦係数は低下したままで経時による上昇は認められない。この現象は*vivo*と*vitro*の大きな違いであり，*vitro*で評価する時は注意が必要である。

皮膚摩擦は平均摩擦係数（MIU）と摩擦係数の変動の大きさ（MMD）から表すことができる。この2つのパラメータを用いると「油っぽさ」と「しっとりさ」の違いがわかる。すなわち，「油っぽさ」はMIUと正相関でMMDとは無相関であるが，「しっとりさ」はMIU，MMDともに正相関を示す。また，「なじみのよい」乳液ほど塗布後の摩擦係数が大きく，一定値に落ち着くまでの時間が短い。このように化粧品の使用性の違いを摩擦測定から調べることも可能である[25]。

12 皮膚力学測定

*vivo*で皮膚の力学的性質を調べる方法として様々な方法が提案されている。古くは相対する2つの小さな平板を皮膚に接着し，その一方を水平方向に動かし平板間の皮膚を引張るExtensometer[26]，逆に平板間の皮膚を圧縮するResiliometer[27]，円板をシアノアクリレートなどで皮膚に接着し円板平面内の一方向に振動させリサジュー図形を求めるDynamometer[28]，皮膚表面に軽く押しつけた二重円筒型の内側の円板を少しだけ円周方向に回転させ皮膚に一定トルクを与え変位を調べるDermal Torque Meter[29]，この円板を数度の角度で回転振動させ皮膚の弾性，粘性に分けて測定するForced Oscillational Rheometer[30]，皮膚表面にプローブをあて内部を減圧し皮膚の隆起の高さから皮膚弾力性などを調べる吸引カップ法（Suction-Cup method）[31]，

表8 応力-歪の関係を利用した皮膚力学測定機器

	測定方式 Static or Dynamic	歪（変位）の方向	歪の大きさ	力学的異方性の検討	角層水和の影響	特徴
Extensometer	静的	皮膚表面に対して水平で一軸方向に引張る	大	可	検出しにくい	大きな歪を与えて測定
Resiliometer	静的	皮膚表面に対して水平で一軸方向に圧縮	大	可	検出しにくい	目尻の皮膚の動きを考慮
Dynamometer	動的	皮膚表面に対して水平で一軸方向に振動歪を与える	小～中	不可	検出しやすい	皮膚表層の性質を検出
Dermal Torque Meter	静的	二重円筒で内筒を水平面で捻る	小	不可	検出しやすい	皮膚表層の性質を検出
Suction Cup	静的	吸引カップで皮膚表面を垂直方向に引上げる	中～大	不可	検出しにくい	比較的深い層（真皮）の性質が反映
Forced Oscillational Rheometer	動的	二重内筒で内筒を捻り振動歪を与える	小	不可	検出しやすい	弾性，粘性に分離して測定
Indentometer	静的	巣直方向に押し込む	大	不可	検出しにくい	皮膚の深い層（真皮）の性質が反映

第1章　機器計測の分類とその特徴

表9　応力-歪の関係以外の測定原理を用いた皮膚力学測定機器

	原理	力学的異方性の検討	角層水分の影響	特徴
Ballistometer	皮膚の反発力	不可	検出しにくい	皮下も含めた皮膚全体の性質を測定
Reviscometer	音波の伝播速度	可	検出しにくい	センサー間の距離を変えることによって深さ方向の変化が調べられる
Venustron	共鳴周波数の変化	不可	敏感に反応	力学特性に関与しない因子の影響も受けやすい

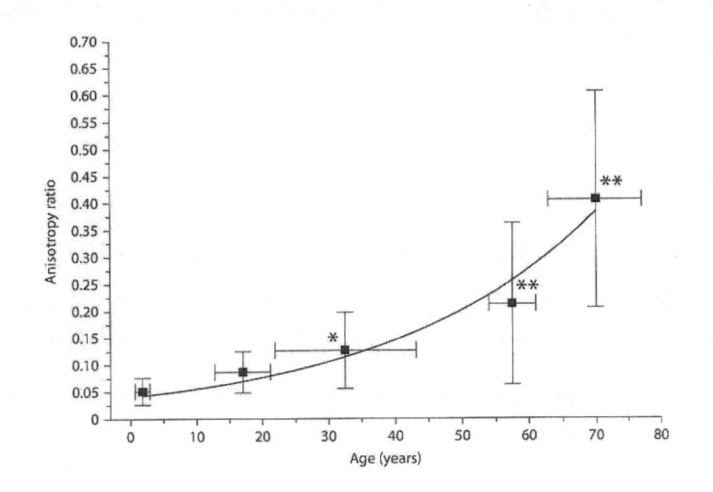

図18　Reviscometerによる皮膚の力学的異方性の検討
E. C. Ruvolo et al., *Skin Pharmacolgy & Physiology*, **20**, 313-321 (2007)

逆にプローブを皮膚に押し込むIndentometer[32]などがあり、いずれも応力と歪の関係から皮膚の力学的性質を調べるものである。これらの特徴を表8にまとめた。応力-歪関係以外の他の原理を応用したものとして、振り子状のセンサーを皮膚に落としその反発力を調べるBallistometer[33]、音波の伝播速度から力学特性を調べるReviscometer[34]や共鳴振動数のシフト量から皮膚の柔らかさ、硬さを調べるVenustron[35]などがある（表9）。

皮膚力学的性質は真皮の線維成分の配向状態に依存した（ランガー割線）方向依存性を示す。この性質はExtensometerやResiliometerあるいはReviscometerを用い測定方向を変えることによって調べられるが（図18）、その他の方法では難しい。また、現時点ではどの方法も角層、表皮、真皮に分けて力学特性を計測できず、皮膚全体の特性として求められる。

13 皮膚計測の長所・短所

　機器による計測の利点はその客観性である。主観が入らず，結果を定量的かつビジュアルに示すことができ，測定条件などをきちんと設定しておけば再現性も高い。しかし，測定原理や測定方法を十分理解していないと間違った結論を導くことになる。どのような状況下（条件化）で，適用可能か否かについて熟知しておく必要がある。また，滝脇[36]が指摘するように，機器による測定結果は常に客観的で公正とは限らない。例えば画像解析でregion of interest（ROI）をどう選ぶかは主観で決められることが多く，都合のよい部分だけを（悪い意味では実際に差がなくとも）見せることも可能である。できることならば原理の異なる複数の方法で測定し，結果を実感と対応させながら見ていくことが望ましい。

14 おわりに

　化粧品におけるスキンケア効果や「しわ」や「しみ」を始めとする美容皮膚における治療効果は，様々な皮膚計測を行うことによって客観的かつ定量的に検証されるようになってきた。しかし，使用性の評価となると感覚的な部分がかなり入り込むため，現時点では皮膚計測だけでは十分表すことができない。今後，この感覚刺激の解明のための脳-神経生理学的な検討も含めて研究を進めることが必要であろう。

文　　献

1) 高橋元次, 最近の皮膚計測工学の進歩, 香粧会誌, **23**, 312-322（1999）
2) 高橋元次, 肌の生理特性と化粧品有用性評価への応用, 粧技誌, **34**, 5-24（2000）
3) 高橋元次, スキンケア化粧品の機能性評価技術の進歩, 粧技誌, **36**, 93-101（2002）
4) 高橋元次, 最近の皮膚計測工学の進歩と有用性評価への導入, *FRAGRANCE JOURNAL*, **9**, 18-34（2002）
5) 高橋元次, *vivo*で有効性を測定する, 日本香粧品学会誌, **30**, 276-281（2006）
6) 高橋元次, 皮膚計測技術の進歩と物質の経皮吸収, *Drug Delivery System*, **22**, 433-441（2007）
7) 高橋元次, 光学測定を利用した最近の皮膚計測技術, 日本香粧品学会誌, **32**, 25-34（2008）
8) 高橋元次, 皮表画像解析, 現代皮膚科学大系, 年刊版, 90-B, 13-28, 中山書店（1990）

9) 吉澤徹編, 三次元光学1, 光三次元計測, 新技術コミュニケーションズ (1998)
10) 荒川尚美, 大西浩之, 舛田勇二, ビデオマイクロスコープを用いた皮膚の表面形態解析法の開発とキメ・毛穴の実態調査, 粧技誌, **41**, 173-180 (2007)
11) S. Jaspers, H. Hopermann, G. Sauermann, U. Hoppe, R. Lunderstadt and J. Ennen, Rapid in vivo measurement of the topography of human skin by active image triangulation using a digital micromirror device, *Skin Research and Technology*, **5**, 195-207 (1999)
12) M. Rohr, K. Schrader, Fast optical in vivo topometry of human skin (FOITS), *SÖFW*, **124**, 52-59 (1998)
13) I. Horii, Y. Nakayama, M. Obata, H. Tagami, Stratum corneum hydration and amino acid content in xerotic skin. *Br J Dermatol*, **121**, 587-592 (1989)
14) R. O. Potts, D. B. Guzek, R. R. Haris, J. E. McKie, A non-invasive in vivo technique to quantitatively measure water concentration of the stratum corneum using attenuated total reflectance infrared spectroscopy. *Arch Dermatol Res*, **277**, 489-495 (1985)
15) J. Rigal, MJ. Losch, R. Bazin, C. Camus, C. Sturelle, V. Descamps, J. L. Leveque, Near-Infrared spectroscopy: A new approach to the characterization of dry skin. *J. Soc. Cosmet. Chem.*, **44**, 197-209 (1993)
16) M. Egawa, Y. Ozaki, M. Takahashi, In vivo measurement of water content of the fingernail and its seasonal change., *Skin Research & Technology*, **12**, 126-132 (2005)
17) P. J. Caspers, G. W. Lucassen, E. A. Carter, H. A. Bruining and G. J. Puppels, In vivo confocal Raman microspectroscopy of the skin: noninvasive determination of molecular concentration profiles., *J Invest Dermatol.*, **116**, 434-442 (2001)
18) 見城勝, 大倉さゆり, 百田等, 根岸修治, ATR-FTIRによる皮脂組成の簡易分析法, 粧技誌, **31**, 176-182 (1997)
19) 日本香粧品科学会・抗老化機能評価専門委員会, 新規効能取得のための抗シワ製品評価ガイドライン, 日本香粧品科学会誌, **30**, 316-332 (2006)
20) 林照次, 松木智美, 松江浩二, 新井清一, 福田吉宏, 米谷融, 日光暴露および化粧品によるしわの変化, 粧技誌, **27**, 355-373 (1993)
21) H. Takiwaki, H. Miyamoto, K. Ahsan, A simple methods to estimate CIE-L*a*b* values of the skin from its videomicroscopic image., *Skin Res Technol.*, **3**, 42-44 (1997)
22) 舛田勇二, 高橋元次, 坂本哲夫, 島田美帆, 伊藤雅英, 谷田貝豊彦, 新しいシミ計測法の開発, 粧技誌, **35**, 325-332 (2001)
23) 舛田勇二, 高橋元次, 相原良子, 寺本穂波, 若松信吾, デジタルカメラを用いた顔面のメラニン分布解析, 日本皮膚科学会雑誌, **114**, 628 (2004)
24) H. Ohshima, H. Takiwaki, Evaluation of dark circles of the lower eyelid: comparison between reflectance meters and image processing and involvement of dermal thickness in appearance., *Skin Research & Technology*, **14**, 135-141 (2008)
25) 江川麻里子, 平尾哲二, 高橋元次, 皮膚表面摩擦特性と感触評価, 粧技誌, **37**, 187-194 (2003)
26) G. W. Gunner, W. C. Hutton, T. E. Burlin, The mechanical properties of skin in vivo - a

portable hand-held extensometer, *Br J Dermatol.*, **100**, 161-163 (1979)
27) 大場愛, 杉山拓道, 真皮UVダメージの非侵襲的評価法の検討 (第2報), 粧技誌, **41**, 15-21 (2007)
28) M. S. Christensen, C. W. Hargens, S. Nacht, E. H. Gans, Viscoelastic properties of intact human skin: Instrumentation, hydration effects, and the contribution of the stratum corneum., *J Invest Dermatol.*, **69**, 282-286 (1977)
29) J. D. Rigal, J. L. Leveque, In vivo measurement of the stratum corneum elasticity., *Bioeng Skin.*, **1**, 13-23 (1985)
30) 高橋元次, 皮膚力学測定とシワ評価, *Fragrance Journal*, **11**, 62-70 (1992)
31) A. B. Cua, K. P. Wilhelm, H. I. Maibach, Elastic properties of human skin: relation to age, sex, and anatomical region., *Arch Dermatol Res.*, **282**, 283-288 (1990)
32) S. Dikstein, A. Hartzshtark, In vivo measurement of some elastic properties of human skin, Biengineering and the Skin, pp45-53, Edited by R. Marks and P. A. Payne, MTP Press (1981)
33) A. Tosti, G. Compagno, M. L. Fazzini, S. Villardita, A ballistometer for the study of the plastoelastic properties of skin., *J Invest Dermatol.*, **69**, 315-317 (1977)
34) A. Vexler, I. Polyansky, R. Gorodetsky, Evaluation of skin viscoelasticity and anisotropy by measurement of speed of shear wave propagation with viscoelasticity skin analyzer., *J Invest Dermatol.*, **113**, 732-739 (1999)
35) 尾股定夫, 皮膚の弾力測定および柔軟性測定, 皮膚のメカニズムの解明と計測・評価法, pp.262-278 (1999)
36) 瀧脇弘嗣, 皮膚科領域における皮膚計測技術, 粧技誌, **32**, 3-9 (1998)

第2章　機器計測手法と官能評価項目との対応関係

鈴木高広*

1　はじめに

　ファンデーションなどのメイクアップ化粧品は，原料粉体の物性が製品の使用感に大きく影響する。したがって，粉体物性が製品に与える影響を解析することで，原料組成から製品の物性をある程度推定し，使用感を調整することができる。ファンデーションには，粉体，油成分，紫外線防御剤，保湿剤，ポリマーも多く配合され，使用感を左右する。また，製造工程の装置や操作条件の違いでも，使用感が変化するため，原料の配合比から計算で求められる物性の加重平均値と，実際の製品の物性を比較し，工程の影響を解析する必要がある。一方，乳化系のリキッドファンデーションは，水性成分や油性成分が多量に配合されるため，用法も使用感も大きく異なり，分析方法や評価法も，異なった手法が必要となる[1]。

　使用感の制御には，配合成分や製品の物性と特徴を，機器測定により数値化し，官能検査の評価値との対応関係を解析することが不可欠である。化粧品の官能応答には，複合的な要因や未解明のメカニズムが多く，機器測定値との間に高い相関性を得ることは容易ではない。また，自社品で高い相関性が得られても，他社の製品には相関しないこともある。本章は，粉体製品の評価に用いられる汎用的な機器計測と，官能応答との対応関係を理解することで，機器計測値を指標として，ユーザーの要望を満たす新製品の開発を支援するための，手法や課題を紹介する。

2　使用感要素と機器計測項目との対応関係の解析

2.1　消費者の官能評価と，使用感の数値化

　ユーザーの使用感を製品開発に役立てるためには，使用感を再現性のある数値や，定量的な用語に変換することが求められる。化粧品の使用感は，肌への塗り心地，色，欠点の補正効果，化粧を施した顔全体の印象など，化粧動作と，仕上がりの良し悪しに関連した官能評価値として与えられる。ユーザーは，これらの項目をとくに意識することなく，使用中に評価を行っている。

---

*　Takahiro Suzuki　東京理科大学　理工学部　工業化学科　非常勤講師；
　　　　　　　　　元基礎工学部　助教授

このような日常的な評価が，化粧品の官能評価の基本骨格をなす。官能評価は定性的であり，再現性のある数値に変換しづらいため，あらかじめ用意した基準品との比較により，対象品の位置付けをする手法が一般的である。基準品を複数用意することで，官能的な位置付けがより明確化される。しかし，一人の被検者が複数製品を評価する場合は，通常の使用法とは著しく異なる，という問題が生じる。そこで，被検者や試験日程の組み合わせを調整し，各被検者が，なるべく少ない複数の試験品を短期間で評価することで，試験条件の均一化と平常化を図る。また，各被検者は，自身の常用品の使用感を，比較基準値として潜在的に有しているため，開発品の目標カテゴリーを考慮した，同じ対象群の被検者の選択が不可欠である。

使用感は，このような官能評価試験を経て，再現性のある数値に変換され，技術的なフィードバックが可能となる。そして，原料の選択や配合比，製造条件の最適化など，開発品の設計や方策の選定に必要な官能目標値を，個々の機器計測の目標値に変換して明示し，効率的な開発作業を支援する。

2.2　メイクアップ動作と使用感の要素

製品の使用感は，化粧動作の各段階において，感知される物性が異なる。化粧動作は，順に，①塗布前：製品から肌へ塗布の準備，②塗布時：肌面への塗布，③仕上げ：化粧塗布膜の調整仕上げ，④持続性：化粧膜の塗布後の経時的な変化と持続性，の4段階に分けられる。

表1に，各段階における，主な使用感の要素をまとめた[2]。塗布前の動作では，製品の形状や

表1　粉体製品の使用感要素の例

段階	分類	使用感の要素
塗布前	触診感（指）	かたさ，粘性，粉体感，滑らかさ，分散性，しっとり感
	視診感	色彩性，色相，光沢，明るさ，カバー性，均一性
	器具性能	パフ，スポンジの感触，形状，製品の取れ，分散性
塗布時	触診感（肌）	かたさ，粘性，粉体感，滑らかさ，分散性，しっとり感
	視診感	色彩性，色相，光沢，明るさ，カバー性，均一性
	器具性能	触感，肌への塗布量，製品の分散性，展延性
仕上げ	触診感	製品の付着性，安定性，粘性，滑らかさ，しっとり感
	視診感	均一性，ナチュラル感，透明感，カバー性，色調
	器具性能	微調整，器具の操作性
持続性	触診感	製品の付着性，安定性，粘性，滑らかさ，しっとり感
	視診感	均一性，ナチュラル感，透明感，カバー性，色調

第2章　機器計測手法と官能評価項目との対応関係

色彩，指先や手で製品に触れたときの感触，試し塗りの評価などを，主に視覚と触覚によって検知し，塗布時の感触や，仕上がりの完成度を推測する。また，香気も使用感へ影響を及ぼす。塗布時には，製剤の肌への塗布感と，塗布膜の外観の光学的評価の他，塗布作業のために要する腕や手の力，器具や製剤の取り扱いやすさも評価の対象となる。塗布に要する力は，肌面で検知され，軽い塗布感や滑らかさなどの使用感として表現される。

仕上がりの調整では，満足の行く外観を達成するために，光学的な評価に重点が置かれる。また，最終的な微調整のために，気になる局部をうまく隠したり，強調したりするための機能や，器具の取り扱いやすさも重要視される。持続性に関しては，肌の被膜感，および，光学特性の経時的変化に注意が向けられる。すなわち，化粧崩れの原因となる，皮脂や汗による化粧膜の密着性の低下，脱落，色調や粘性などの物性変化を，持続性の評価に用いる。このように，メイクアップ化粧品の使用感は，各段階において異なる評価尺度を用いており，これらに対応する物理化学的，あるいは光学的要因を把握し，機器計測により的確に現象を表現することで，各製品の使用感を推定することが可能となる。

2.3　使用感の要素と機器計測項目

表2に，使用感の要素に関連すると考えられる，計測可能な機器項目を列挙した[2]。肌への使用時に人が感じる製品のかたさは，機械的な強度の測定値に対して，よい相関性を示す。しかし，製品の配合成分の比率や，油剤の配合率を変えたり，塗布する際に使用するスポンジのかたさや，空隙構造を変えたりすることで，機械的な硬度が同じ二つの製品でも，使用感のかたさが大きく異なることがある。このように，たいていの官能要素は，単独の機器測定のみで推測することは容易ではないため，複数の異なる機器測定の結果を組み合わせ，推定することが求められる。官能要素であるかたさを予測する際には，機械的な強度からのズレの方向と大きさを推定し，補正するための物性情報が必要である。そのための情報として，表2に示したように，嵩密度，粒度分布，アスペクト比などが役立つ。また，原料配合比と混合充填工程の条件も，最終製品の物性を左右するので，あらかじめこれらの加工条件を係数化しておくことで，推定補正項として用いる。

表2 使用感と関連する計測可能な物性項目の例

物性使用感	計測項目
かたさ	硬度，落下強度，針入強度，嵩密度，粒度分布，アスペクト比，原料組成
軽さ	嵩密度，比容積，吸油量，粒度分布，アスペクト比，原料組成
滑らかさ	動摩擦係数，接触角（水，油），硬度，粒度分布，アスペクト比，原料組成
なじみ感	動摩擦係数，粒度分布，アスペクト比，塗布膜の表面粗度，原料組成
密着性	動摩擦係数，粒度分布，アスペクト比，塗布膜の表面粗度，嵩密度，原料組成
分散性	動摩擦係数，接触角（水，油），粒度分布，アスペクト比，塗布膜の表面粗度，原料組成
均一性	動摩擦係数，接触角（水，油），粒度分布，アスペクト比，塗布膜の表面粗度，原料組成
粘性	粘度，動摩擦係数，接触角（水，油），原料組成
製剤の取れ	付着度，安息角，粒度分布，アスペクト比，粘度，動摩擦係数，接触角（水，油），原料組成
塗布付着性	付着度，安息角，粒度分布，アスペクト比，粘度，動摩擦係数，接触角（水，油），原料組成
持続付着性	付着性（水添，皮脂添），接触角（水，油），吸油量，原料組成

光学的使用感	計測項目
透明性	透明度，透過光度，屈折率，原料組成
色彩性，色相	反射分光スペクトル，色彩，原料組成
光沢	光沢度，変角反射光度，原料組成
明るさ	明度，反射分光スペクトル，散乱反射光度，原料組成
カバー性	透過光度，屈折率，散乱反射光度，疑似皮膚面の画像解析，原料組成
均一性	疑似皮膚塗布面の画像解析，原料組成
ナチュラル感	反射分光スペクトル，散乱反射光度，原料組成
持続性	水添加と皮脂添加による，色彩，分光反射スペクトル，光沢，散乱度の変化，原料組成

器具の使用感	計測項目
かたさ	硬度，気泡率，気泡径
弾性	弾性率
なじみ	動摩擦係数，硬度，気泡率，気泡径，繊維径，植毛率
操作性	形状，サイズ，厚み，硬度
製剤の取れ	取れテスト，硬度，弾性，気泡率，気泡径，動摩擦係数
製剤の塗布	疑似皮膚塗布テスト
均一分散性	疑似皮膚塗布面の画像解析

2.4 製品かたさに関する機器計測と使用感

図1は，国内で人気のいくつかのプレストファンデーションの，機器計測による硬度係数値の経年動向を示す[3]。ここ数年，市場製品の硬度が，徐々に低下してきたことに気づく。ユーザーが，低い硬度の製品に対し，心地よい使用感を見出してきた嗜好性が反映された結果である。

プレストファンデーションは，粉体に油剤を結合助剤として配合し，プレス成型される。コンパクト中に成型されたケーキのかたさは，粉体の形状，比重，油剤の物性により大きく影響され

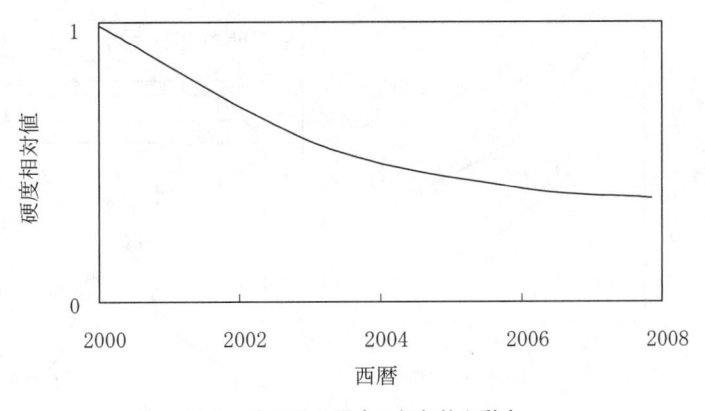

第2章 機器計測手法と官能評価項目との対応関係

図1 市販品の硬度の経年的な動向

　る。硬度の高い成型品は，粉体間の結合力が強く，さまざまな使用感に影響を与える。たとえば，製品をコンパクトからスポンジに移し取る際，強い力を要するため，不快感を与える。また，粉体間の結合力が強いため，肌で粉が分散しにくく，均一にのばすには，入念な作業を要する。また，強い塗布圧で粉体を肌面に押し付けるため，仕上がり面がテカリやすくなる。対照的に，硬度の低い成型品は，コンパクトからスポンジへ簡単に移し取ることができ，スポンジから肌へ塗布する際も，弱い力でよい。また，粉体間の結合力が弱いため，容易に肌全体に均一に拡げることができる。その結果，嵩密度が小さく，硬度が低い製品は，「ソフトで，軽い」官能値と高い相関性がある。また，付随的な効果として，仕上がりの均一性や，肌理の細やかな外観など，光学的要素に対しても，高い相関性が得られる。

　このように，硬度は，製品の全体的な使用感を左右するため，もっとも重要な機器計測項目の一つである。一方，ユーザーが感じる「かたさ」は，硬度以外にも，さまざまな物性要素を総合的に評価した官能値であり，使用感を左右するもっとも重要な評価項目の一つである。

2.5　粉体形状に依存した使用感

　体質顔料の形状係数としては，平均粒径を厚みで割ったアスペクト比が重要視される[4]。アスペクト比が大きいほど，充填ケーキ内に空隙を保持しやすくなり，成型品の耐衝撃強度や硬度が低くなる。一方，アスペクト比が大きくても，粒度が不均一で分布が広いと，空隙が微粒子で充填されやすくなるため，嵩密度が増大し，耐衝撃強度や硬度が増す。図2に，ファンデーションの主要原料である，雲母やタルクなどの薄片粉体の，アスペクト比と成型品の耐衝撃強度の傾向を示す[5]。平均アスペクト比が同じレベルでも，サンプル群Aは，粒度分布が広く充填度が増すため，耐衝撃性が強い。対照的に，粒度が均一なサンプル群Bは，嵩密度が低く，耐衝撃性が弱

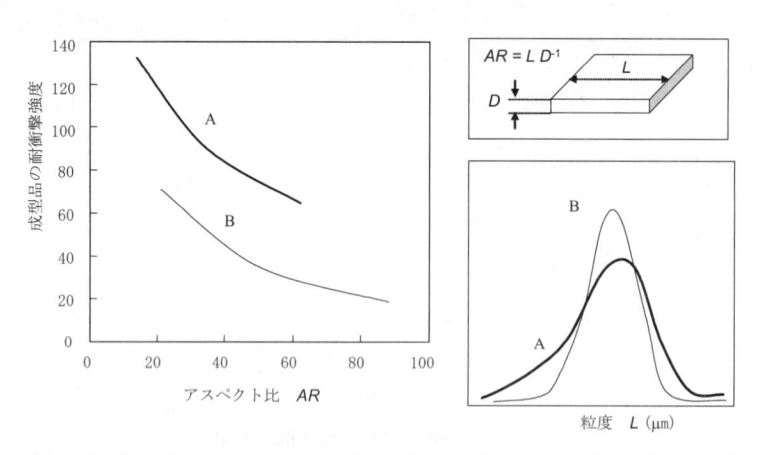

図2　薄片粉体のアスペクト比と成型品の耐衝撃強度，および粒度分布の影響

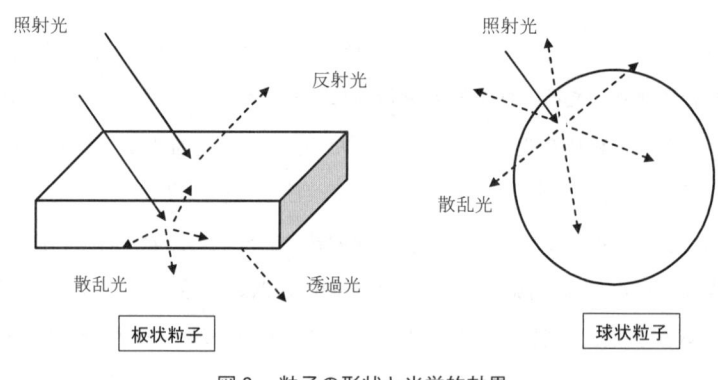

図3　粒子の形状と光学的効果

くなり，脆い。タルクは，粒度分布が広く，アスペクト比は15～30と小さいため，A群のように耐衝撃強度が強い成型品となる。一方，雲母は，粒度が均一でアスペクト比が50～80と高いため，B群のように脆い成型品となる。

　板状粒子のアスペクト比は，光の透過度，反射度，散乱度にも影響を与え，肌の艶や隠ぺい性，透明感やマット感など，光学的効果に多大な影響を及ぼす[4]。図3に，板状粉体と球状粉体における光の挙動を示した。板状粉体は，平滑表面で光の一部が反射し，残りは透過光となる。また，側面や端面では，光を散乱する。粉体の屈折率と厚みにより，透過度や散乱度が変化する。屈折率が低く，厚みが薄いほど散乱度が低く，正反射率や透過度が高くなり，透明感や光沢のある粉体となる。一方，アスペクト比が小さく，厚みが大きくなるほど，側面での散乱光の割合が増し，正反射率が低下するため，マットな粉体となる[4]。アスペクト比が小さなタルクは，

第 2 章　機器計測手法と官能評価項目との対応関係

マットな仕上がりの製品の主原料であり，高アスペクト比の雲母は，艶を出す製品の主原料となる。

　球状粒子のアスペクト比は 1 と計算されるが，平滑面が無いので，光は四方八方に散乱する。したがって，毛穴や皺の内部を明るく照らし，ソフトフォーカスなどの光学的効果を与える用途に適する[4]。

　アスペクト比と粒度分布の影響は，各種原料を混合した製品のバルク粉体でも同様に発現される。製品のバルク粉体は，成型品を解し，篩いで分散して調製し，凝集状態や混合状態を解析する。しかし，製品バルクのアスペクト比は，測定や比較が困難である。そこで，嵩密度を測定し，アスペクト比と粒度分布，および，凝集状態を総合的に反映した指標として用いる。電子顕微鏡観察により，粉体の形状や，製品中の混合分布状態を把握することで，物性に対する理解が深まる。

2.6　粉体形状係数と使用感

　肌の上で化粧効果を長時間維持するためには，ファンデーションの粉体が，肌面にしっかり付着する必要がある。メイクアップ用の粉体は，疎水化処理や配合油剤の吸着を利用して，汗や水分の影響を抑えている[6,7]。疎水性粉体の肌への付着は，主にファンデルワールス力に依存する[8]。粘着剤や，粉体表面の水素結合力を利用すると，一時的に肌への付着を補助するが[9]，汗や皮脂に溶解することで粉体が流れやすくなり，化粧膜の持続性が低下する[10]。

　ファンデルワールス力に依存した粉体の付着力は，粉体の自重に対し，比付着面積を大きくすることで高められる[8]。付着面積が小さいと，粉体は重力により落下する。同じ粒径で異なるアスペクト比の二つの薄片粉子は，付着面積は同じだが，自重が厚みに依存して異なるので，アスペクト比が大きな粒子，すなわち，薄くて軽い粒子の方が，付着力が強い。

　光を散乱し，暗部を明るくする球状粒子は，毛穴などの凹部を充填する用途には適するが，自重に対する付着力は弱い。肌でのファンデーションの塗布膜の厚みが，通常，数 μm 以下であるのに対し，5～10 μm の直径をもつ球状粒子は，突起物となるため，落下しやすい[11]。また，図 4 に示すように，他の薄片状粉体の付着を妨げ，化粧崩れの原因にもなる。

　同様に，肌面に微細な凹凸があると，粉体が肌に接する面積の比率が低下し，付着力が減少する。ファンデーションを塗布する前に使用する下地化粧品は，肌表面を平滑化することで，板状粒子が接する面積の割合を高め，付着力を強める効果がある。また，微細な凹凸が油剤や，汗や皮脂などの極性液で充填されると，一時的に付着力を高める効果が得られる。しかし，液量が空隙容量よりも過剰になると，流失しやすくなる。

　このような，薄片状粉体の付着力を推定する物性指標としては，平均粒径を厚み径の二乗で割

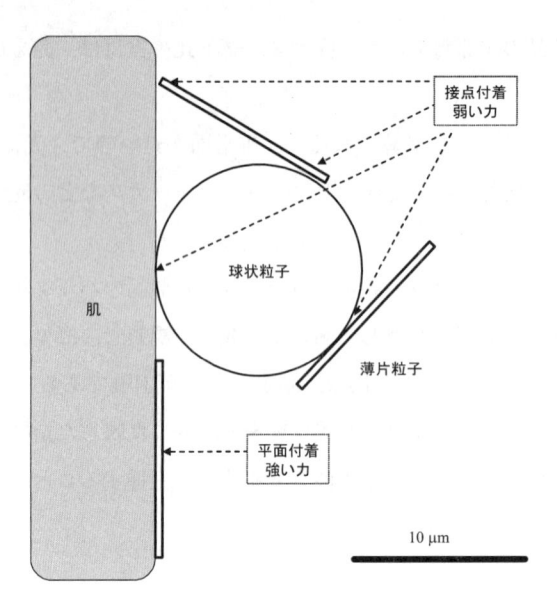

図4 粒子の形状と肌面での粉体付着力

った粉体形状係数が適する[11]。

　　粉体形状係数　＝　粒径　÷　(厚み)^2
　　　　　　　　　＝　アスペクト比　÷　厚み

　粉体形状係数が大きいほど，自重あたりの比平滑面積が増大し，付着力が増す。同じ粒径では，高アスペクト比になるほど，粉体形状係数が増し，光沢や透明度とともに，付着力も高まる。一方，同じアスペクト比では，粒径が小さいほど粉体形状係数が大きくなり，カードハウス構造を保持しやすい。このような微小薄片粉体は，嵩密度が小さく，ソフトで軽い感触を与える。また，透明感のある明るい艶を演出する効果とともに，肌に密着しやすいため，持続性も増す。

　一方，問題点としては，汗や皮脂で濡れた化粧膜の，色調の変化を隠す機能が弱いため，初期色の持続性が不足すると判断されやすい。このような欠点を補うには，光の屈折率や散乱性を高める複合粉体の利用[12]や，各種機能性粉体との，バランスのよい配合法が求められる。

2.7　粉体の動摩擦係数と使用感

　プレストファンデーションは，粉体の滑らかな展延性により，心地よい使用感が得られる。肌での滑らかさや展延性の予測には，動摩擦係数（MIU）が使用される[13]。粉体製品のMIUの測定は，肌を模した基板面で製剤を展延する際の摩擦力を測定し，荷重量で割った値が用いられ

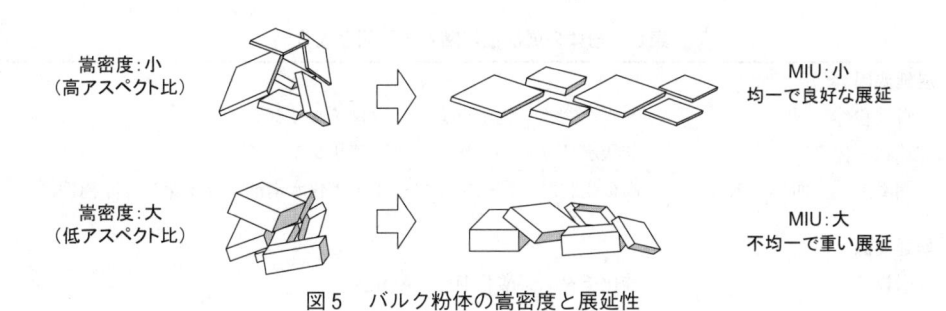

第2章　機器計測手法と官能評価項目との対応関係

図5　バルク粉体の嵩密度と展延性

る。化粧品の動摩擦係数は小さく，専用の測定機器が市販されている[14]。製品の展延性は，薄片状，球状，複合粉体や，多孔体などの組成比によって影響され，滑りの特性が異なる。

　図5に示すように，薄片粉体は，嵩密度が小さいほど空気を多く取り込んでいる。塗布時には，バルク粉体を解しつつ，空気層とともに展延するので，嵩密度が小さいほどMIUも小さくなり，滑らかなのびが得られる。充填度が大きなバルク粉体は，端面や側面の影響も大きくなるため，のびを妨げる要因が増し，滑りは低下する[15]。良好な展延性を与えることが知られている板状窒化ホウ素の薄片粉体は，粒度が均一で，六角板状の形状が整っている場合は，MIUが0.15〜0.2ときわめて低いが，粒度や形状が不均一になるにしたがって，MIUが増大し，展延性も低下する。

　薄片粉体の展延性には，表面の結合力も影響する。水和力が無く，分散しやすい粉体は展延しやすい。タルクの動摩擦係数は0.2〜0.3であるのに対し，雲母は約0.4となり，両者の展延性の違いは肌でも感知される[15]。両方とも層状ケイ酸塩の結晶骨格をもつが，タルクの結晶の単位層は電気的に中性で，層間イオンが存在しない[16]。単位層間の結合はファンデルワールス力が支配し，露出した剥離面は，弱い疎水性を示す。一方，雲母の単位層は，負の電荷をもつため，各層間にはK$^+$などの陽イオンを配位し，単位層毎の電荷のバランスをとっている[17]。雲母の薄片は，この層間が剥離した表面をもつため，親水性で水和力が強く，滑り性を妨げる。

　雲母の表面を疎水化処理することで，MIUを低下することができる。しかし，化粧粉体で多用されるメチコン処理は，疎水度を高めるがMIUを低下する効果は，ほとんど得られない。一方，アルキル鎖の炭素数が12〜18の脂肪酸や，アルキル変性四級アミンなどで表面処理をした雲母は，表面の疎水度が強まるにしたがってMIUが徐々に低下する[15]。表面処理したアルキル鎖により，雲母の平滑面の付着力や，端面の抵抗が減少し，MIUの低下と展延性の向上に効果が得られる。

　その他にも，製品中に配合される潤滑性油剤や，大小の微粒子の配合比なども，バルクの粉体の展延性に影響を与える。また，滑りを妨げる主な要因は，酸化チタンや酸化鉄などの微粒子顔

表3　粉体の展延性に関わる要因と成分例

展延要因	
滑性粉体	タルク，チッ化ホウ素，ラウロイルリジン
球状粉体	球状ポリマー，球状シリカ，球状レジン
潤滑剤・表面処理剤	高級脂肪酸，高級アルコール，炭化水素油，ワックス，非極性油
妨延要因	
微粒子	酸化チタン，酸化亜鉛，酸化鉄
油剤	極性油，粘性油
保湿剤	グリセリド，ポリオール，ヒアルロン酸

表4　メイク用粉体の表面処理

結合剤・撥水性
　レシチン，ラウロイルリジン，アミノ酸エステル，金属脂肪酸，高級脂肪酸，炭化水素エステル
分散性・撥水性
　メチコン・ジメチコン，有機変性シリコーン油，ポリアクリル酸エステル
撥水・撥油性
　パーフロロアルキルリン酸エステル，パーフロロアルキルシラン
分散性
　シリカ，ポリエチレン

料，紫外線散乱微粒子，有機紫外線吸収剤，油剤などがある。表3に，粉体製品の展延性に関わる要因と成分の例をまとめた。

　メイク用粉体の，表面処理に汎用される処理剤と用途を，表4に示す[18]。表面が親水性の粉は，汗や水分により，肌から流失しやすいため，これを防止するために撥水化処理が施される。また，皮脂の影響を抑えるために，炭化水素性を抑えたシリコーン処理や，撥油力を高めたパーフロロアルキル処理が使用される[19]。これらの処理では，炭化水素鎖を長くしたり，結合量を増したりすると，油性の潤滑性が増し，MIUが低下するが，同時に親油力が増すため，皮脂とともに油膜を形成し，テカリやすくなる[15]。

　球状粉体は，他の薄片粉体の展延を補助する効果がある[3]。しかし，展延しつつ肌に付着する薄片粉体の滑りとは，異なる感触を与え，薄片粉体の密着性も損なわれるため，あまり好まれない。酸化チタンや複合粉体を多量に含み，強い隠ぺい効果が求められる比較的かたい製品の肌触りや滑り，のびを改善する用途では，光の散乱効果もある球状粉体が有効である。

　成型助剤として使用される極性油は，粉体の凝集力も強く，分散性を妨げる。結合力の弱い非極性油は滑り性には効果的だが，油性の滑りは，粉体の展延性とは使用感が異なる。プレスタ

第2章 機器計測手法と官能評価項目との対応関係

イプのファンデーションは、油性の滑りよりも、粉体の展延性が重要視される。同様に、肌の乾燥を防ぐために配合される保湿剤は、親水性が強いため粉体を凝集しやすく、分散性や展延性を妨げる。

このように、動摩擦係数で示される粉体の展延性は、のびのよさ、塗布のしやすさの他、仕上がりの均一性、付着性、持続性、テカリ、艶、光沢、透明度など、多くの使用感に関わる計測項目である。

3 製品物性からの使用感の予想モデルと，信頼度の解析方法

3.1 製品のカテゴリーの違いによるモデルの信頼度の変化

小さな嵩密度は、バルク中に空気層を多量に取り込む物性に起因し、以下のような、使用感や官能応答との関係が得られる。

低嵩密度（機器計測）⇒高空隙率（機器計測）⇒軽い、軟らか、脆い（使用感）⇒スポンジで取りやすい（使用感）⇒肌に塗布しやすい、肌に付きやすい、均一にのばしやすい（使用感）

図6（左）に、嵩密度に対し、異なるレベルの官能応答の傾向を与える、二つの製品群の例を示した。嵩密度に影響する主配合原料に、多孔質粉体を用いる場合と、鱗片状の粉体を用いる場合、あるいは、スポンジ状のポリマーを多用する場合、などの違いが想定される。これらの違いは、対象となるユーザーの肌質、年齢層や季節など、製品カテゴリーの違いに起因し、隠ぺい力や、SPF、保湿力を与えるための原料が、製品の使用感を大きく左右することによって生じる。その結果、同6（右）に示すように、艶感に対する嵩密度の影響が、相反する場合がある。

薄片粉体は、アスペクト比が大きいほど、カードハウス構造をとることで空隙率が増し、嵩密度が低下する。したがって、嵩密度が低いほど正反射率が高くなるため、光沢が増し、N群の相

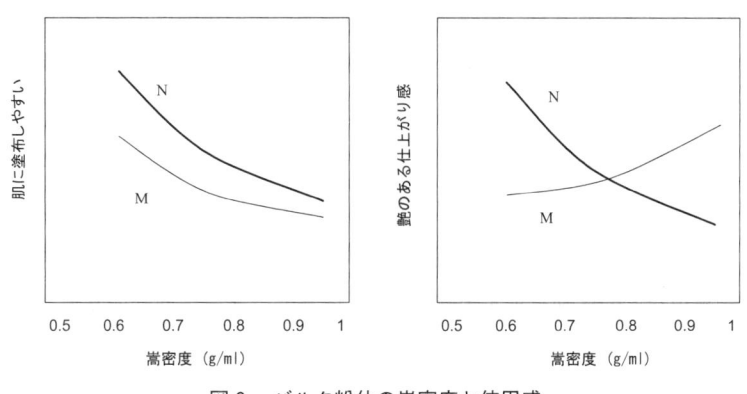

図6 バルク粉体の嵩密度と使用感

$$\text{SENSE-"この製品はかたい"} = 1 \times f_1 (硬度) \tag{2}$$

と与えられる。また，官能要素の"心地よい"に対して，5種類の機器測定値（嵩密度[0.3]，粒度[0.1]，硬度[0.1]，動摩擦係数（MIU）[0.3]，配合油物性（oil）[0.2]）が，括弧内の重み係数で関連性がある場合には，式(1)は，

$$\begin{aligned}\text{SENSE-"心地よい"} = &(0.3 \times f_1(嵩密度) + 0.1 \times f_2(粒度) + 0.1 \times f_3(硬度) + \\ &0.3 \times f_4(\text{MIU}) + 0.2 \times f_5(\text{oil})) \div (0.3 + 0.1 + 0.1 + 0.3 + 0.2)\end{aligned} \tag{3}$$

となる。f_1からf_5の関数は，5種類の機器測定値から，一つの官能要素を別々に推定する近似モデルである。個別に$in\ vitro$と官能応答の関連性を求め，信頼度の重み係数の修正と評価を繰り返すことで，官能応答予測に最適な，機器項目と近似モデルの組み合わせを，しだいに選別することが可能となる。式(1)において分母を省略すると，多くの機器測定値と関連性がある要素ほど，SENSE-iの総合値が大きくなる。このことは，複数の物性と関連した官能応答であることを示唆する。重み係数の比較により，どのような複数の物性が，ユーザーの感性に対し，複合的に影響を与えているのかを解析することにも役立つ。

3.4 データベースを利用した製品物性と使用感の対応予測モデル

式(1)より，製品の試作前にユーザーの官能応答値を，目標値として掲げられることが分かる。製品に配合する原料は，数種類から数十種類に及ぶ。個々の原料の物性を，あらかじめデータベース化することで，処方の設計段階で，目標とする官能応答を得るために必要な，原料の組成と配合比を計算により求められる。

各原料間に相互作用が無い場合は，製品物性は，原料の配合比を考慮した加重平均値で与えられる。しかし，嵩密度やMIUなどの物性は，混合操作条件によっても変動するため，通常は，補正係数を考慮した加重平均値を次のように求める。

$$\text{MF}_j = \frac{C_1 k_1(\text{Mf}_1) + \cdots + C_n k_n(\text{Mf}_n)}{C_1 + \cdots + C_n} \tag{4}$$

ここで，MF_jは，予測したい製品の機器物性項目（j＝嵩密度，硬度，光沢，など）の推定値である。Mf_n，k_n，C_nは，原料成分nの物性項目jの測定値，混合補正係数，配合率を示す。式(4)で計算したMF_jを，式(1)に用いることで，官能応答値を推定することができる。

たとえば，式(3)で例にあげた物性要素の一つである製品の嵩密度MF_1を，6種類の配合粉体原料の嵩密度から推定する際には，各原料の嵩密度は，$\text{Mf}_1 \sim \text{Mf}_6$，各原料の配合率は，$C_1 \sim C_6$

第2章 機器計測手法と官能評価項目との対応関係

である。また，油剤成分や混合プロセスによる影響を補正するために，k_1〜k_6の補正係数が必要となる。この補正係数は，混合操作により変動するため，MF_jの実測値と比較し，適宜修正してゆくことで，予測モデルの信頼度が増す。式(3)の他の製品物性項も，同様に，原料と製品，工程のデータベースから求めることができる。

図8に，原料物性と製品物性のデータベースを援用した，官能応答の機器予測の概略図を示した。複数の機器計測値に依存した複数の官能応答予測モデルは，それぞれ，信頼度を評価した重み係数により，予測値に対する影響が設定される。

図9に，使用感のかたさを多重計測値から，信頼度の重みを考慮して推定する手法の例を示した。かたさに関連する計測値の例として，硬度，落下強度，嵩密度，粒度分布の4項目を用いた。各計測値を，0〜10のレンジで補正した相対値から推定するかたさの近似関数が，図中の4本の細線のように与えられると仮定した。ここで，f_1〜f_4の4つの官能かたさ近似モデルの重み係数を，仮に，w_1 [0.5]，w_2 [0.1]，w_3 [0.2]，w_4 [0.2] と初期設定すると，かたさの加重推定値は，図の上段枠内の近似式で計算できる。重み係数は，加重推定値がもっとも官能応答値に近づくように，繰り返し修正することで，しだいに最適値に近づき，信頼度が増す。このような，信頼度係数の繰り返し最適化の過程では，重み係数の大小が，どのような機器計測の物性が，官能応答にどの程度影響を与えているかを解析する指標となる。種々の物理化学的刺激（イ

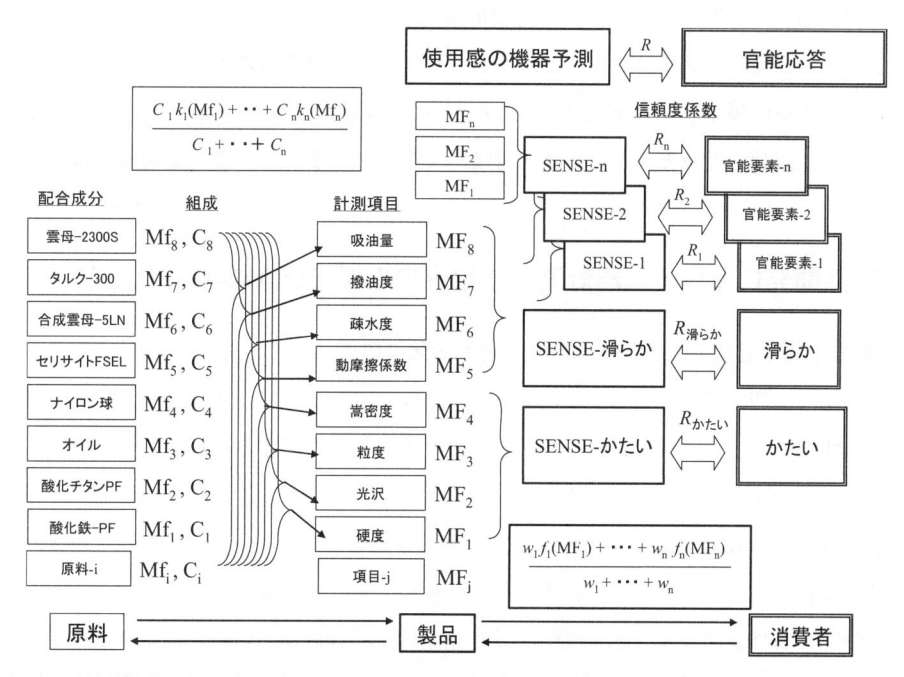

図8 原料物性と製品物性のデータベースと，消費者による製品の官能応答の機器予測スキーム

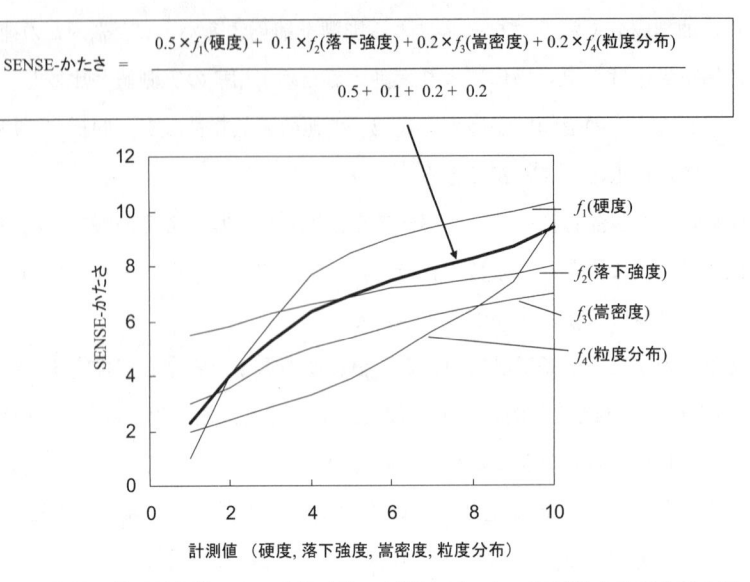

$$\text{SENSE-かたさ} = \frac{0.5 \times f_1(\text{硬度}) + 0.1 \times f_2(\text{落下強度}) + 0.2 \times f_3(\text{嵩密度}) + 0.2 \times f_4(\text{粒度分布})}{0.5 + 0.1 + 0.2 + 0.2}$$

図9　複数の機器計測値からの官能応答の予測モデルと，加重推定値の計算の例

ンプット）の数量と，官能検査により得られる複数の生体応答（アウトプット）の数量間にある，ブラックボックスに隠されたメカニズムを解析することで，より信頼性の高い近似モデルを構築することができる。

　通常，官能応答も機器測定も，良好な定量的検出が行えるレンジは限定的である。たとえば，かたさが小さな製品に有効な計測手法と，大きなかたさに適する別の手法とでは，官能応答の予測を行うモデルや信頼度に差異が生じる。したがって，検出レンジ毎に最適な計測手法と推定モデルを探索し，複数の近似モデルにより，段階的に推定する手法が，より実用的である。

4　製品開発における機器計測と使用感の近似モデルの利用の仕方

4.1　機器計測と官能予測モデルを用いた製品開発フロー

　機器計測から官能応答値を予測する近似モデルを確定することで，対象カテゴリーの消費者の要望を満たすための目標物性値を，あらかじめ設定することができる。図10に示した全体の作業フローは，以下の各ステップからなる。

① 試作品の配合成分の設計：開発商品が対象とするカテゴリーの市場情報と，原料，処方，容器，工程などのデータから，目標商品の配合成分を設計する。

② 試作品の目標値の設定：配合成分の設計値から，混合試作品の物性目標値を設定する。

③ 試作品の調製：処方設計に基づき試作品を調製し，機器計測による試作品の物性値を評価

第2章 機器計測手法と官能評価項目との対応関係

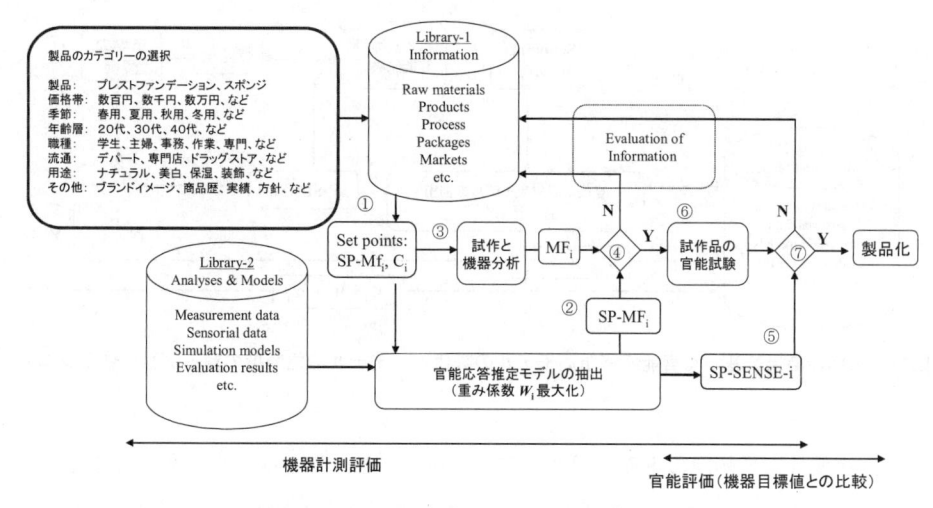

図10 機器計測と官能予測モデルを用いた製品開発作業フロー

する。

④ 試作品の目標値と機器分析値の比較：合格（Y）の場合は，次のステップである官能評価へ進み，不合格（N）の場合は，再度，原料配合設計へ戻り，修正を行う。

⑤ 官能応答の目標値：開発品に望む官能応答の設定値，または，基準品（ベンチマーク）の官能応答予測に基づく，目標設定値。

⑥ 試作品の簡易官能評価試験：通常よりも少ない被検者による，官能効果の確認試験。

⑦ 試作品の簡易官能評価と目標値の比較：合格の場合は，工場製品化の工程へ，不合格の場合は，再度，工程①に戻り，処方設計を修正し，試作品の最適化を行う。

以上のステップを経ることで，官能評価試験に要するコストと作業負担を軽減し，効率的に新製品の開発を進めることが可能となる。

4.2 官能応答予測モデルの信頼度評価と最適化

上述した製品開発作業フローでは，原料や工程に関するデータライブラリーの情報は，開発段階の中間評価試験，あるいは，最終評価結果に基づき，絶えず修正することができる。一方，官能応答予測モデルは，あらかじめ確定したモデルを，変更せずに用いる手法を紹介した。開発における最上位の目標値は，開発品に対する市場の良好な評価結果としたい。したがって，機器予測の信頼度を評価するための対照データは，市場に製品を投入した後の，実際の消費者の反応を重視すべきであり，開発段階の官能試験での擬似消費者による結果から，近似モデルの修正を試みることは好ましくない。市場へ投入後に，実際の購買者による商品の使用感に対する評価結果

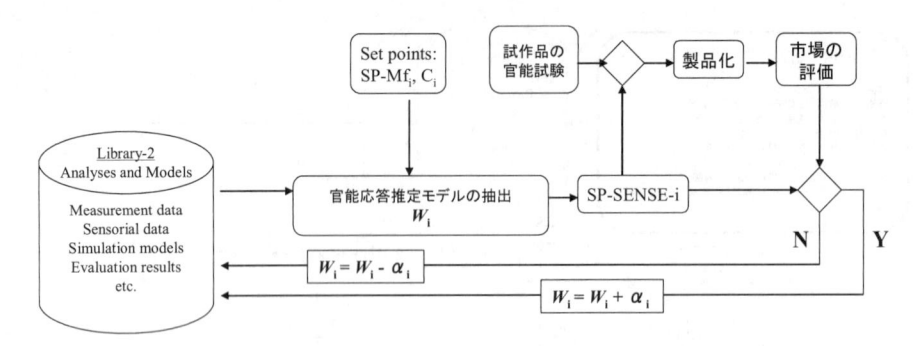

図11 市場の結果に基づく官能応答予測モデルの評価と，モデルの信頼度の重み係数の修正フロー

を入手し，相関性や信頼度の重み，近似モデルの修正へと，フィードバックすることが望まれる。官能応答に対する新たなメカニズムを見出した場合には，その新規の近似モデルと信頼度の重みが，評価モデルのライブラリーに追加されることになる。

このような，市場の結果を最上位とする解析作業では，市場の宣伝，広告，パッケージなど，通常，機器近似モデルが不得手とする，外部環境要素の影響も分析することが必要となる。実践的な近似モデルの構築と援用には，これらの外部条件の影響を数値化し，補正するモデルも併用することが望まれる。

一方，既存の近似モデルの重み係数の修正は，図11に示すように，市場の反応が予測と一致した場合は，重みを加算し，不一致の場合は，重みを減少することで，信頼度の修正を行うことができる。このように，近似モデルと重み係数の修正を繰り返すことで，機器計測値からの官能応答予測モデルの信頼性を，徐々に高められるのである。

5 おわりに

蓄積された過去のデータに基づき，機器測定の信頼度の評価と，最良の推定モデルを選択し，製造プロセスを最適化するための手法を紹介した。これは，著者が，微生物を反応触媒とした発酵製造プロセスを例に，生物や化学工業プロセスなど，不確定要素や外乱要因を伴う製造工程の最適化のために提唱した制御手法である[22]。目標変数の予測値を，複数の計測項目から多重推定することで，予測の信頼度を高めるとともに，外乱要因の存在を検出し，対処することが可能となる。また，市場の結果をフィードバックし，過去に実施した予測の精度の分析と，信頼度の修正を繰り返すことで，近似推定モデルの，精度と信頼度をしだいに高めることができる。市場の要望を最上位の目標値とする研究開発や製造工程では，これから起こる事象を予測しなければならないため，必然的に不確定要素を伴う。長期的に蓄積した過去のデータに基づき，可能性のあ

第2章 機器計測手法と官能評価項目との対応関係

る多くの手段で多重推定し,最適策を選択する手法は,主に,長期的な変動実績に基づく持続的で緩やかな変動予測値を,開発目標値として設定することに役立つ。あまり失敗はしないが,大ヒットの可能性も低い,技術とトレンドの長期的な変動についてゆくタイプの堅実な開発方針である。

一方,市場の急激な変動など,短期的な外乱変動にも対処するには,予測制御のロバスト性を高める必要がある。化粧品開発では,長期的なトレンドの動向を基準予測に用いるとともに,短期的な外乱による物性の振れ幅を,最近の技術や流行の動向から推測することで,外乱の発生をあらかじめ織り込んだ物性目標値をフィードフォワード的に設定し,予測制御のロバスト性を高めることができる。このような短期的な予測制御は,市場のトレンドを先導することにもつながる。

化粧品に対する人間の感覚器官は,機器分析よりも鋭敏で,かつ,わがままである。ユーザーの嗜好は,流行やトレンドの変化に敏感に反応する。このような嗜好性の変化は,刺激応答の感度を増幅したり縮小したりする要因となり,従来データに基づく近似モデルの信頼度や相関性を,大幅に乱す。他社製品との競合状況や,市場のトレンドの影響で,突然のように,嗜好が変化するような事態が発生するタイミングでは,それまでの官能試験と物性応答に基づく近似モデルのみでは対処できない。現在の市場において人気のある商品が,純粋な物性応答メカニズムによるものなのか,トレンドによるものなのか,あるいは,広告宣伝費によるものなのか,という外乱要素も含めた判別を的確に行う解析が必要である。

消費者が回答する官能値は,たとえば,「かたさが3は,好きか嫌いか」というように,物理量の官能測定値であるかたさ3と,その刺激量に対する嗜好性の数値である。かたさ応答値3の再現性は高い。しかし,3のかたさが,好きか嫌いかという嗜好性に関しては,トレンドの影響など,不確定要素を包含する。まずは,かたさ値3のように,製品の物性刺激量に対する再現性のある官能応答量を近似するモデルを確定することが,嗜好性に対する外乱要因の影響を検出し,解析するためにも不可欠である。

文　　献

1) 大西太郎, *COSMETIC STAGE*, **1**(2), 33-38 (2006)
2) 鈴木高広, 化粧品の開発プロセス全集, 技術情報協会出版, 391-402 (2007)
3) C. Dumousseaux, 川本真, 可児俊之, 後藤達也, 鈴木高広, *Fragrance J.*, **34**(6), 40-48

（2006）
4) 大野和久，日本粉体工業技術協会造粒分科会編，粒の世界あれこれ，日刊工業新聞社，66-68（2001）
5) 鈴木高広，*Fragrance J.*, **30**(4), 45-52（2002）
6) 田中巧，*J. Jpn. Soc. Colour Mater.*, **79**(2), 67-74（2006）
7) 佐野宏充，山下浩，*Fragrance J.*, **34**(6), 29-33（2006）
8) 鈴木高広，*COSMETIC STAGE*, **2**(4), 55-62（2008）
9) 藤正督，粉体工学会誌，**40**(5), 355-363（2003）
10) 有村直美ほか，粧技誌，**22**(3), 149-154（1988）
11) 鈴木高広，化粧品開発とナノテクノロジー，島田邦男監修，シーエムシー出版，24-38（2007）
12) 西村博睦，表面，**46**(8), 410-418（2008）
13) 江川麻里子，平尾哲二，高橋元次，*J. Soc. Cosmet. Chem. Jpn.*, **37**(3), 187-194（2003）
14) トリニティーラボ，*Fragrance J.*, **35**(2), 76-77（2007）
15) 鈴木高広，樋口信三，井ノ久保徹，特開2006-36981
16) 松枝明，萩原毅，*Fragrance J.*, **22**(6), 38-44（1994）
17) 山口卓巳，*Fragrance J.*, **22**(6), 65-71（1994）
18) 武田克之，原田昭太郎，安藤正典監修，化粧品の有用性，評価技術の進歩と将来展望，薬事日報社，309（2001）
19) 鈴木高広，石川智仁，水本光彦，井ノ久保徹，特開2004-315378
20) 高橋秀企，高田定樹，*Fragrance J.*, **34**(2), 67-73（2006）
21) 五十嵐崇訓，*COSMETIC STAGE*, **1**(2), 62-68（2006）
22) T. Suzuki, J. Prior, C. L. Cooney, Improved parameter estimation in fed-batch fermentation through reliability filtering. Proceedings of International Symposium on Advanced Computing for Life-Science, 1, 284-286（1992）

【実践編】

第3編　化粧品使用感の官能評価実例

第1章　スキンケア製品

妹尾正巳[*]

1　はじめに

　スキンケア製品の官能評価を実施するにあたっては，「サンプル」の特徴を充分に把握することと，パネルに対する配慮を考える上で「触覚評価」ということに注意する必要がある。
　「サンプル」の特徴はアイテム間で大きく異なるが，たとえ同じアイテムの中であっても大きく異なる場合が多々ある。例えば剤型の違いである。化粧水はその名の通り，水が主体であり，そこに水溶性成分が溶け込んだ混合溶液が基剤となり，その中に微量の油溶性成分や香料などがミセルの状態で可溶化されている透明液状の剤型が主流である。しかし，市場にはこれとは異なる剤型も化粧水として売られている。油溶性成分をさらに増やし微細なエマルションの状態で配合した乳化型や，水溶性高分子などを配合し粘性を付加させたジェル状のもの，消炎効果を期待し亜鉛華等の粉体を配合したものや，性質の異なる剤型が多層を成していて使用時に混合するもの，そして，あらかじめコットンや不織布などに含浸させたものなど様々である。化粧品市場の成熟が進むにつれ，既存製品との差別化を重視するあまりに多種多様な剤型が開発されてきたが，このことは結果として，アイテムの定義をあいまいにし，化粧水という言葉がどんな剤型を指すのかがだんだん不明確となってきている。官能評価において，サンプルの剤型が異なるということは，評価手順，評価用語や評価のタイミングなどが異なってくるため，見過ごせない大問題である。
　もう1つの「触覚評価」については，注意すべき点が多々ある。スキンケア製品の官能評価においては，もちろん視覚も使い，嗅覚は大いに使うが，重要となる多くの情報は触覚に依存して収集される。触覚に関する情報収集のメカニズム（生理的）は，基本的に個体間で大きな差はないものの，触覚という感覚は複数の感覚に分かれていること，体の部位によって感覚感度が異なること，そして体の状態変化によって得られる感覚情報が変わることなど，官能評価を考える上で考慮すべき点が非常に多い。特に体の状態については，生命活動を続ける上で常に変化し続けるものであって，これを一定に保つことは容易ではなく，評価部位やパネルの選定などにおいてきめ細かい配慮が求められる。

---

[*]　Masami Senoo　㈱コーセー　研究所　メイク製品研究室　美容評価グループ

本章では，この2つの点を特に考慮に入れながら，スキンケア製品の官能評価における注意点と，適する方法の選択，そして幾つかの実例を紹介する。

2 サンプルを考える

2.1 スキンケア製品の分類と官能評価の関係

スキンケア製品のアイテムには，主なもので，クレンジング，洗顔料，化粧水，乳液，クリーム，美容液，パック，マッサージ料，ハンド＆ボディ用クリーム，などが挙げられるが，これらはその使用目的から，機能を重視するもの（クレンジング，洗顔料，マッサージ料）と，整肌という効果を重視するもの（化粧水，乳液，クリーム，美容液，パック，ハンド＆ボディ用クリーム）に分けられる。この使用目的の違いは，官能評価項目の選定に反映される。

また，使用方法からも区別することができ，手で塗布するだけで使用できるもの（化粧水，乳液，クリーム，美容液，ハンド＆ボディ用クリーム）と，その他（クレンジング，洗顔料，パック，マッサージ料）に分かれる。その他に属するアイテムは，それぞれ固有の使用方法を持っている。この使用方法の違いは，官能評価環境及び手順，さらには手法にまで反映される。

さらに，剤型による区別であるが，これは冒頭で挙げた化粧水の例のように，アイテムを明確に分けることは難しく，その時の評価サンプルに応じての配慮が必要となる。この剤型による違いは，官能評価項目，手法，そして結果の考察に反映される。

2.2 スキンケア製品の使用経験

スキンケア製品という言葉は，様々な製品群の総称であって，サンプルを明確に説明する言葉でないことは上述の通りである。しかし，当然ながら共通する特徴もある。それは，スキンケアという名の通り，皮膚に対して使い，皮膚を清浄・正常な状態に保つということであるが，官能評価の観点から見た場合にも共通点があり，それは「使用方法が簡単 ＝ 評価手順が簡単」ということである。メイクアップ製品のほとんどが，使用するにあたって「理論」「技術」「小道具」が必要であることを考えると，これはかなりの利点と言える。スキンケア製品の使用方法が簡単である背景には，単に手で塗布するだけで使用可能といった技術的側面だけでなく，多くの人が早いうちから「使用習慣」を身に付けているアイテムの存在も大きい。その代表が「洗顔料」で，男女問わず，多くの人が子供の頃から使用している。また，化粧水や冬場のクリームなども，家族（特に母親）の習慣にならって使うということが多く，馴染みのあるアイテムである。その一方で，美容液，パック，マッサージ料などは，スペシャルケアアイテムと言われることもあるように，ある限られた目的に応じて開発されたアイテムであるため，使用経験を持たない人も多

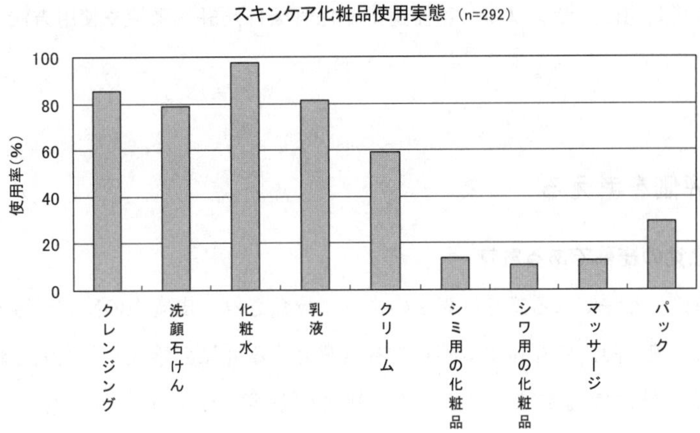

第1章　スキンケア製品

スキンケア化粧品使用実態　(n=292)

図1　スキンケア化粧品アイテムの使用実態調査結果

い。図1はスキンケア化粧品アイテムの使用実態調査結果であるが，その傾向を顕著に表している。この使用経験の違いはパネル選定に反映される。

2.3　スキンケア製品の物理的性質

スキンケア製品のほとんどは水及び油を主成分とするため，それら成分に類似した物性を持っている。官能評価において問題となるサンプル物性は，「温度による変化」「流動性」「揮発性」などが挙げられる。

生活環境から考えて，室温変化は年間を通しておよそ5～35℃の間と考えられるが，この範囲の温度変化であっても影響は大きい。サンプルの様々な物性が温度変化の影響を受けて変化することも注意すべきだが，一番の問題は「サンプル自体の温度が変化する」ということである。これは触覚知覚に直接的に影響し，サンプルに対する印象を大きく変えてしまう。

次に流動性を持つということは，一定量を取ることが難しい，一定量を塗布することが難しいということにつながる。官能評価を行う上で，サンプルの使用量が一定でないのは問題である。化粧水などでは0.1 mlというわずかな使用量の違いが，大きな官能量の違いを生む。また，手で塗布する際に指の間に入り込んだり，コットンを使用する場合はその中に染み込むことによって，使用量が変化する。

さらに揮発性を持つということは，使用中に物性が時々刻々と変わってゆくということであり，使用範囲の面積や，使用部位や手の温度，手の動かし方などの影響を受ける。また，サンプルを調製してから，評価するまでの間にも揮発性成分は減少するため，サンプルを長期間保存する場合には注意が必要である。

これら物性の諸問題は、サンプルの容器選定や保管条件、評価環境や使用方法などの設定に反映される。

3 触覚評価を考える

3.1 複数の感覚の総称である触覚

一般的に「触覚」と呼ばれる感覚は表1のように分類され、皮膚中の感覚受容器を介する「皮膚感覚」と、筋・腱・関節に存在する感覚受容器を介する「深部感覚」に大別されている[1]。

皮膚感覚には、機械的刺激によって生じる「触覚」「圧覚」があり、その他にも「振動」や「くすぐったさ」といった感覚も知られている。また、機械的刺激が強度に加えられた場合や、化学的・熱的な侵害刺激が与えられた場合には「痛覚」が生じる。その他には、熱刺激によって生じる「温度感覚」があり、この温度感覚は「温覚」と「冷覚」の2つの独立した感覚に分かれている。一方「深部感覚」は、五感以外の第6番目の感覚と言われるもので、別称が多く、「運動感覚」「筋感覚」「位置感覚」「自己受容感覚」「固有感覚」などと呼ばれる場合もある。この感覚は、主として体の位置や運動に関する情報をもたらすものである。

このように触覚という感覚は複数の感覚の総称であり、その数に比例して感覚情報の質も増え

表1 触覚の分類

名称			受容器	
皮膚感覚	触覚 圧覚		触覚受容器 (機械受容器)	メルケル細胞 マイスナー小体 パチニ小体 ルフィニ終末 自由神経終末 クラウゼ終棍 毛包受容器
	痛覚		痛覚受容器 (侵害受容器)	自由神経終末
	温度感覚	温覚 冷覚	温度受容器	不明
深部感覚 (運動感覚) (筋感覚) (位置感覚) (自己受容感覚) (固有感覚)			筋受容器 腱受容器 関節受容器	筋紡錘 ゴルジ腱器官 関節嚢・靭帯内に存在 ルフィニ小体 ゴルジ-マッツオニ小体

( ) は別称を表す。

るということを考えると，触覚を使った官能評価の難しさが推察される。特に問題となるのは感覚受容器の偏在である。手指には多く，体幹などには少ないとされ，この数の違いに応じて感覚感度が異なると考えられる。スキンケア製品の官能評価においては，手及び顔の感覚感度が問題となるが，手と顔では感覚受容器の問題以外にも，情報伝達経路の違い，皮脂腺の活動度の違い，鼻が近い顔では嗅覚情報が大きく触覚情報に対して影響することなど，様々な要因から考えて，感覚感度が同じであるとは考えにくい。

3.2 触覚評価の難しさ

触覚評価が難しい理由は，「触覚情報は皮膚の状態が変化することで得られる」ということから説明される。視覚及び聴覚情報は非接触でサンプルの物理的情報を検出するのに対し，触覚情報はサンプルに接触することによって生じる変化，すなわち，パネル自身の体の変化を検出しているのである。このことから，触覚情報の検出度合いはパネルに依存し，パネルの皮膚・肌・体の状態及び，心の状態によって変わる感覚感度に大きく左右されることがわかる。従って，スキンケア製品の官能評価においてはパネルの選定が極めて重要となり，事前の準備として，生理計測や心理計測などでパネルの状態を把握しておくことが望ましいが，実際は，パネルの生理心理状態は短時間で常に変化し続けるものであり，これらを把握するのは容易ではない。そのため，パネルの状態がなるべく一定に保てるような工夫を考えることになる。アイテム（剤型）ごとに評価手順を定型化する，評価環境を一定にして馴化時間を設けるなどに加え，パネルに対しても心理状態をコントロールできるような事前訓練を行うことなども考えられる。

4 評価方法を考える

4.1 注意点のまとめ

これまでに挙げた注意点をまとめると表2のようになる。これら注意点を考慮に入れた上で目的にあった官能評価の方法を考える。なお，この表に掲げたこと以外にも細かい注意点は無数にある。

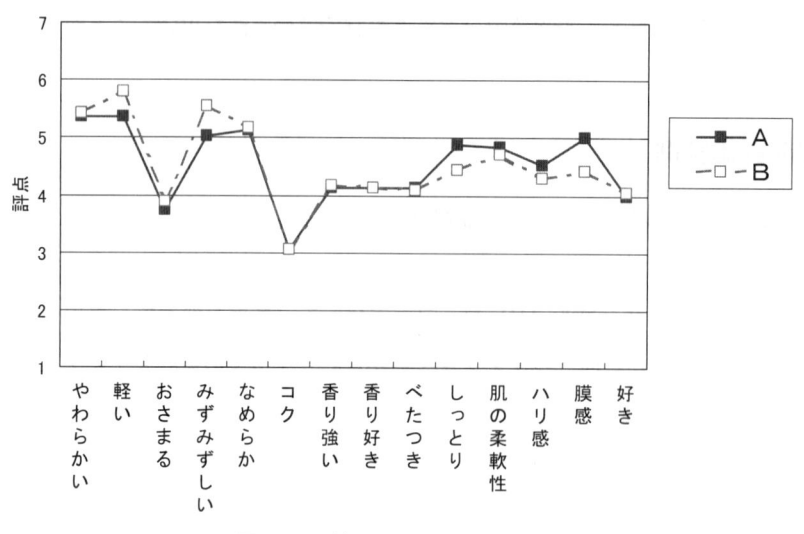

図2 SD法による乳液の評価結果

5.3 官能評価用語

サンプルの印象を測定するSD法などの場合，事前に評価項目を多数設定する必要がある。KJ法などを用いて収集するのが一般的であるが，化粧品会社の社員をパネルとする場合は，それらパネルに直接，評価項目を挙げてもらい，頻度の高い項目を採用すると，各項目の意味解釈に生じるズレが少なくなる。表3はそのようにして抽出した乳液の評価項目の例である。

6 おわりに

スキンケア製品の官能評価において，その手順はなるべく実使用に合わせることが望ましい。洗顔料を評価するには起床後または夜クレンジングをした後に，化粧水は洗顔料を使用した後に，乳液は化粧水の後というように。スキンケア製品の官能はパネルの状態に影響され，1つのアイテムは他のアイテムと共にシステムとしての関係を有しているというのがその理由である。そのため，商品開発の後期においては「ホームユース」という形で，評価をすることが多い。ホームユースの利点は，実使用場面であるということの他に，自宅で誰の目も気にせず安心して評価ができるという心理面での利点も大きい。スキンケア製品の場合は，評価の過程で「素顔」となるため，他人の目が気になると落ち着いて評価ができない。恥ずかしさから顔が紅潮し，体温の上昇と共に発汗し，集中力を欠いてしまったのならば評価精度は確実に低下するであろう。どんな官能評価においてもパネルに対する配慮は必要であるが，スキンケア製品においては特に重要であり，結果を大きく左右するということを常に念頭に置いておきたい。

第1章 スキンケア製品

表3 官能評価項目の例（乳液・頻度にて降順）

のび
しっとり感
膜感
弾力・ハリ感
みずみずしさ（使用中）
粘度
柔軟性
なじみ
浸透感
とまり
コク感
保湿・うるおい
べたつき（使用後）
おさまり
さっぱり感
タッチ
ツヤ感
なめらかさ
香り
油っぽさ（使用中）
透明感
ツルツル
べたつき（使用中）
ふっくら感
もちもち感
外観
油っぽさ（使用後）
翌朝効果
みずみずしさ（使用後）
キメ
明るさ
総合評価
色
清涼感
引締め

文　献

1) 大山正ほか，新編感覚知覚心理学ハンドブック，誠信書房，p1169（2003）

第2章 メイクアップ製品（ファンデーション）の使用感設計とその評価

大西太郎[*]

1 ベースメイクアップ製品（ファンデーション）の使用感設計の意味

化粧品を開発するに当たり，その使用感を設計することは重要である。ベースメイク製品，特にファンデーションを設計する際は塗布時の感触面については勿論，使用後の仕上がり感，経時での持続性，洗顔時の落としやすさなども含めた設計が望まれる。必然的に設計は細部に亘った細かいものとなり，結果評価の用語一つをとっても多岐に亘る複雑なものとなる。また評価軸については分析型パネルと嗜好型パネル[1]では変わってくるため更に複雑である。しかしファンデーションの評価は「感触」，「仕上がり感」，「持続性」などの要素を決して単独で行うものではなく，それぞれを考え合わせた上で評価するので，「感触」だけについて設計すれば良いというものではない。つまりファンデーションの使用感設計とは，単なる一機能の設計ではなく，その製品のトータルコーディネートを担っていると言っても過言ではない。

絶対評価の中で究極の機能を追い求める製品開発もあるが，ここでは相対評価の中で使用感，機能のバランスが保たれた製品開発に限定して表題について以下に記載する。

2 使用感設計時の注視点

ファンデーションと一口に言ってもその剤型は数多く（表1），それぞれの特性を生かすための設計が必要となる。ここでは各剤型毎（パウダーファンデーション，O/W乳化型クリームフ

表1 ファンデーションの剤型と処方特性

剤型	粉体成分(%)	油性成分(%)	水性成分(%)
パウダーファンデーション	80～95	5～20	0～5
O/W乳化型クリームファンデーション	10～35	10～30	40～80
W/O乳化型クリーム・リキッドファンデーション	15～40	20～50	30～70
油性固型ファンデーション	20～70	30～60	0～50

[*] Taro Onishi ㈱ナリス化粧品　研究開発部

第2章　メイクアップ製品（ファンデーション）の使用感設計とその評価

表2　嗜好型パネルと分析型パネルの利用分野[2]

	嗜好型	分析型
市場調査	○	
製品企画	○	
他社・自社現行品製品比較		○
製品設計 容器設計・中身設計・使用感設計	○	
製品開発 素材開発・処方開発・安全性…官能検査		○
パフォーマンステスト	○	
スケールアップ 製造・品質管理		○
市場販売	○	

ァンデーション，W/O乳化型クリーム・リキッドファンデーション，油性固型ファンデーション）に特徴，感触，仕上がり，化粧持続といった角度から使用感設計時の重要ポイントを考えてみた。なお，今回の設計・評価用語は使用感設計，官能検査に適した分析型パネルのものを記載した（表2）。

2.1　パウダーファンデーションの設計ポイント
2.1.1　特徴

　国内において最も多く使用されているタイプである。粉体配合比が多く，その性質は体質顔料や球状粉体，着色顔料，そしてそれぞれの表面処理といった粉の要素により左右されることが多い。また夏用に向けて開発されるものには紫外線防御の観点から微粒子酸化チタン，酸化亜鉛が多量配合されるケースが多く，その感触の欠点「きしみ感」などを改善すべく薄片状，球状粉体との複合化が検討されている。

　粉体の表面処理技術は年々進歩し，近年ではメチルハイドロジェンポリシロキサンやジメチコンといったシリコーン処理だけではなく，肌と親和性の高いアミノ酸，例えばN-ラウロイル-L-リジンで表面処理した素材なども流通しており，延展性などの感触面と仕上がりや持続性といった機能面が改善されている（表3）。複合化においてはナイロンパウダーに微粒子紡錘状酸化チタンを表面被覆した粉体など[4]が開発されており，感触面，分散性向上に伴う仕上がり面の向上が期待されている。

　使用方法は乾いたスポンジでそのまま塗付するものと，水を含ませたスポンジで塗るものとがある。当社が調査した結果によると，最近では後者の使用方法は減少しており，使用者の多くは乾いたスポンジを使用している。使用するスポンジの材質や発泡度との相性もあるが，極端にス

表3 粉体の表面処理と特徴[3]

処理	特徴
コラーゲン処理	・吸湿性高い ・親和性高い
キトサン処理	・吸湿性高い ・保湿効果高い
金属石鹸処理	・皮膚への付着性高い ・撥水性高い
N-ラウロイル-L-リジン処理	・撥水性高い ・吸油性低い ・流動性高く，のびが良い
シリコーン	・撥水性高い ・分散性高い ・皮膚への付着性低い
パーフロアルキルリンフッ素系化合物処理	・撥水撥油性高い ・分散性高い ・皮膚への付着性低い

ポンジへ取れる量が多くなると仕上がりの粉っぽさが増す方向になるため，予め美容用具との関連性も前提とした上での製品設計が望まれる。

2.1.2 感触

感触面では大別すると使用中，使用直後の設計を行うのが常となる。いずれも絶対評価が困難であり相対評価，過去の自社製品や他社製品を図表にプロットしながら設計するのが一般的である。

使用前のスポンジへのトレ量，肌へのツキ量を「少ない⇔多い」の評価軸で「うすづき」，「均一」といった補助用語を用いながら設定していく。この評価軸がパウダーファンデーションの付着性とカバー力を設計することにもつながる。同時に肌へののびについて「重い⇔軽い」，「悪い⇔良い」の評価軸に「なめらかさ」，「ひっかかり」，「厚み」といった補助用語を用いながら同様に設計する。この評価軸は，球状や板状といった粉体の形状や粒子径，アスペクト比といった性質，粉体表面処理内容と深く関わってくる。また化粧用具との相性もあるので，各種組み合わせを検討した上で設計することが望ましい。使用直後の感触は実際に顔が感じるものと，化粧膜を手で触ったものに分けられる。「しっとり感」，「なめらかさ」，「サラサラ感」などについて細かく目標を定めていく。これらは外気温や湿度によって得られる感触が変わるため，使用シーンとセットで設計しておくことが肝要である。

2.1.3 仕上がり

仕上がりに関しては「悪い⇔良い」の評価軸は勿論であるが，製品コンセプトへの適合性を特に考えなければならない。それらを「毛穴の目立ちにくさ」，「ツヤ感」などの補助用語を用いて

第2章 メイクアップ製品（ファンデーション）の使用感設計とその評価

細かく設定していく。勿論全体のカバー力であったり，トラブル部位のカバー力についても「少ない⇔多い」の評価軸に「透明感」，「自然な仕上がり」などの用語を加味し設定する。ここでいうカバー力の設計と先の「肌へのツキ量」，「肌へののび」という評価軸，そしてパウダーの場合は特に「UV防御力」との関連性が高いため，一層多くの補助用語を用いて設計することが重要である。

2.1.4 持続性

持続性の設計は「悪い⇔良い」だけでは不十分で，「テカリ」，「ヨレ」，「トレ」，「くすみ」といった細分化した評価軸で設計する。特にパウダーファンデーションの場合は，粉体がもたらす塗付直後のマットな印象が，肌から分泌される汗や皮脂によって「テカリ」や「色くすみ」へと変化することが多い。そのため粉体の表面処理を撥水撥油性の高いものにしたり，吸油量の高い多孔性粉体の配合，皮脂中のオレイン酸を選択吸着固化する素材[5]などの配合といった技術的検討が行われる。何れも感触面と直結することなので，重複するがパウダーの持続性と感触面は必ず一対のものとして設計し，評価も同様にしなければならない。そして評価する際には，外気温や湿度などの外的環境の影響が強い項目のため，極力条件を一定に保つことも忘れてはならない。

2.2 O/W乳化型クリームファンデーションの設計ポイント

2.2.1 特徴

外相に水，内相に油が高分散された系で，実際の使用シーンを考えた場合，肌に最初に触れるのが水溶性成分となる。表1にあるとおり，その配合量も多く，最もみずみずしい感触を得ることができる。処方的には外相の水を固化させるためにケイ酸ナトリウムマグネシウムや寒天などの水溶性高分子が用いられ，界面活性剤には顔料分散性も考慮したセスキオレイン酸ソルビタンなどの親油性界面活性剤と，ポリオキシエチレン硬化ヒマシ油などの親水性界面活性剤が併用される。但し後者に関しては，その配合量，HLBが直接汗による化粧崩れと結びつくことになるので，各種剤型の中で最も化粧持続の設計と評価に配慮しなければならない。

2.2.2 感触

O/W乳化型クリームファンデーションでは油剤の種類や，水性成分と油性成分のバランス，多価アルコールなどの保湿剤の配合量が要素となって感触面に影響する。先と同様使用中，使用直後の感触面を設定していくが，ここでは塗付する道具に着目しなければならない。指や使用するスポンジによって塗付膜の厚みが変わり，その感触は大きく変わる。コンセプトや使用シーンに応じた設計が望まれる。一般的には「のび」が軽く，肌に定着するまでに時間を要す剤型のため，重ねづけについて「しにくい⇔しやすい」の評価軸で設定しておくことも重要である。

使用直後の感触として「しっとり感」,「やわらかさ」,「なめらかさ」などについても「少ない⇔多い」の評価軸に「さらっとしている」,「油っぽい」,「みずみずしい」,「こってり」,「突っ張る」,「粉っぽい」,「残り感」,「かたい」,「ひっかかる」などの補助用語を用いて設定していく。これらはファンデーションを仕上げた後の肌の感覚と共に，それを触った際の手の感覚を合わせて表現している。

「しっとり感」の設定では，油分や保湿剤が多い，いわゆるべとついた感じについても，「多い」という評価につながるため，先ほど同様の補助用語を用いる，或いは同時に「べたつき」についての設定も実施しておく。この部分を見落とすと，設計者と評価者の間に考え方の差が生じることがある。

2.2.3 仕上がり

外相が水であること，粉体成分の割合が少ないことで，一般的には「のび」が軽く，化粧膜が薄いものが多い。しかし「のび」が軽いと製剤が肌の上を流動し，皮溝や毛穴，小ジワなどの凹部に埋まりやすい。それは結果として「粉っぽい」,「しわっぽい」などのマイナス評価につながることがあるので，「のび」の設計には注意が必要である。また，塗付直後が美しくても，その化粧膜を維持できないようでは困るので，次に記す持続と絡めた設計が必須の剤型である。

2.2.4 持続性

みずみずしくのびの良いものが多く，薄い化粧膜で美しく仕上がる特性を持っているが，化粧持続性は良くない。耐水性が低いことから，定着した化粧膜が汗や水と再乳化し，肌から離れてしまいやすいことが大きな要因である。したがって，持続性の設計時には「トレ」,「ヨレ」について「多い⇔少ない」の評価軸に「キメ・毛穴・小ジワが目立つ」,「透明になる」などの補助用語を用いて目標点をプロットするが，その評価を何時の段階で行うかについて細かく時間設定をしておくことが望ましい。

使用シーンを考えると，当該ファンデーションの上からおしろいを使用することが一般的である。ファンデーション単体での持続性設計，評価も必要であるが，おしろいと併用した場合も同様に設計，評価しておく必要がある。

2.3 W/O乳化型クリーム・リキッドファンデーションの設計ポイント

2.3.1 特徴

W/O乳化型クリーム・リキッドファンデーションは，外相が油となるために重くてべたつく使用感であること，品質維持が困難であることから，ファンデーションの剤型として適さなかった。しかしシリコーン製品が多種開発されたことで処方技術が向上し，様々な感触を有するものが製品化されている。処方特性上，デカメチルシクロペンタシロキサンや水，アルコールといっ

第2章 メイクアップ製品（ファンデーション）の使用感設計とその評価

た揮発性成分が多く使われており，これらが蒸散した後，残された化粧膜の多くは油と粉になるため，汗に対しての化粧持続性は一般的に高い。また化粧膜の内容としてアクリレートシリコーンやトリメチルシロキシケイ酸などを用いて皮膚上に強靭な樹脂皮膜を形成し，物理的な化粧膜の破壊を防いだもの[6]，アクリル－シリコーングラフトポリマーを用いたもの[7]，フルオロシリケートを用いたもの[8]が検討されており，皮脂に対しての持続性も高いものが多い。同時に紫外線防御素材を配合している際は，塗付後の密度が高まることから，その効果は出やすい剤型であると言える。

当剤型ファンデーションを指で使用する際，前半は外相の油相による影響が大きいが，後半は内相である水相の特性が影響する。塗布中・塗布直後の感触として，一般的には「べたつき」を感じやすい剤型であるが，水相に親水性の無孔質シリカや吸水性のない糖類などを配合することで，それを抑えることも検討されている[9]。

2.3.2 感触

外相が油であり，且つ品質維持の目的からベントナイトなども含まれていることが多く，どれだけ均一に化粧膜をのばせるかどうかで仕上がりが変わってくる。その意味では使用中の肌への「のび」についての設計が最も重要ポイントとなる。「重い⇔軽い」，「悪い⇔良い」の評価軸に「こってり」，「厚み」，「ずるつき」，「なめらかさ」，「ひっかかり」，「急にとまる」，「乾く」などの補助用語を加味し，設計をすすめる。最近は酸化チタン，酸化亜鉛などの高分散スラリーも開発されており，ますます当該ファンデーションの「のび」が向上している傾向にある。当然ながら「のび」だけを注視すると「定着」が遅くなる，悪くなることが懸念されるため必ず両方をセットとした設計・評価が望まれる。

また「スジひき」についても同様に「多い⇔少ない」の評価軸で目標点を定めておくことを忘れてはならない。

2.3.3 仕上がり

塗付直後は「ツヤ」があるものが多いが，処方中の揮発成分が多い場合は徐々に粉っぽくなり，そうでない場合は皮脂などと混ざり合うことで「テカリ」となる場合がある。直後の設計よりも少し時間が経過し，化粧膜が落ち着いたときの状態を設計しておくことが望まれる。またO/W乳化型クリームファンデーション同様，上からおしろいを使用するのが一般的であるので，併用した上での仕上がり感も設計しておかねばならない。

2.3.4 持続性

外相が油であること，また先に記したような強靭な樹脂膜を形成しやすい系であることから化粧持続性は一般的に高い。但し化粧膜は皮膚上に残るが「乾燥」，「テカリ」は生じやすいため，それらに注視した設計はしておかねばならない。そして更に重要な設計項目は「化粧の落としや

すさ」である．設計するファンデーションを「落とす」手段が何であるか，クレンジングの剤型によっては処方内容が変わることもあるため注意を要する．形成される樹脂膜が強固であればあるほど持続性は高まるが，洗顔の際に落としにくいファンデーションは誰も望んでいない．非常に設計が困難な部分ではあるが，この点をしっかりとプロットすることは製品開発，評価をする上で重要である．

2.4　油性固型ファンデーションの設計ポイント
2.4.1　特徴
　W/O乳化物を金皿に流し込み成型し，気密型コンパクト容器に装填したものも多く見られるが，ここでは揮発成分が含まれていない油性固型ファンデーションに限定して記載する．

　油分が全体の50％以上を占めることが多く，油性のしっとりとした感触が得られる．油分が多くテカリやすいため，主として肌が乾燥しやすい冬に使用される．また化粧膜が厚いこともあり，密着性が強く隠蔽力の高い仕上がりになる．最近の自然な仕上がり嗜好等から徐々に使用されなくなってきている一方で，コンシーラーとして使用されることが増えてきている．

2.4.2　感触
　油の配合量が多く，使用直後の「べたつき」が最も多い剤型である．「べたつき」は感触面においてマイナスのイメージが強く，「多い⇔少ない」，「気になる⇔気にならない」といった評価軸で設計するが，できる限り「べたつき」はない方向で設計，開発することが望ましい．

2.4.3　仕上がり
　化粧膜が厚く，密着力も高いため，最もカバー力が得られる剤型である．「少ない⇔多い」の評価軸に「厚ぼったい」，「透明感」，「自然」，「ベール感」といった補助用語を用い，その長所を詳細に設定しておくことが望ましい．シミや毛穴，くすみといった肌トラブル別にカバー力の評価が変わることも想定されるため，予めバイオスキン（ビューラックス社製）などを用いて目標設計しておけば評価時にも有用である．

　一方で当ファンデーションは酸化チタンや酸化亜鉛といった屈折率の高い素材が多く配合されるため，不自然な仕上がりになることが多い．カバー力を維持しながら，どこまで自然な仕上がり感を目標とするかについては，可能な限り具体的に設計しておくことが最大のポイントである．

2.4.4　持続性
　全顔用ファンデーションとしては，使用シーンが秋冬になることが多く，汗や皮脂による化粧崩れの心配はそれほど必要ない．但し，化粧膜が厚く屈折率も比較的高いため，少しヨレが生じただけで外観的な化粧崩れにつながる場合が多い．顔の中でよく動く部分，例えば目元や口元での持続性を定めておくことは重要である．そしてW/O乳化型クリーム・リキッドファンデーシ

第2章 メイクアップ製品（ファンデーション）の使用感設計とその評価

ョン同様，「化粧の落としやすさ」についての設計を忘れてはならない。

3 評価

3.1 官能評価

　設計したファンデーションについて，評価する方法の一つに官能検査がある。感触，仕上がり，持続性を中心に評価を行う。実際には肌色順応の影響もからみ，困難な評価となるが，消費者にとっての有用性と最も密接に結びついている評価法と言える。一番良く使われる評価法は官能プロファイルを用いたSD法で，各評価項目に対して5段階または7段階の評点を設け，使用感設計の基準としているものと比較して相対評価し，複数の評価者の平均をもって評価とする方法である[10]。評価には専用の記録紙を用いるが，先に紹介したパウダーファンデーション用の評価用紙例を表4に示す。基準点を「4点」とし，サンプルの官能評価を1〜7点の7段階で評価する例である。その程度は数値だけで示すよりも段階をつけた程度や量を表す量的用語を用いる

表4　パウダーファンデーションの評価用紙例

<パウダーファンデーション>

用いた美容用具										
○使用中の感触		非常に	かなり	やや	どちらでもない	やや	かなり	非常に		
スポンジへのトレ	（少ない）	1	2	3	4	5	6	7	（多 い）
肌へのツキ	（少ない）	1	2	3	4	5	6	7	（多 い）
肌へののび	（悪 い）	1	2	3	4	5	6	7	（良 い）
○使用直後の感触		非常に	かなり	やや	どちらでもない	やや	かなり	非常に		
しっとり感	（少ない）	1	2	3	4	5	6	7	（多 い）
なめらかさ	（少ない）	1	2	3	4	5	6	7	（多 い）
サラサラ感	（少ない）	1	2	3	4	5	6	7	（多 い）
○見た目（使用直後）		非常に	かなり	やや	どちらでもない	やや	かなり	非常に		
仕上がり	（悪 い）	1	2	3	4	5	6	7	（良 い）
○見た目（化粧もち）		非常に	かなり	やや	どちらでもない	やや	かなり	非常に		
テカリ	（多 い）	1	2	3	4	5	6	7	（少ない）
ヨレ	（多 い）	1	2	3	4	5	6	7	（少ない）
トレ	（多 い）	1	2	3	4	5	6	7	（少ない）
くすみ	（多 い）	1	2	3	4	5	6	7	（少ない）

文　　献

1) 増山英太郎, 小林茂雄共著, センソリー・エバリュエーション―官能検査へのいざない―, 垣内出版㈱, P.23 (1989)
2) 高木良重, (化粧品における)使用感触／実感・機能の評価事例 SEMINAR TEXT, 技術情報協会 (2006.6.26)
3) 今関雅文, *Fragrance Journal*, **28**(5), 20 (2000)
4) 大西太郎, 各種化粧品における「素材」選択と「素材」を生かした製品開発事例 SEMINAR TEXT, 技術情報協会 (2005.9.28)
5) 堀野政章, *Fragrance Journal*, **31**(4), 67-74 (2003)
6) 萩原毅, 粧技誌, **35**, 204-210 (2001)
7) 下山雅秀, *Fragrance Journal*, **27**(5), 25-30 (1999)
8) 黒田章裕, *Fragrance Journal*, **27**(5), 31-36 (1999)
9) 大西太郎, *Fragrance Journal*, **32**(6), 61 (2004)
10) 武田克之, 原田昭太郎, 安藤正典監修, 化粧品の有用性―評価技術の進歩と将来展望―, 薬事日報社, P.280-282 (2001)
11) 和田孝介, 香粧品官能検査の知恵―クレームゼロへの挑戦―, 幸書房, P.18-19 (1998)

第3章　フレグランス製品

鈴木修二[*1]，武藤仁志[*2]

1　はじめに

「香り」は多くのニオイ成分から構成されており，同じ成分からなる「香り」であっても，その配合比率を変えることで時には全く違う感じ方をする[1,2]。人の嗅覚はニオイ成分の集合体を総合的な「香り」として感じ取っている。

機器分析の進歩[3]により「香り」を構成するほとんどの成分の定性，定量は可能となり，また多くのセンサーの開発[4]により，「香り」を数値化，可視化する研究も進み，品質管理などで産業利用されているものもある。しかしながらニオイの研究において，人の嗅覚から得られる情報は極めて重要であり不可欠でもある。

スキンケア・メイク製品，トイレタリー製品などは当然のことであるが，美白，保湿，美化，洗浄性など目的とする機能が重要であり，それらの製品における「香り」は使い心地をより高める付加機能である。しかしフレグランス製品においては「香り」そのものが機能であり商品価値である。

ここでは，フレグランス製品の設計・開発において重要となる，「香り」の官能評価について一般的な方法と共に，実際に行ったデータも交えその特徴，注意点などについて述べる。

2　香りの評価

2.1　評価用語

日本工業規格　官能評価分析―用語（JIS　Z8144）[5]によれば五感のうちの嗅覚以外の各感覚に関しては感覚を表現する「感覚用語」がある程度認識・理解されている。表1にそれを記す。しかしながら嗅覚に関してそれは明確でない。

---

*1　Shuji Suzuki　日本メナード化粧品㈱　研究技術部門　第三部　香料研究グループ
　　　　　　　　主席研究員

*2　Hitoshi Muto　日本メナード化粧品㈱　研究技術部門　第三部　香料研究グループ
　　　　　　　　主任研究員

化粧品の使用感評価法と製品展開

「香り」として感じたものを言葉で表現することは，訓練された者でなければ難しく，相手に伝えることはさらに困難である[6]。調香師など香りの専門家は，香りの特徴を表現するのに香料名や香水名，また香りのタイプなどを表す共通な用語で，お互いにある程度の香りを言葉で伝えることができる[7]。それらの一例を表2と表3に記す。

表1 日本工業規格による評価感覚用語

視覚	明るさ，色相，明度，彩度，光沢
聴覚	音の大きさ，音の高さ，音色
味覚	甘味，酸味，苦味，辛味，うま味，塩味，アルカリ味，渋味
触覚	温覚，冷覚，痛覚，かたさ，やわらかさ，テクスチャー，風合

表2 香りの特徴を表す用語例

1	芳香植物や香料物質の名称を利用した表現用語	
	フローラル：	花のような
	フルーティ：	果実のような
	アルデハイディック：	アルデヒド（C8〜C12の脂肪族アルデヒド）ような
	シトラス：	柑橘のような
	スパイシー：	香辛料のような
	ウッディ：	木の香りのような
	アンバー：	竜涎香（アンバーグリス）のような
	ムスキー：	麝香（ムスク）のような
2	感覚用語を利用した表現用語	
	視覚的表現：	明るい，シャープな，青っぽい
	皮膚感覚的表現：	重い，やわらかい，暖かい
	味覚的表現：	甘い，苦い，酸っぱい
3	情感を表す言葉を利用した表現用語	
	エレガント：	優雅な
	フレッシュ：	新鮮な，さわやかな
	セクシー：	魅惑的な

表3 フレグランス製品における香調分類例

＜メインノート＞系統	香りの特徴
シトラス CITRUS	さわやかな柑橘を主体とした香り 若々しくフレッシュなイメージ （主成分：ベルガモット，レモン，オレンジ，マンダリン，ライム等）
グリーン GREEN	初夏のあふれる草木の緑を表現した香り 自然の息吹を感じるすがすがしいイメージ （主成分：リーフアルコール，ガルバナム，バイオレットリーフ等）
シングルフローラル SINGLE FLORAL	1つの花の香りをテーマにした香り 可憐で清楚なイメージ （主成分：ローズ，ジャスミン，ミュゲなどテーマとされる花）

第3章　フレグランス製品

フローラルブーケ FLORAL BOUQUET	様々な花の香りを花束のように美しくまとめた香り 優雅で華やかなイメージ (主成分：ローズ，ジャスミン，ミュゲ，カーネーション，ライラック)
モダンフローラル MODERN FLORAL	花々の香りに拡散力のあるアルデヒドを調和させた香り 華やかな中にも個性を主張するイメージ (主成分：花々の香りとアルデヒド)
シプレー CHYPRE	フローラルと落着いたコケや木の香りを調和させた香り 洗練された大人の魅惑的なイメージ (主成分：オークモス，パチョリ，ベチバーなど)
オリエンタル ORIENTAL	パウダーとムスキィのマッチした重厚な中にも甘くセクシーな香り 東洋調（中近東風）の妖艶で情熱的なイメージ (主成分：バニラ，ムスク等保留性の高いパウダリィスウィートな香り)

<サブノート>系統	香りの特徴
フレッシュ FRESH	レモン，ベルガモット，ライムなどの柑橘系を中心にメインノートに軽やかさ，さわやかさを添える香り
ナチュラル NATURAL	オゾンや針葉樹の香りなどメインノートによりクリア感，ナチュラル感を添える香り
グリーン GREEN	草や木の緑を感じさせ，メインノートにいきいきとした活動的なイメージを添える香り
アクア AQUA	水を感じさせ，メインノートに透明感，みずみずしいイメージを添える香り
フルーティ FRUITY	フルーツのキュートな甘酸っぱさで，メインノートにマイルドなイメージを添える香り
アルデヒド ALDEHYDE	独特の拡散力を持つアルデヒドで，メインノートに豊かな拡がりと個性を添えるモダンな香り
パウダリィ POWDERY	バニラなど甘く粉っぽい香りが，メインノートにまろやかなやさしさを添える香り
スパイシィ SPICY	ペパー，クローブ，ナツメグなどのピリリとしたスパイス感でメインノートにきりっとしまりを添える香り
ウッディ WOODY	サンダルウッド，ベチバーなどの木の香りが，メインノートに温かみと重厚さを添える香り
モッシィ MOSSY	コケの持つ落ち着きのある香りが，メインノートに洗練されたイメージを添える香り
レザー LEATHER	皮革の持つクールな感じが，メインノートに男っぽさを漂わせる香り
ムスキィ MUSKY	ムスクなど動物性の香りが，メインノートにセクシーな拡がりを添える香り

メインノートとサブノートを組み合わせて表現
例）シトラス・ウッディ，フローラルブーケ・フレッシュなど

2.2　評価の設計

　嗅覚という感覚は他の感覚とくらべ個人差が大きいといわれている。また同じ人でも体調変化によって嗅力も大きく影響を受ける[8]。また，香りの特徴を評価するに当たり，先に述べたよう

表4　日本工業規格による評価者の定義

評価者	官能試験に参加する人
選ばれた評価者（適正評価者）	官能試験を遂行するだけの能力があるとして選ばれた評価者
専門評価者	感覚の感受性の程度が高く，また，官能評価分析の経験がある選ばれた評価者のことで，多様な試料を評価するのに一貫した反復可能な能力を持つ評価者

表5　官能評価によるパネル・用語の選択

分析型評価（市場でのマッピング，詳細な製品（香り）特性など）
　　評価者：専門家パネル　　パネル数：少　　評価用語：専門用語　　評価可能数：多　　評価項目：多
嗜好型評価（購買意欲調査，比較対象との単純比較など）
　　評価者：消費者パネル　　パネル数：多　　評価用語：一般用語　　評価可能数：少　　評価項目：少

に，香りを表現する軸が曖昧であるため，評価者は香りを感覚的（感じた香りをそのまま表現する）に捉えるより，むしろ感性的（感じた香りによる心理的・情感的感想）に捉える傾向にある。このため嗜好性，香りに対する経験（既知）性，先入観などにより，評価の結果は異なってくる。JIS Z8144[5]では，官能評価を行う「評価者」において表4に記した定義がなされている。

　専門評価者としては調香師などの専門家が選ばれることが多い。専門家は香りを熟知し，その表現にも香料素材や，ある程度共通な香調分類により表現することができ，また専門家同士，表現用語が理解できる。嗜好性調査などは広く一般の消費者を対象に評価が行われるが，彼らにとって香りを表現する語彙は少なく，曖昧な表現になることも多い。

　また嗅覚刺激の順応しやすさも，専門家と一般の消費者では異なり，一般の消費者が評価者である場合に長時間，多数の評価をさせるのは評価の精密さを失う。香りの官能評価における設計時に評価者を選択およびその評価者によって評価項目を決定する必要がある（表5）[9]。

3　フレグランス製品の評価

3.1　フレグランス製品の特徴

　一般的なフレグランス製品（香水，オーデトワレ，オーデコロンなど）の処方は香料，エタノール，水がほとんどで，必要に合わせて微量の色材，安定剤（紫外線吸収剤，酸化防止剤，可溶化剤など）が配合される。肌への使い心地等考慮された製品もあるが，フレグランス製品は「香り」そのものが最大の機能である。しかし，フレグランス製品にとって「香り」のみが重要性の高い要素ではない。香りは目に見えなく，また言葉による表現もしにくい。フレグランス製品を一般の消費者にアピールするためには製品のコンセプト，ボトル・パッケージデザイン，アドコ

第3章　フレグランス製品

ピーなども重要な要素である[10]。すなわちコンセプト、外観などの製品設計と香調がマッチしてはじめて優れたフレグランス製品となる。

製品設計を基に調香師は香りを創造する。しかし製品の香りとして決定する際には、ターゲットとなる消費者の捉えられ方を調査する必要がある。

単数もしくは複数の候補の香りについて、一般パネルを用いて調査する。あらかじめ調香師が思い描くイメージを表現する評価用語によるSD法、候補の香りそのものの嗜好調査、製品イメージを提示した上での嗜好調査、複数候補の場合候補間の順位などを分析する。

3.2　夏向けのフレグランス製品開発における官能評価実例

試　　料　　夏向けのフレグランス製品として開発した香調サンプルA, B, C, D, E
パ ネ ル　　20～30代女性　適正評価者　13名
使 用 方 法　　1日1試料　通常フレグランス製品を使用する方法
評 価 方 法　　SD法
評 価 用 語　　専門家（調香師）により夏向けのフレグランス製品に適していると思われるイメージおよび香調10語　総合評価　5段階（SD法）
総合評価後　　5試料の順位付（順位法）

この結果を図1から図3に記す。

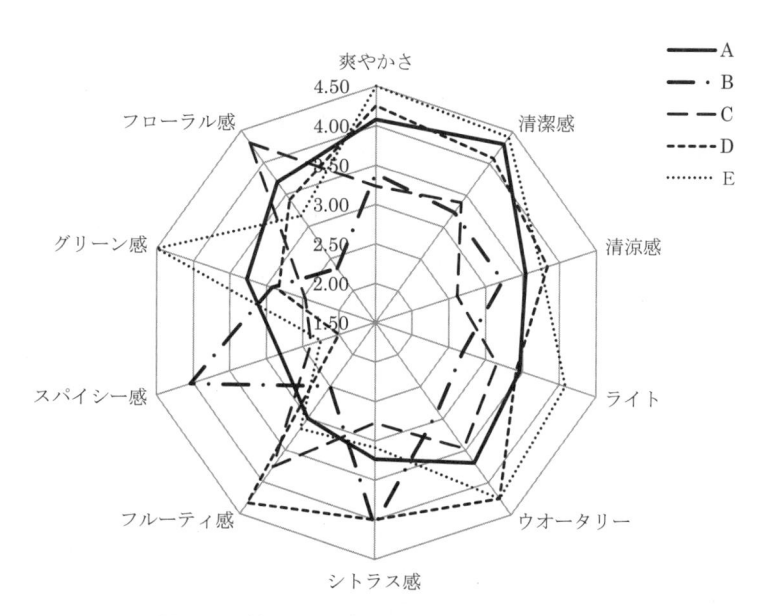

図1　SD法による評価結果（レーダーチャート）

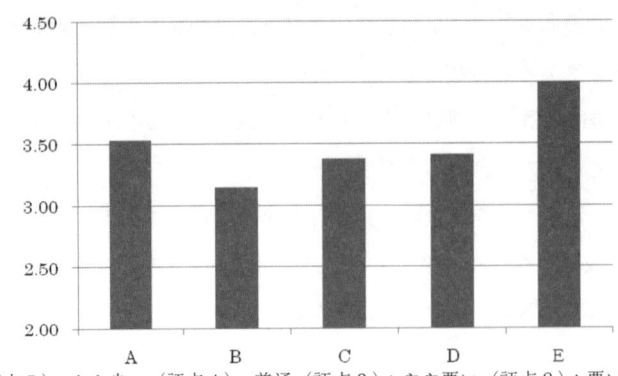

良い（評点5）：やや良い（評点4）：普通（評点3）：やや悪い（評点2）：悪い（評点1）

図2　SD法による評価結果（総合評価）

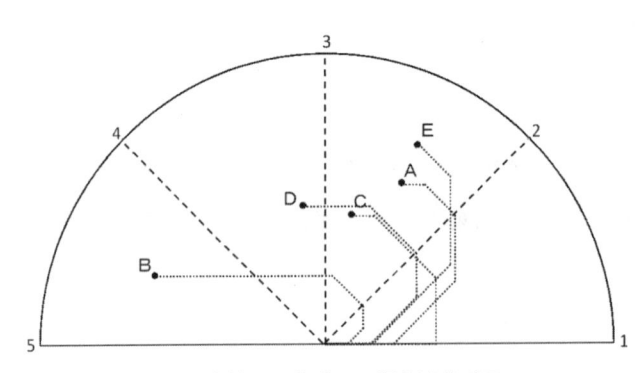

図3　順位法より作成した順位連結グラフ

4　機器分析と官能評価

　香りの評価において，官能評価での問題点（評価者の嗅力変化，評価の再現性など）を克服するために機器を用いた客観的・再現性の高い評価方法が求められ，研究・分析方法の開発がされてきた[3,4]。

　最も香気成分の分析に用いられるガスクロマトグラフ法（GC）において，分離カラムを複数用いたり，質量分析（MS）を組み合わせたりし，分析精度を高めている。

　フレグランス製品において，新しい特徴的な香りの素材開発も重要である。自然に咲いた花の香気やみずみずしい果実の香気をヘッドスペース法により採取し，GC-MS分析を行い，それぞれの香りを再現する方法が多くとられている[11]。しかしながら，精度よく得られた分析データだけを用いて，実際に感じる香りを再現することは難しい。実際には調香師が官能的に感じた香りを基に補正して調香する。ここで近年，GCに官能評価を組み合わせたGC/Oという方法が着目

第3章　フレグランス製品

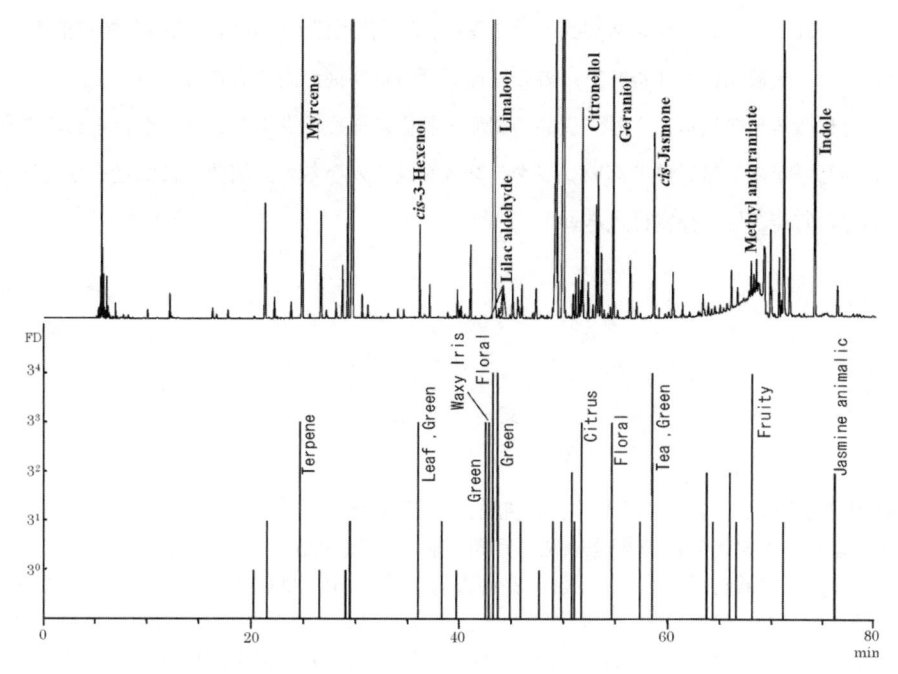

図4　タチバナの花　抽出物のAEDA法による分析[13]
（上：ガスクロマトグラム　下：アロマグラム）

されている。GC/Oそのものは新しい分析方法ではないが，AEDA法やチャームアナリシス（CA）法などの分析法が開発され，香り寄与成分の探索が容易になった。

- AEDA（Aroma extract dilution analysis）[12]

香り成分を含む希釈倍率を段階的にした溶液（例：3^n（3倍，9倍，27倍・・・））を調製し，低希釈倍率順に希釈溶液を，カラム出口付近で検出器口とニオイ嗅ぎ口にスプリットされたGC/O装置に注入する。検出器によりクロマトグラムをモニタリングしながら，ニオイ嗅ぎ口からニオイを感じたかどうか，また感じた香調などを書き込む。

ニオイが感じられなくなった濃度前の希釈倍率をファクターとして縦軸にアロマグラムを作成する。

GCにより得られたピークの成分量とアロマグラムのピーク高さにより，全体の香りへの各成分の寄与度が確認できる（図4）。

5　おわりに

近年，フレグランス製品において，ボディ用ローション，ミルク，パウダーなど剤形も多様化

している。それらのフレグランス製品では「香り」と「使用感」の両面で高い機能が求められる。今後フレグランス製品にも「香り」以外の官能評価の重要性が高まると考えられる。

　評価・分析機器類の進歩により，製品の開発・評価に極めて有用なデータが得られるようになった。しかしながら，嗜好性の高いフレグランス製品のみならず，消費者に満足を与える製品づくりにおける官能評価の役割は大きい。

文　献

1) 谷田貝光克ほか，香りの百科事典，丸善，P827（2005）
2) 中島基貴，香料と調香の基礎知識，産業図書，P31（1995）
3) 川上幸宏，高砂香料時報，No.150，高砂香料工業，P31（2004）
4) 川崎通昭ほか，におい物質の特性と分析・評価，フレグランスジャーナル，P208（2003）
5) 日本工業標準調査会，官能評価分析—用語（JIS Z 8144），日本規格協会（2004）
6) 池山豊，日本化粧品技術者会誌，**33**(1)，日本化粧品技術者会，P3（1999）
7) 川崎通昭ほか，におい物質の特性と分析・評価，フレグランスジャーナル，P97（2003）
8) 谷田貝光克ほか，香りの百科事典，丸善，P259（2005）
9) 斉藤尚人，各種事例から学ぶ官能評価，情報機構，P29（2008）
10) 中村祥二，日本香粧品科学会誌，日本香粧品科学会，**9**(4)，P231（1985）
11) 鈴木修二，油化学，日本油化学協会，**44**(4)，P274（1995）
12) 川崎通昭ほか，におい物質の特性と分析・評価，フレグランスジャーナル，P133（2003）
13) 武藤仁志ほか，第46回香料・テルペンおよび精油化学に関する討論会・国際精油シンポジウム合同大会講演要旨集，日本化学会，P4（2002）

第4章　ヘアケア製品

松江由香子＊

1　はじめに

　石鹸が製造され始めたばかりの時代には，泡立ちが良い・汚れが落ちるという基本的な性能が十分でなかったため，消費者は「良い」・「悪い」という機能の基準で製品を評価・選択していた。しかし，今では製品の性能が向上し消費者は製品間での性能の差を感じられなくなっているので，「好き」・「嫌い」という使用時の感情（嗜好性）が製品選択の一番重要な要素となっている。
　消費者は製品の「好き」・「嫌い」を瞬時に判断している。しかし，それを無意識のうちに行っているので，理由を聞かれても理路整然と説明することはできないものである。ベテランの開発担当者であれば，経験と勘で消費者の判断基準を推測して製品を開発することが可能であるが，主観的な判断でデータとして示すことができない。そこで，客観的に誰もが納得できるデータを提供する手段として官能評価は有用である。

2　官能評価

　官能評価とは，人間の感覚（視覚・聴覚・触覚・味覚・嗅覚）によって，製品の品質を判定する検査で，特に人の好みなど，機械では測定できない場合などに用いられる方法である。官能評価は大きく2つの型に分けることができる[1]。
　①　分析型：製品の性能の程度の評価
　②　嗜好型：製品の好き・嫌いの評価
　通常，製品開発時においては，分析型官能評価で製品が設計したとおりに完成していることを確認する，嗜好型官能評価で消費者が設計したとおりに感じていることを確認する，といった使い分けをしている。
　製品の性能を評価する方法として，測定機器を使った使用感の物理化学的評価方法も進歩はしているが，人間の官能の感度に勝る方法はない。特に「しっとり感」のように「すべり」「水分量」「重さ」「柔軟性」など複数の要素からなる使用感の評価は，まだまだ人間の官能に頼らざるをえ

＊　Yukako Matsue　クラシエホームプロダクツ㈱　ビューティケア研究所　研究員

ない。

3　官能評価が適したヘアケア製剤

全てのヘアケア製品において，官能評価を行うことはできるが，特に官能評価が適したヘアケア製剤としては，使用感評価に嗜好の影響が大きいシャンプー，リンス/コンディショナー，トリートメントがあげられる。一方，使用時にある程度の技術が必要で，その効果がはっきりしている，パーマ，ブリーチ，ヘアカラーなどの性能評価には官能評価よりも物理化学的な評価方法が適している。また，スプレー，フォーム，ローション，ジェル等のスタイリング剤は，「セット力」「持続力」などの物理化学的な評価が適した項目と，「伸び」「手触り感」などの官能評価が適した項目があるため，目的によって評価方法を使い分ける必要がある。

4　評価者の選択

官能評価の評価者のことを「パネル」と呼ぶ。特に分析型官能評価の評価者には，正確性・客観性・判断基準が必要となるため，経験と訓練が必要[2]であり「専門パネル」と呼ぶことが多い。専門パネルは2～10名程度で十分[3]である。パネルとしてプロの美容師に評価してもらうことも多いが，自分で製品を使って自分の毛髪を評価するのと，他人に製品を使って他人の毛髪を評価するのとでは評価が異なる場合もあるので注意が必要である。

一方，嗜好型官能評価のパネルには特別な訓練の必要はないが，対象製品の購入意欲があり，製品ターゲットの代表となりうる人を選択することが重要である。パネル数が多ければ多いほど精度は高くなるが，パネル数に比例して費用と作業量も増加するので，試験の目的に応じて適切なパネル数を決定する。一般的に，統計処理を行い有効なデータを得るためには，N＝30が最低数といわれている[4]。また，パネルの年齢，ヘアスタイルなどにより嗜好に差があると考えられる場合は，このようなグループに分けての検証が必要となり，各グループごとにN＝30が必要となってくる。いずれの場合も未回答や途中中止者を考慮してパネル数は少し多めに設定しておく。

5　評価方法

専門パネルの場合は，正確性・客観性・判断基準を持って評価できるようになるまで，数ヶ月程度の訓練を行い一定の方法で評価を行うので問題はないが，一般パネルの場合，何を知りたい

第4章 ヘアケア製品

のかに応じて，適切な方法で評価を行う必要がある。特に事前情報によって，同じサンプルでも評価結果が大きく変わってくるため注意を要する。

例えば，製品の性能だけを客観的に評価したい場合には，パネルには商品名を隠して一切の情報を与えずに評価を行い，製品のコンセプトと製品の性能が一致するかを知りたい場合には，パネルにはコンセプトだけを提示して評価を行う。また，商品としての実力が知りたい場合には，最終容器で，商品名・コンセプトなど全ての情報を提示して評価を行う。

実施方法としては，一つの製品だけを評価する絶対評価方法，複数の製品を一緒に評価する比較評価方法などを目的に合わせて使い分けている。

図1は，市販されているシャンプー，リンス6品を，白い容器に移し替えたとき（ブラインドテスト）と，市販されているのと同じ製品容器（オープンテスト）での2回，一般パネル（20～40代女性 172名）にて評価した際の官能評価結果である[5]。同じシャンプー，リンスを同一パネルで評価したにもかかわらず，ブラインド試験とオープン試験で評価が異なるという興味深い結果が得られた。これは，オープン試験では商品名が分かるため，販売価格，CMなどの商品イメージや，容器に記載されているベネフィット表示に影響を受けているため高評価になると考えられる。

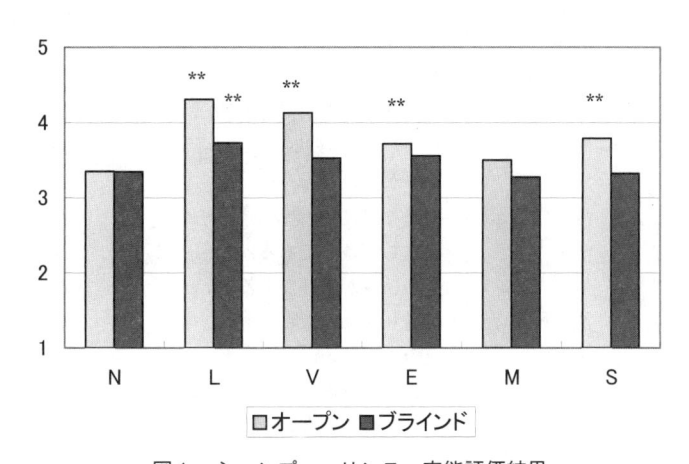

図1　シャンプー，リンス　官能評価結果
20～40代女性パネラー172名における平均値
市販のシャンプー，リンス使用試験後の好みを以下の基準で評価した。

好き	5点
やや好き	4点
どちらともいえない	3点
やや嫌い	2点
嫌い	1点

＊＊：1％有意（サンプルNとの比較）

6 評価の実施と結果の解析

評価項目を設定する際には，消費者が求める使用感を適切に表現している言葉を選択し使用しなければならない。そのうえ，消費者の好みと同様，使用感を表現する言葉も時代とともに変化

表1　シャンプー評価　重要度上位25語[6]

順位	場面	使用感を表す言葉	評点＊
1	すすぎ時	髪がきしむ/きしまない	2.78
2	洗髪中	香りが良い/悪い	2.74
3	すすぎ時	指がスムーズに通る/通らない	2.54
4	すすぎ時	指通りが滑らかである/ない	2.52
5	すすぎ時	指通りが良い/悪い	2.48
6	すすぎ時	手ぐし通りが良い/悪い	2.41
6	洗髪中	髪がきしむ/きしまない	2.41
8	洗髪中	手ぐし通りが良い/悪い	2.39
8	すすぎ時	髪が滑らかである/ない	2.39
8	すすぎ後	指がスムーズに通る/通らない	2.39
11	すすぎ後	髪がきしむ/きしまない	2.35
12	洗髪中	髪どうしが絡む/絡まない	2.32
12	洗髪中	泡立ちが良い/悪い	2.32
14	洗髪後	指通りが滑らかである/ない	2.26
14	洗髪中	香りが強い/弱い	2.26
16	すすぎ時	香りが良い/悪い	2.24
17	洗髪中	指通りが良い/悪い	2.22
17	洗髪中	泡立ちが豊かである/ない	2.22
17	すすぎ時	指のひっかかりがある/ない	2.22
17	洗髪後	指通りが良い/悪い	2.22
17	洗髪中	泡の量が多い/少ない	2.22
22	洗髪中	指通りが滑らかである/ない	2.20
23	洗髪後	手ぐし通りが良い/悪い	2.19
24	洗髪中	指がスムーズに通る/通らない	2.18
25	すすぎ時	すぐきしむ/きしまない	2.17
25	すすぎ後	香りが良い/悪い	2.17
25	すすぎ後	髪の手触りが良い/悪い	2.17

20代女性パネラー54名による平均値
＊各語について重要度のランク付けを以下の基準で行った。
　　洗髪中に使用感を表す言葉を経験し，とても重要である　　3点
　　洗髪中に使用感を表す言葉を経験し，重要である　　　　　2点
　　洗髪中に使用感を表す言葉を経験しているが重要ではない　1点
　　洗髪中に使用感を表す言葉の経験がない　　　　　　　　　0点

第4章 ヘアケア製品

していくので，雑誌やインターネットの書き込みなどを注意して見て使用感をあらわす言葉を収集していくことも大切である。三井ら[6]はシャンプーの性能評価報告や，専門誌，女性雑誌，グループインタビューなどから計210語を収集し，「洗髪中」，「すすぎ中」，「すすぎ後」の場面別に評価項目を分類し，各評価語がシャンプーの嗜好性に対する影響度について解析し，ランク付けを行っている。表1にその上位25語の一覧を示す。上位に出てくるのは「指どおり」や「香り」に関する言葉が多く，これらが重要な要素であることが分かる。

評価方法にはSD法（semantic differential：意味微分法）を用いることが多い。提示された試料について，様々な形容詞の対で構成された複数の評価尺度を用いて試料の印象を5段階もしくは7段階で評価する。図2に河野らが行った毛髪の官能評価シート（図2(a)）とその回答結果の例（図2(b)）を示す[7]。SD法での評価を行う際には，評価サンプル数，評価項目が多すぎると結果の精度が落ちるためアンケート用紙一枚に収まる程度にまとめるのが理想的である。

官能評価の結果を集計したのち，評価項目ごとに平均値を算出して代表値とする場合が多い。この数値はあくまでも代表値なので，統計解析の手法を用いて結果に差があるのかどうか検定を行い判断する。2つの平均値の差の検定を行う場合には一般的にt検定が用いられる。2つ以上の平均値の検定，あるいは，パネルの年齢とヘアスタイルの交互作用を検討する場合などには分散分析が用いられることが多い。これらのt検定や分散分析は，尺度の連続性，母集団の分布の形状など，統計的な前提のもとに行う検定であり，パラメトリック検定と呼ばれる。この前提に

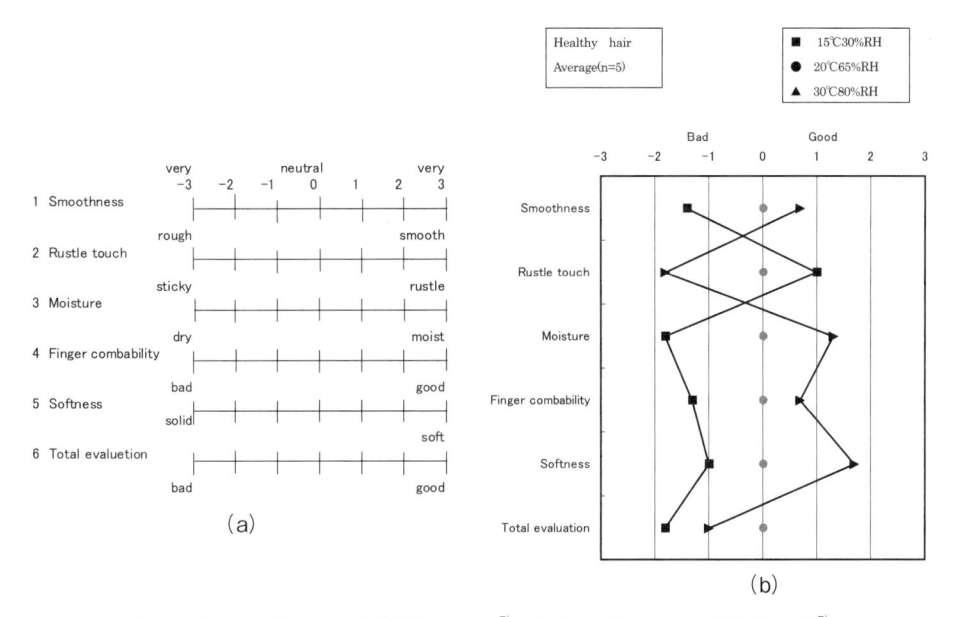

図2　(a) SD法による官能評価シート[7]，(b) SD法による官能評価の例[7]

第4編　使用感に関連する機器計測の実例

第1章 レオロジー特性

坂 貞徳[*]

1 はじめに

　化粧品に用いられるエマルションは，単に水，油及び乳化剤を混合したものではなく，通常，他に乳化剤，乳化助剤，ポリマー，粘土鉱物等の安定剤，保湿剤，有効成分など様々な成分から構成される。さらに，角層の保護や水分補給など皮膚の保湿を目的として，流動性のある乳液から半固体状のクリームまで様々な硬さ（粘性）の化粧品がある。その中で，クリームは極めて幅広い比率で水分と油分を補うことのできるスキンケア製品である。

　クリームには，メイク落としを目的としたクレンジングクリーム，保湿クリーム，化粧下地クリーム，マッサージクリームなど機能目的に合わせた様々なタイプがある。特に，マッサージクリームはコールドクリームといわれるように，油分量が多く使用性が重視されるため，経時的な変化に弱い。

　一般に，安定性を重視した処方にすればその使用性が悪くなり，逆に使用性を重視した処方にすれば安定性が悪くなる傾向にある。そのため，商品開発期間が長くなりがちである。そこで，安定性，使用性を同時に測定，評価する方法があれば，商品の開発期間は短縮されるといえる。

　一方，化粧品の使用性の評価には専門パネリストによる官能的評価が用いられる。また，菅沼[1]は，繊維製品，縫工程において応用されている，布地の感触・風合い測定機（KESシステム）を使った客観的に測定する方法を提案している。しかし，これらの方法から安定性の情報は得られない。他方，食品分野では舌ざわり，歯ごたえあるいは口あたりなど，食品の食感をレオロジー測定によって評価する方法が古くから確立されている[2]。ここではマッサージクリームの開発を目的として，2種のマッサージクリームをレオロジー測定により，クリームの構造から使用性について評価し，さらに安定性についても考察する。

＊ Sadanori Ban　日本メナード化粧品㈱　研究技術部門　第三部
　　　　　　　　基礎化粧品第三研究グループ　主幹研究員

2 マッサージクリームの粘性測定

今回測定する2種のマッサージクリームは，ポリマーを含む脂肪酸セッケン及び高級アルコール/界面活性剤を主体としたαゲル構造を有するクリーム（以下，クリーム1；油分量 35％）とポリマーに多量の油滴を分散させたクリーム（以下，クリーム2；油分量 50％弱）である。

まず，クリームに応力（回転）を与えてクリームの分散状態を評価する。せん断速度を徐々に上げていき一定時間保持した後せん断速度を下げていく方法（ヒステレシス測定）を用いる。ヒステレシス測定を行った結果を図1に示す。一般に，スラリーなどの分散系では，せん断速度を上げていくときにサンプル内での粒子間の構造（凝集など）があればその構造が壊れ，変曲点が表われる。次に，せん断速度を下げていくときにはすでに構造が壊れているため，粘度曲線が異なる（この場合は下がる）。この上げるときと下げるときのフロー曲線から得られる面積の差がチクソトロピー性，つまり内部構造の強さになる。したがって，面積が大きいほどチクソトロピー性が大きいということである。図1より，クリーム1及びクリーム2はいずれもチクソトロピー性を示し，クリーム1（3890.3）はクリーム2（1267.2）に比べて面積値が大きく内部構造が強いことがわかる。

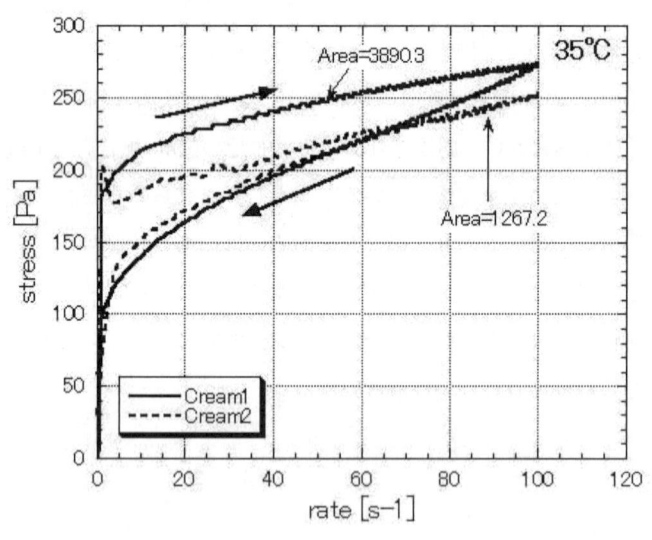

図1 マッサージクリームの流動曲線

第1章 レオロジー特性

3 マッサージクリームの動的粘弾性測定

次に，クリームの内部構造を破壊せずにクリームの粘性的性質と弾性的性質の大きさを測定する。ここではサンプルに回転を与えるのではなくセンサーを一定の角度で正弦振動させて応力を加える方法を用いる。そのときに与えた歪みと同位相の成分が弾性成分になり，歪みと位相が90°違う成分が粘性成分となる。弾性成分は材料（クリーム）が弾性体になるようにふるまう程度を示し，粘性成分は逆に理想流体のようにふるまう程度を示す。応力を2つの成分に分けることによって，材料の歪み依存性と歪み速度依存性を同時に測定できる。応力の弾性成分と粘性成分は，それぞれが応力と歪みの比（弾性率）として，材料の特性に直接関わる。すなわち，弾性成分対歪みの比は貯蔵（または弾性）弾性率G'，粘性成分対歪みの比は損失（または粘性）弾性率G''と呼ばれる[3]。これらの詳細は，レオロジーに関する書籍を参考にして頂きたい。

まず，歪み依存性について調べた結果を図2に示す。歪み依存性は材料の最大臨界歪みを求めるもので，この値を超えると材料は非線形となり弾性率は下向きになる（流動性を示す）。逆に，この値以下では一定の値を示し，材料は固体のようにふるまう（流動性を示さない）。図2より，クリーム1のG'値は徐々に減少し10％を超えるとさらに減少するのに対し，クリーム2では1％を超えるまでは一定の値を示しそれ以降はクリーム1と同じように減少する。このことは，クリーム1は流動性のあるクリームであり，クリーム2は1％を超えるまでは固体のようにふるまい，それ以降は流動性のあるクリームであることを示す。

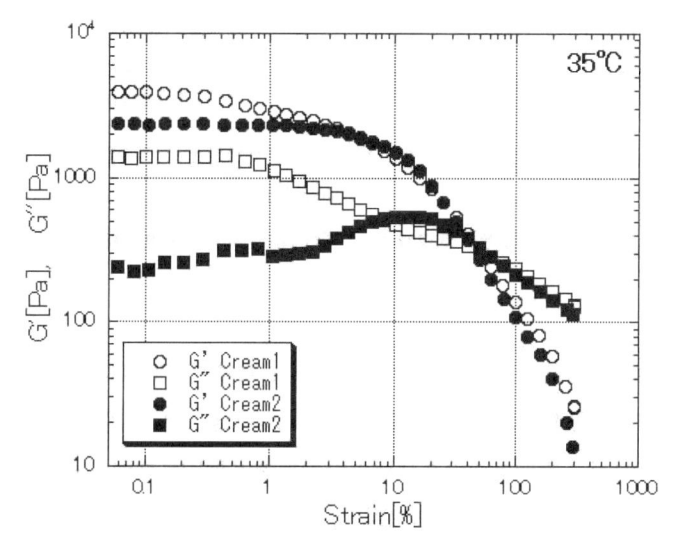

図2 マッサージクリームの貯蔵及び損失弾性率の歪み依存性

第2章　天然保湿因子・表皮水分量

大田理奈[*]

1　はじめに

　いつまでもみずみずしく，健やかな肌を保ちたいというのは年齢や性別を問わず誰しもの望みである。皮膚トラブルの原因は，加齢やストレスといった内的要因だけでなく，季節変化や紫外線による刺激といった外的要因によることが知られている[1,2]。また，アトピー性皮膚炎やアレルギー性鼻炎（花粉症）に伴う乾燥肌など生活環境や様式の変化といった外的要因に起因すると考えられる症例が顕著に増加しており，これら疾患を持つ皮膚は，水分量が低下していることも報告されている[3,4]。近年では，腎透析患者や糖尿病患者においても皮膚の水分量の低下が引き起こされることが報告されている[5~7]。皮膚の水分量を保つことは，保湿と言われる。保湿効果を訴求したスキンケア製品が店頭に多く並んでいることから，保湿の重要性が一般消費者にも十分に認知され，保湿に対する社会的関心や要請は，ますます高まっていると考えられる。

　皮膚は身体を構成する最大の器官であり，主に刺激への応答機能，環境へのセンサー，バリア機能などの役割を果たしている。その皮膚最外部に位置する角層は，厚さ20μm程度の組織で，角層の水分量は皮膚の状態を示す優れたパラメータである。角層は，表皮角化細胞が分化した角層細胞と細胞間に充満する細胞間脂質から構成される。角層の構造は，角層細胞をブロック，周りを取り囲むラメラ構造の細胞間脂質をモルタルと例えられる[8]。ブロックに相当する角層細胞の主成分はケラチン線維と線維間物質である。程よく水和を受けたケラチン線維は，角層の構造を作り，肌に柔軟性を与える。線維間物質は，天然保湿因子（NMF；Natural Moisturizing Factor）と呼ばれるアミノ酸やアミノ酸の誘導体であるピロリドンカルボン酸（PCA；Pyrrolidone Carboxylic Acid）を主成分とした水溶性成分であり，角層細胞の水分保持機能を担う。モルタルに相当する細胞間脂質は，ラメラ構造を形成し，角層のバリア機能を担う。ブロックを包みモルタルとの界面を形成するコーニファイドエンベロープ（角化皮厚膜）も角層のバリア機能に重要な役割を果たしていることが明らかにされてきた。皮脂線から分泌された脂質を主成分とする皮脂膜[9]も水分の蒸発防止機能に関与している。このように，角層の水分保持能力は，複数の要素が巧みに作用することで適正に保たれていると考えられる。

---

　*　Rina Oota　味の素㈱　アミノサイエンス研究所　機能製品研究部　香粧品研究室

第2章　天然保湿因子・表皮水分量

　本稿では，角層の水分保持機能という重要な役割を果たしているNMFについて，その研究の歴史，および我々の検討例を中心に分析方法を紹介したい。また，角層を含む表皮の水分量の機器評価方法について概説したい。

2　天然保湿因子（NMF）の研究の歴史と分析例

2.1　研究の歴史

　NMFと水分保持機能に関する研究は1950年代に始まっている。1952年，Blankは，足底の角層を剥がして乾燥させると硬くなり，油分を加えても温度を変化させても柔らかくならないが，水を加えることで柔らかさを回復すると報告し，角層中の水の重要性を示した[10]。その後，Jacobiが角層中の水溶性分子群をNMFと名付け[11]，角層中の水分量とNMFを対象として研究が盛んに行われるようになった。1955年から1957年にかけてSpierとPascherらは，複数の被験者の背中からテープストリッピング法により角層を採取し，水抽出した成分を詳細に分析することで，NMF組成を明らかにしている[12〜15]。彼らの報告は，皮膚・化粧品研究分野に大きな影響を与え，現在でも数多くの文献で引用されている。

　Spierらの研究から50年以上経過した現在においても，NMFと角層中の水分量の関係について多く報告されている。

　例えば，老人性乾皮症でのアミノ酸やPCAの角層中での存在量と角層水分量に相関関係があること[16,17]やアトピー性皮膚炎の角層中のアミノ酸量と角層水分量に相関関係があること[18,19]，またアレルギー性鼻炎（花粉症）に伴う乾燥肌でのアミノ酸が少ないことも報告[4]されている。

　最近では，中川らにより，アミノ酸類だけでなく乳酸とカリウムイオンが保湿機能に重要な役割を果たす[20]ことが報告されているように，NMFの機能や作用機序に関してはまだ解明されていない部分も多い。

2.2　NMF分析方法の概説

　NMFの採取には，カップ法，テープストリッピング法がよく用いられる。

　カップ法は，被験部位に水溶液を入れたカップを押し当て，NMFを抽出する方法である。角層を傷つけることなく，簡便にNMFを抽出することができる。水溶液の種類を界面活性剤水溶液に変更することで，各界面活性剤の濃度や種類によるNMFの溶出力を調べるなど，化粧品原料などの評価にも応用されている。

　テープストリッピング法は，被験部位に押し当てた粘着テープで角層を採取し，剥離した角層から水溶液にNMFを抽出する方法である。角層中の油溶性成分やテープの粘着剤など不要物を

除去する必要があるが，採取された角層からNMFを確実に抽出でき，深さ方向の考察なども可能である。

　抽出されたNMFの定量分析には，一般に高速クロマトグラフィー（HPLC；High Performance Liquid Chromatography）が用いられる。NMFは化学的特性の異なる分子群であり，目的とする分子，感度，再現性などに応じ，分離・検出方法を選択する必要がある。最近では，分析の高感度化および分析時間の短時間化が進んでおり，高速アミノ酸分析機や液体クロマトグラフ-タンデム質量分析（LC-MS/MS），超高速液体クロマトグラフィーを利用したアミノ酸等の一斉分析など分析方法の開発も盛んに行われている。個々の分析方法については成書を参考にしてほしい。

2.3　NMFの具体的な分析例[21]

　本項では，実際に我々が実施したNMFの分析方法について紹介したい。本検討では，角層の深さとNMF組成の関係を明らかにすることを目的とし，テープストリッピング法を用いた。検討を行う前に被験者の汗の影響を除去するため，各被験部位を水道水で洗浄後，角層を採取した（3cm×3cm，同一ヶ所5回剥離）。

　図1にテープストリッピング法により，採取した角層からのNMFの抽出手順の概略を示した。すなわち，角層の付着したテープから，2.5mlのジエチルエーテルにてテープの粘着剤を取り除き，少量の水にて水溶性成分を抽出し，20種のアミノ酸，ピロリドンカルボン酸，乳酸，ウロカニン酸，尿素，ナトリウムイオン，カリウムイオン，マグネシウムイオン，カルシウムイオン，塩化物イオンの定量分析を行った。各種成分の分離法と検出法を表1に示した。その一例として，図2に陽イオン交換カラムにて分離後，電気化学検出器にて検出を行った20種のアミノ酸のクロ

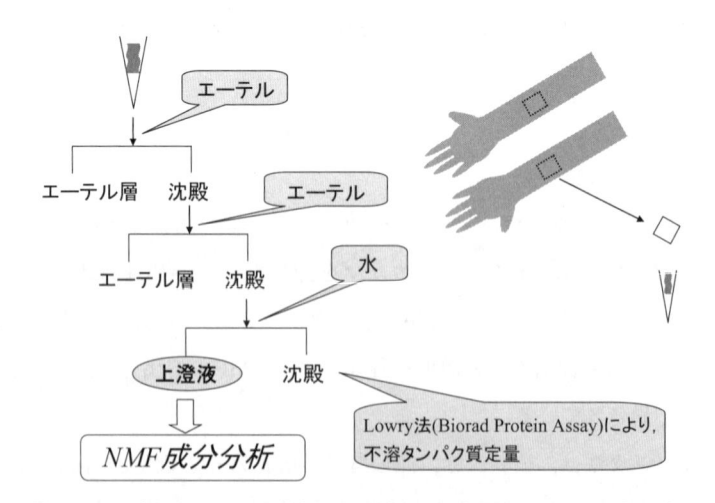

図1　テープストリッピング法により採取した角層からのNMF抽出手順

第2章 天然保湿因子・表皮水分量

表1 各種NMFの分離法と検出法

	分離法					検出法			
	逆相	カチオン交換	アニオン交換	キャピラリー電気泳動	過酸化水素処理	電気化学	電気伝導度	直接UV	Lowry法
アミノ酸			○			○			
有機酸				○				○	
尿素（誘導体）	○							○	
無機カチオン		○					○		
無機アニオン			○				○		
不溶タンパク質					○				○

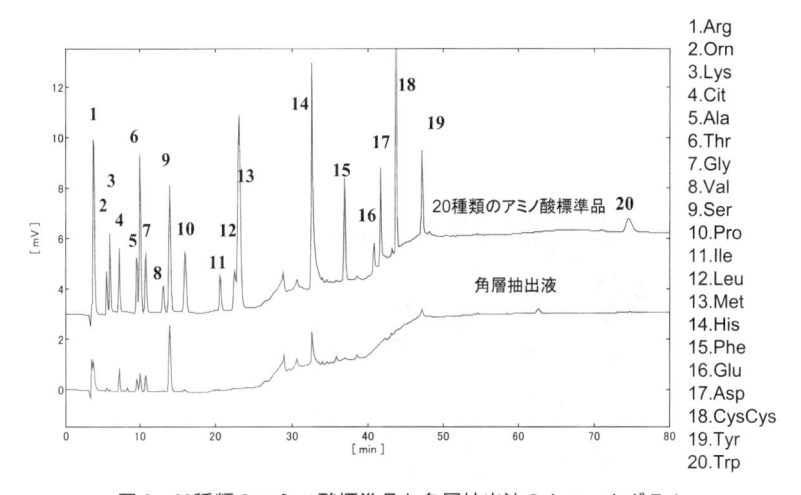

図2 20種類のアミノ酸標準品と角層抽出液のクロマトグラム

1. Arg
2. Orn
3. Lys
4. Cit
5. Ala
6. Thr
7. Gly
8. Val
9. Ser
10. Pro
11. Ile
12. Leu
13. Met
14. His
15. Phe
16. Glu
17. Asp
18. CysCys
19. Tyr
20. Trp

マトグラムを示した。テープストリッピングにより剥離される角層の量は一定ではないので，こうして得られた各角層のNMFの定量結果を別に測定した不溶タンパク質含量で規格化した。

図3，4にテープストリッピング1～5枚までの角層中のNMF含量および組成変化を示した。図3から明らかなように，検出されたNMF量は深層ほど多かった。これは，今回汗の影響を除去するために実施した予備洗浄により，NMFが流出したためと推察している。この予備洗浄は，程度の違いはあるものの，通常の生活におけるシャワーや身体洗浄に相当すると考えられ，これらの行為により表層中のNMFは流出することが示唆された。また，図4からアミノ酸およびPCAの組成比率が深層ほど高くなる一方，尿素，塩化ナトリウムの含有率は，1枚目が高く，徐々に低下する傾向が観察された。

図5にテープストリッピング1～5枚までの平均NMF組成と過去のSpierらにより報告されたNMF組成を示した。被験部位，人種，性別，季節などの影響を大きく受けると予想されたが，

3.2.5　時間領域反射法（TDR；Time Domain Reflectometry）[34]

マイクロ波を用いて，誘電緩和を測定することにより角層中の自由水濃度を求める方法である。測定深度は，表皮から20〜200μm程度であり，電極の太さを変えることで，計測深さが変えられるという特徴がある。今後，臨床結果との相関性など，さらなるデータの蓄積が必要であると考えられる。

4　おわりに

本稿では，天然保湿因子（NMF），および角層を含む表皮の水分量の機器評価方法について紹介してきた。冒頭でも述べたように，角層の水分保持機能にはNMF以外にも，皮脂膜および細胞間脂質など，他の要素が総合的に作用し，機能を果たしている。他の要素については，他章を参考にしてほしい。

角層の水分保持機能や作用機序に関してはまだ解明されていない部分が多い。今後，科学的根拠に基づいたスキンケアによって，健常人のQOLを高めるだけでなく，乾皮症，アトピー性皮膚炎，アレルギー性鼻炎（花粉症）に伴う乾燥肌など皮膚障害の予防や改善に役立てることを期待している。

文　　献

1) R.O. Potts, E.M. Buras, D.A. Chrisman, *J. Invest. Dermatol.*, **82**, 97-100 (1984)
2) A. Aioi, M. Okuda, M. Matsui, H. Tonogaito and K. Hamada, *J. Dermatol. Sci.*, **25**, 189-197 (2001)
3) Y. Werner, *Acta. Derm. Venereol.* (*Stockh*)., **66**, 281-284 (1986)
4) M. Tanaka, M. Okuda, Y.X. Zhen, N. Inamura, T. Kitano, S. Shirai, K. Sakamoto, T. Inamura, H. Tagami, *Br. J. Dermatol.*, **139**, 618-621 (1998)
5) C.A. Morton et al., *Nephrol. Dial. Transplant.*, **11**, 2031 (1996)
6) A. Kato et al., *Am. J. Nephrol.*, **20**, 437 (2000)
7) S. Sakai et al., *Br. J. Dermatol.*, **153**, 319 (2005)
8) P.M. Elias and D.S. Friends, *J. Cell. Biol.*, **65**, 180-190 (1975)
9) D.T. Downing, J.S. Strauss and P.E. Pochi, *J. Invest. Dermatol.*, **53**, 322-327 (1969)
10) I.H. Blank, *J. Invest. Dermatol.*, **18**, 433-440 (1952)
11) O.K. Jacobi, *Proc. Sci. Sect. TGA*, **31**, 22-24 (1955)

12) H.W. Spier et al., *Arch. f. Dermat. & Syph.*, **199**, 411-427 (1955)
13) G. Pascher, Arch. Klin and Exptl, *Dermat.*, **203**, 234-238 (1966)
14) G. Pascher, Arch. Klin and Exptl, *Dermat.*, **204**, 140-150 (1967)
15) Spier et al., *Hautarzt*, **7**(2), 55-60 (1956)
16) I. Horii, Y. Nakayama et al., *Br. J. Dermatol.*, **121**, 587-592 (1989)
17) 小山純一, 川崎清, 堀井和泉, 中山靖久, 森川良広, *J. Soc. Cosmet. Chem. Jpn.*, **16**, 119-124 (1983)
18) M. Watanabe, H. Tagami, I. Horii, M. Takahashi, A.M. Kligman, *Arch. Dermatol.*, **127**, 1689-1692 (1991)
19) 高橋元次, 日本香粧品科学会誌, **21**, 50 (1997)
20) N. Nakagawa et al., *J. Investigative. Dermatology.*, **122**, 3 (2004)
21) 大田理奈ほか, バイオインダストリー, **9**, 31-37 (2005)
22) 田上八郎, 大井正俊, 山田瑞穂, 日皮会誌, **90**, 445-447 (1980)
23) A.O. Barel, P. Clarys, Handbook of non-invasive methods and the skin, p165-170, CRC Press (1995)
24) P.J. Caspers, G.W. Lucassen, E.A. Carter, H.A. Bruining, G.J. Puppels, *J. Invest. Dermatol.*, **116**, 434-442 (2001)
25) M. Egawa, T. Hirano, M. Takahashi, *Acta. Derm. Venereol.*, **87**, 4-8 (2007)
26) 高橋元次, *Drug Delivery System.*, **22**(4), 433-441 (2007)
27) S.L. Zhang, P.J. Caspers, G.J. Puppels, *Microsc. Microanal*, **11**(suppl 2), 79-791 (2005)
28) P.J. Caspers, A.C. Williams, E.A. Carter, H.G.M. Edwards, B.W. Barry et al., *Pharmaceutical. Research*, **19**, 1577-1580 (2002)
29) A. Triebskorn, M. Gllor, F. Greiner, *Dermatologica*, **167**, 64-69 (1983)
30) J. Rigal, M.J. Losch, R. Bazin, C. Camus, C. Sturelle, V. Descamps, J.L. Leveque, *J. Soc. Cosmet. Chem.*, **44**, 197-209 (1993)
31) Y.A. Woo, J.W. Ahn, I.K. Chun, H.Y. Kim, *Anal. Chem.*, **73**, 4964-4971 (2001)
32) M. Egawa, H. Arimoto, T. Hirano, M. Takahashi, Y. Ozaki, *Appl. Spectrosc.*, **60**, 24-28 (2006)
33) B. Querleux et al., *Skin. Parmacol*, **7**, 210-216 (1994)
34) S. Naito et al., *Analytical. Biochemistry*, **251**, 163-172 (1997)

第3章　バリア機能の測定と評価方法

桜井哲人*

1　角層について

1.1　角層の役割

　皮膚は様々な外的刺激からからだを守るとともに，内側の水分の蒸発を防ぐバリア機能を有している。皮膚の最外層に位置する角層は，このバリア機能の主役となり，さらに水分を保持することで，皮膚のしなやかさを保つといった重要な役割を担っている[1]。しかし，角層の形成が不全であると，皮膚のバリア機能，水分保持機能は低下し，乾燥，落屑，鱗屑等の症状が認められる。すなわち，みずみずしく，しっとりした美しく健やかな皮膚は，角層が正常に形成されているといえる。

1.2　角層の構造

　角層はその大半が角層細胞と細胞間脂質により構成される。角層細胞は，基底細胞層から分裂と分化を繰り返しながら，上層に向かい，やがて顆粒層直下で，角化という大きな変化を起こして，角層を形成する。このとき，核や細胞内小器官は急速に消失し，細胞質はケラチン線維で満たされケラチンパターンを形成する。また，細胞膜の内側には，細胞辺縁帯（コーニファイドセルエンヴェロープ）と呼ばれる強靭な細胞膜の裏打ち構造がつくられる。さらに細胞間は層板顆粒に由来する脂質，細胞間脂質でみたされ，結果としてラップのようなシート構造を形成する。

　このように角層は単なる死滅した表皮細胞の重層堆積物ではなく，精緻な層状構造を駆使して，生体防御や恒常性を維持している[2]。

1.3　角層の構造を指標としたバリア機能の評価について

　層板顆粒は，顆粒層から角層細胞間に押し出され，角層細胞間資質を供給するが，皮脂由来の脂質がスクワレン，遊離脂肪酸，ワックスエステル，トリグリセリドなどであるのに対し，角層細胞間脂質は，コレステロール類，脂肪酸，セラミドなどで組成され，図1に示すとおり，脂質

＊　Tetsuhito Sakurai　㈱ファンケル　総合研究所　化粧品研究所　化粧品評価グループ　グループマネージャー

第3章 バリア機能の測定と評価方法

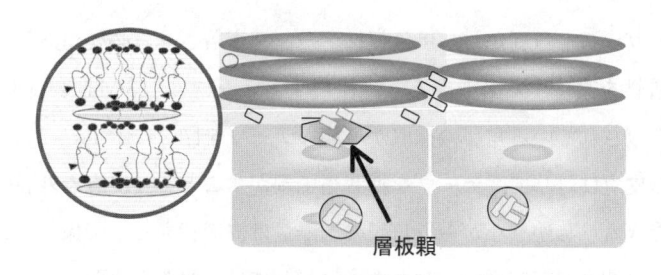

図1 角層細胞間脂質の脂質二分子膜

二分子膜でラメラ液晶構造を形成している。角層には約30％の水分が存在することが知られているが、この水分の約3分の1は角層細胞間脂質のラメラ液晶構造によって保持されている。さらに、角層細胞間脂質成分と水で構成されるラメラ液晶構造と角層水分量およびバリア機能の関係は深いとされている。すなわち、皮膚の保湿性およびバリア機能の評価指標として、剥離角層を用いて角層細胞間脂質のラメラ構造を評価することの意義は大きく、さらに非侵襲でラメラ液晶の"像"を得られることから、角層水分量測定で汎用される皮膚コンダクタンス、バリア機能測定で汎用される経皮水分蒸散量等の数値測定で得られない情報が得られる。

また、角層細胞の形態は、細胞の増殖、分化の過程が反映されることがわかってきており、アトピー性皮膚炎に代表されるターンオーバー亢進に伴って極度にバリア機能が低下した皮膚では、剥離された角層細胞の細胞内を構成するケラチン線維の凝集状態がより密に[3]、一方、加齢に伴うターンオーバーの停滞に伴って角層肥厚した皮膚では、ケラチン線維の凝集状態が疎になることが知られており、このタンパクの凝集に関連して、角層細胞の透明度を観察することは、皮膚の加齢や、極度のバリア機能低下の指標として意義が深い。

2 剥離角層によるバリア機能の評価法

2.1 剥離法と装置構成

2.1.1 角層の剥離方法

細胞間脂質のラメラ構造および角層細胞の透明度を精度高く観察するためには、剥離により接着した細胞と黒色背景部分の密着性が高い方がよい。市販品としては、モリテックス社製の角層採取用テープ、D-SQUAMEなどがあり、接着部位を被検部位に当てることで角層細胞を採取できる。また、HE染色、フォンタナマッソン染色、DACM染色などの染色処理により別の観点からも評価できればより好ましいため、この場合、スライドガラス上に透明性のある両面テープを貼りつけ、被検部位に当てて角層を採取する方法を用いる。この方法の場合は、角層が付着した

テープをスライドガラスから剥がし，黒色板にテープを密着させる必要がある。このとき，テープと黒色板の密着性を高くする必要があり，使用するテープは，3M社製SCOTCH^{TM}両面テープが好ましい。市販されている角層の採取が可能なテープを図2に示す。

観察対象となる皮膚に対して，テープを押し当て剥がすことで，皮膚最外層の角層を1～5層剥離することができる。しかしながら，角層の剥離量は皮膚状態とも関係しており，アトピー性皮膚炎などのバリア機能が極度に低下した皮膚に対しては，接着力の弱いテープを用いることが好ましい。採取面積（テープの大きさ）については，被験者の負担を軽減するためにも2cm×2cm程度が好ましい。

日焼け止めの紫外線散乱剤，メイクに配合されているパール粉体，顔料は，図3に示すとおり，可視光を反射・吸収するために，正確な観察ができない。基本的には洗顔後の素肌の状態で角層を採取する必要がある。また，剥離角層の細胞間脂質ラメラ構造は，図4に示すとおり，10日後で一部消失してきており，剥離1，2日以内に観察することが好ましい。

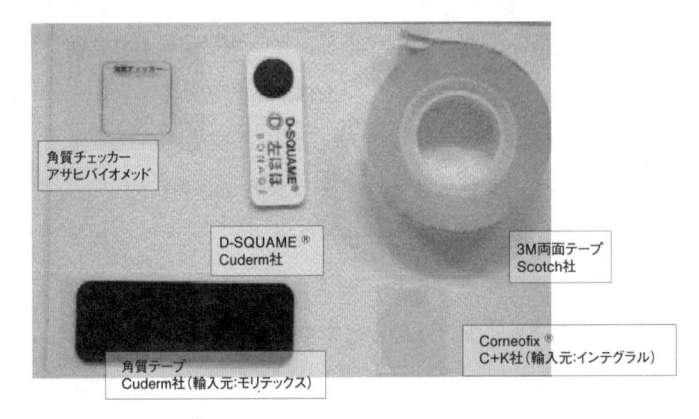

図2　角層剥離に使用されるテープ

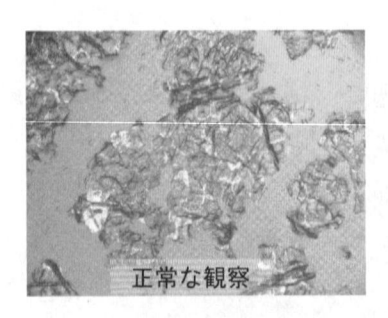

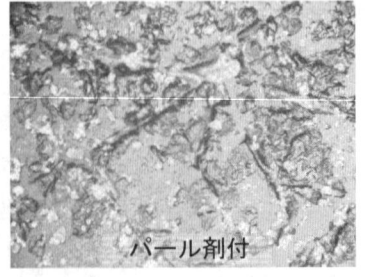

図3　角層剥離における化粧品（メイクなど）の影響

第3章　バリア機能の測定と評価方法

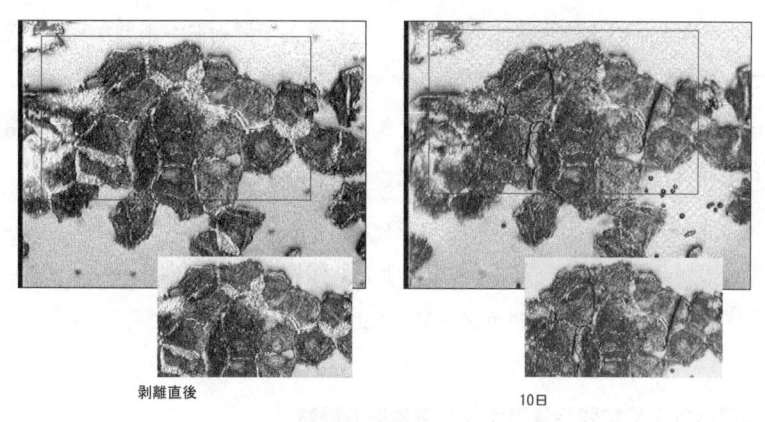

剥離直後　　　　　　　　　　　　10日

図4　10日間経過後の剥離角層像

2.1.2　測定装置

　角層細胞間脂質のラメラ構造および角層細胞の透明度を観察する方法としては，テープストリッピングにより剥離した角層を高解像度ビデオマイクロスコープで観察する方法，皮膚剥離切片をパラフィン固定して走査型電子顕微鏡で観察する方法がある。ここでは，簡便かつ非侵襲の高解像度ビデオマイクロスコープを用いる方法を述べる。高解像度ビデオマイクロスコープの種類は限定しないが，光源，レンズ，CCDカメラが一体になった顕微鏡タイプがよい。特に，照射光源の種類および照射方法，CCDカメラの選定が重要になる。

　照射光源は，ハロゲンランプ，キセノンランプ，LED等があるが，強度と安全性の観点から

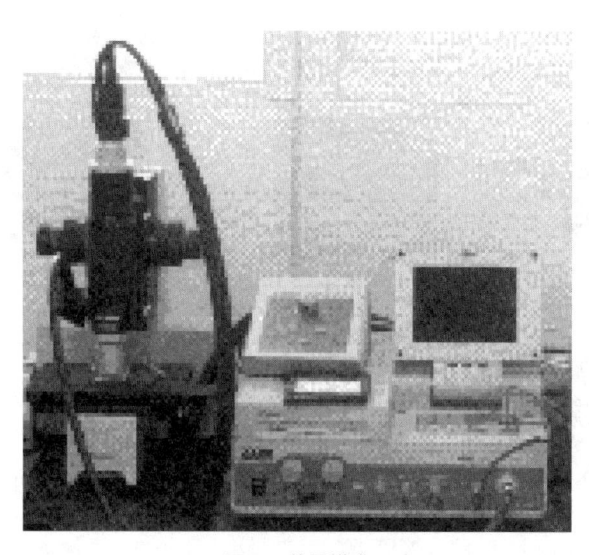

図5　装置構成

ハロゲンランプが好ましい。被写体に対しては，同軸落射で照射し，不要な乱反射光が強調されると観察しにくくなるため，エッジ処理はしない方が鮮明な画像が得られる。

　CCDカメラは，数十μmという角層細胞の大きさを考えて，数十個の角層細胞を観察するためには，対物で500倍程度のレンズ倍率が必要になる。500倍のレンズ倍率であれば，41万画素のCCDカメラでも十分に評価できる画像が得られるが，より詳細な観察を行う場合には，3000倍程度のレンズ倍率が必要になり，150万画素以上の解像度を有するCCDカメラが必要と考える。ここでは，キーエンス社高精度CCDカメラVH-6300装置構成を図5に示す。

2.2　剥離角層の角層細胞間脂質のラメラ液晶構造観察
2.2.1　主観的評価と客観的評価

　ラメラ液晶構造の"像"の数値化には，主観的評価の方法として，目視によるスコア化，客観的評価として，画像解析により面積を計算する方法が用いられる。

　目視によるスコア化は，信頼性が高いが，再現性を得にくいので，絶対的評価，具体的には，測定対象者の肌タイプを分類するときに適している。目視によるラメラ液晶構造の状態を図6に示す基準で，5段階でスコア化する方法を用いた。以下，本手法により判定したスコアをLMIと表記する。

　画像解析による評価は，グレー化画像に変換した後の閾値の設定に大きく依存するために，閾値の設定を像ごとに全体像から相対的に設定すれば，再現性は高いが，非常に時間を要する。したがって，相対的評価，具体的には，外用剤による細胞間脂質のラメラ構造の構築を促進する成分の有効性を評価するときに適している。画像解析で用いるソフトはグレー画像化と閾値の設定

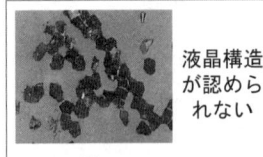

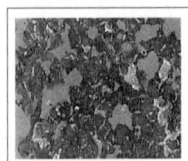

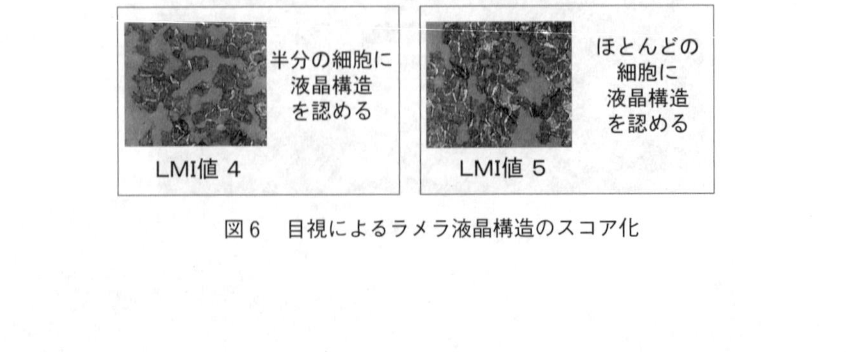

図6　目視によるラメラ液晶構造のスコア化

第3章 バリア機能の測定と評価方法

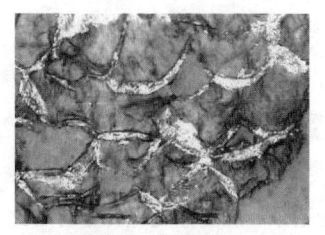

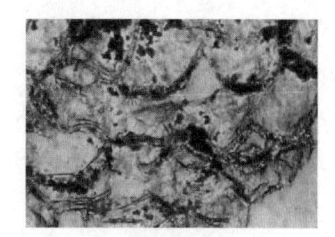

抽出前（二値化）　　　　　　　　　　　抽出画像
図7　画像解析ソフトによるラメラ液晶構造部分の抽出

および抽出が可能なソフトであれば，限定しない。図7に三谷商事社製WinRoofで画像処理をしたときのラメラ液晶像部分の数値化した写真を示す[4]。

2.2.2　観察視野によるばらつき

　角層細胞間脂質の観察倍率は500倍から3000倍であるが，皮膚表面のスケールで考えると観察部位はかなり限定されてくる。つまり，観察視野範囲（200μm×200μm）の角層ラメラ液晶像が採取部位（2cm×2cm）の角層ラメラ液晶像を反映しているか考慮しなければならない。複数の箇所を撮影して，総合的に評価するか，画像解析による平均値を算出することが必要になる。ここで，被験者2名の上腕内側の角層ラメラ液晶像（1000倍）を各々無作為に9箇所撮影し，3箇所の細胞数あたり画像解析によるラメラ液晶構造総面積値の平均値を比較したデータを図8に示す。被験者Aにおいては，同一箇所内および3箇所のばらつきも少なく，1箇所の撮影で信頼性の高いデータを得ることができる。被験者Bにおいては，同一箇所内および3箇所のばらつきが大きく，1箇所の撮影では，細胞ごとのラメラ液晶像の違いが大きいため信頼性の高いデータを得ることは難しい。すなわち，画像解析による数値化においては，細胞間のばらつきが大きいときは，複数の箇所を観察し，平均的なラメラ液晶像を加味した上で平均値を算出する，もし

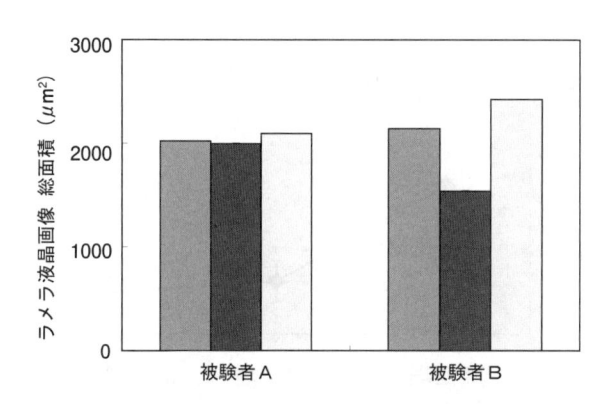

図8　観察視野内のラメラ液晶構造像のばらつき

くは低倍率の撮影を行うことが必要となる。

2.2.3 ラメラ液晶構造の同定

　キーエンス社高精度CCDカメラVH-6300で観察できる角層細胞間の液晶構造がラメラ液晶構造と同定するため，まず，前腕内側部にアセトン/エーテル＝1/1混液で1分，5分処理した後の角層をテープストリッピングで採取し，液晶構造の状態を無処理の場合と比較した。結果，図9に示すようにアセトン/エーテル混液浸漬1分，5分後の液晶構造の消失が認められる。画像解析により液晶部分を抽出して算出した液晶総面積（以下LMS）で，1分，5分処理後のLMSを評価した結果を，図10に示す。1分，5分処理により肌荒れの指標であるTWL（Transepidermal Water Loss）の増加とともにLMSが減少し，有機溶剤により人為的に作成した前腕内側部の経時的な肌荒れ状態が，テープストリッピングにより得られた液晶像の消失状態と対応している[5]。5分後の再現性がやや低いのは，有機溶剤処理により角層剥離量が増大したためと考える。続いて，無処理の前腕内側部の角層をテープストリッピングで採取した後，アセトン/エーテル＝1/1混液を滴下し，液晶状態を観察した。図11に示すようにアセトン/エタノ

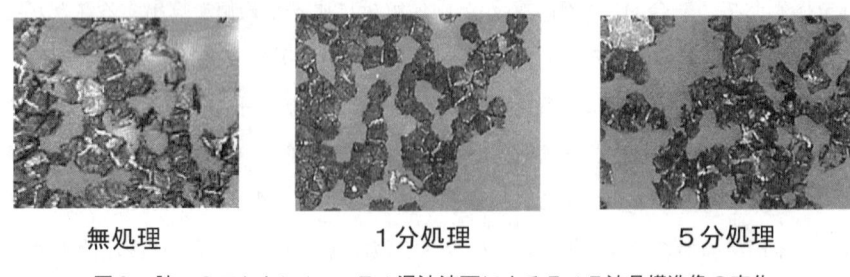

無処理　　　　　　1分処理　　　　　　5分処理

図9　腕へのアセトン/エーテル混液滴下によるラメラ液晶構造像の変化

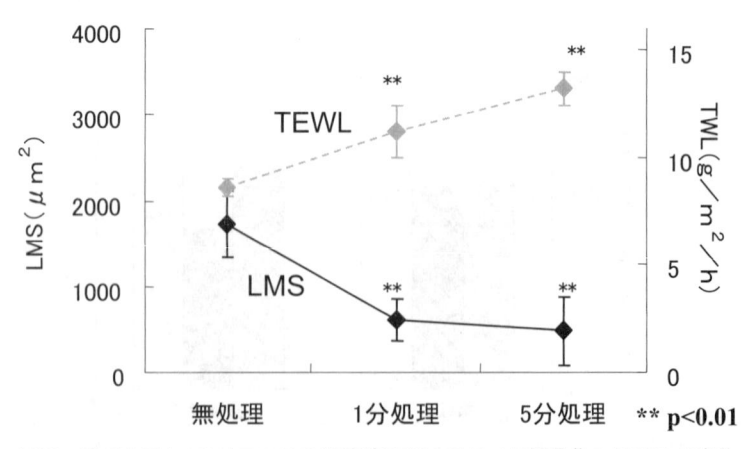

図10　腕でのアセトン/エーテル混液滴下によるラメラ液晶像とTEWLの変化　　$**\ p<0.01$

第3章　バリア機能の測定と評価方法

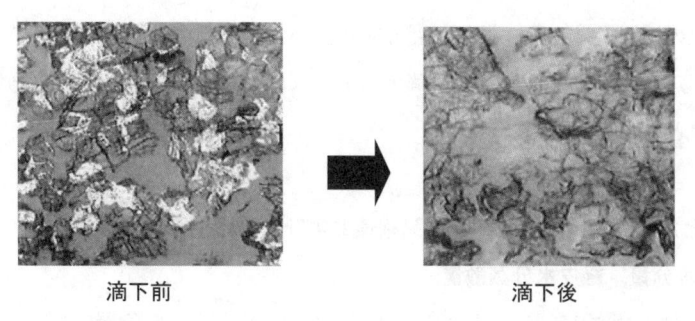

滴下前　　　　　　　　　　　滴下後

図11　テープへのアセトン／エーテル混液滴下によるラメラ液晶構造像の変化

ール混液滴下3分で完全な液晶構造の消失を認めた。また，この混液で抽出した脂質をGC分析した結果，皮脂腺由来であるスクワレンは検出されなかったが，脂腺由来であるコレステロールは検出された（$12.8 \pm 9.8 \mu g/20 cm^2$）。つまり，得られた液晶像が表皮由来脂質から構成されていることを示しており，本手法により得られた画像が角層の細胞間脂質から構成されるラメラ液晶構造であると判断できる。

2.3　角層細胞の透明度評価―客観的評価

キーエンス社高精度CCDカメラVH-6300で撮影した角層細胞の透明度の評価は画像解析法を用いる。二値化した角層細胞画像の輝度分布を256階調で表示したものを図12に示す。輝度分布

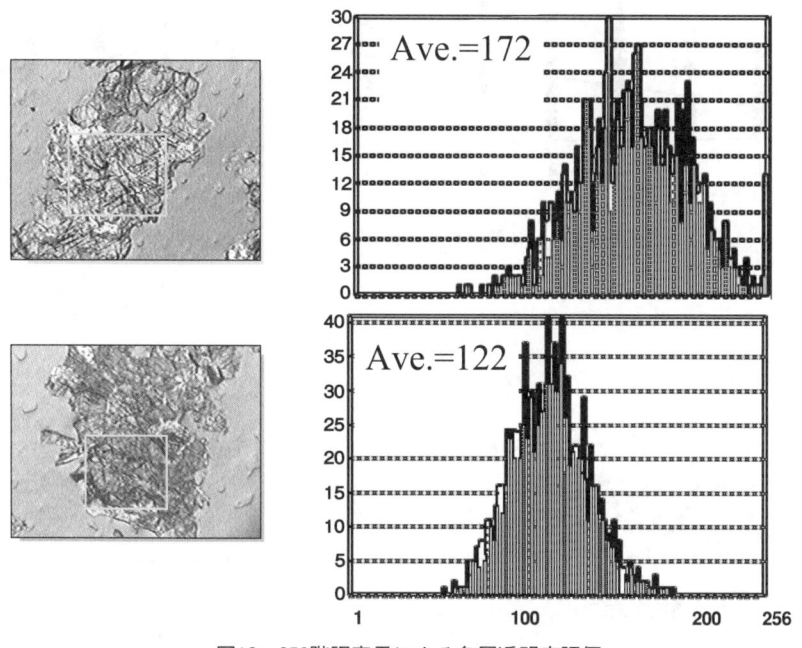

図12　256階調表示による角層透明度評価

が高い角層細胞の透明度は高く，逆に輝度分布が低い角層細胞の透明度は低いことがわかる。したがって，角層透明度の数値化は，画像解析により求めた角層細胞の輝度の平均値を算出し，角層透明度スコアとして評価した。

2.4 肌状態と角層細胞間脂質ラメラ液晶構造および角層透明度の関連性
2.4.1 角層水分量，経皮水分蒸散量

10代から60代健常女性150名に対して，洗顔20分後の頬部から角層を採取し，角層水分量（SKCON-200EX，IBS社）および経皮水分蒸散量（TM-210，C+K Electronic Gmbh社）の測定結果とLMI，角層透明度スコアとの関連性について検討した。

・LMI

　角層水分量と統計的に有意な正の相関，経皮水分蒸散量と統計的有意な負の相関（図13）を示した。

・角層透明度スコア

　角層水分量と有意な相関はなく，透明度スコアの高い女性では個人差が大きく，その中でも

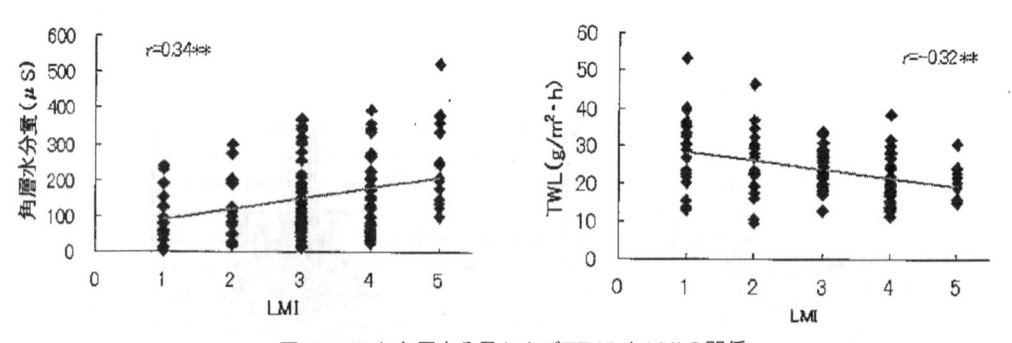

図13　LMIと角層水分量およびTEWLとLMIの関係

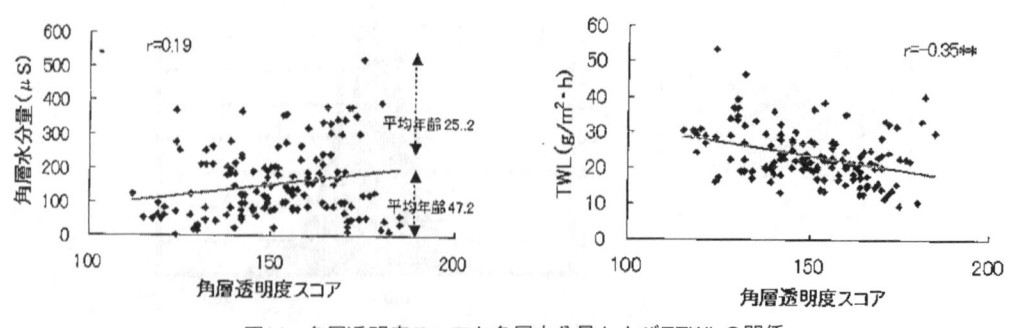

図14　角層透明度スコアと角層水分量およびTEWLの関係

第3章 バリア機能の測定と評価方法

角層水分量の低い群の平均年齢が高い傾向にあった。経皮水分量は有意な負の相関を示した（図14）。この結果は，高い年齢の皮膚乾燥がバリア機能の低下に起因していないことを示唆している[6]。

2.4.2 アトピー性皮膚炎の角層細胞間脂質ラメラ液晶構造と角層細胞透明度

24歳のアトピー性皮膚炎，健常者の角層像を図15に示す。アトピー性皮膚炎の角層細胞間脂質のラメラ液晶構造は健常者と比較して顕著に少なく，アトピー性皮膚炎の角層における細胞間脂質の減少を示した種々のデータと対応している[7]。また，ここでは判別できないが，観察された液晶を構成する"色"についても興味深い結果を得ている。健常者の液晶像は，赤−青−黄 がバランスよく観察できるが，アトピー性皮膚炎患者では，黄−白に偏った状態で観察され，表皮脂質組成あるいは液晶構造の安定度が寄与していることが予測される。今後，詳細を検討していく必要がある。アトピー性皮膚炎の角層透明度は顕著に低く，アトピー性皮膚炎の角層における角化異常過程に対応する。

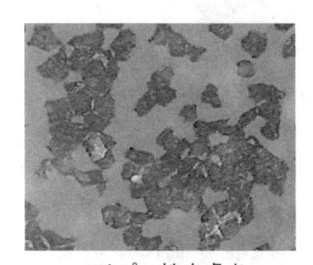

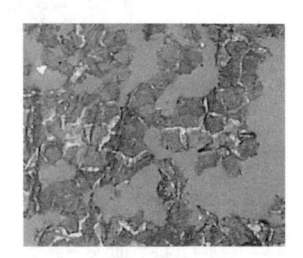

　　　アトピー性皮膚炎　　　　　　　　健常者

図15　アトピー性皮膚炎と健常者の剥離角層像

2.4.3 紫外線照射後の角層細胞間脂質ラメラ液晶構造と角層細胞透明度

30代の健常者の上腕内側部に1.0MEDの紫外線を照射したときの，照射前と照射2日後に採取した角層微細構造の写真を図16に示す。アトピー性皮膚炎のときとは異なり，角層細胞間脂質のラメラ液晶構造の減少は認められるが，角層の透明性は紫外線照射前と差がないことがわかる。

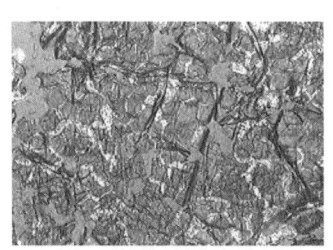

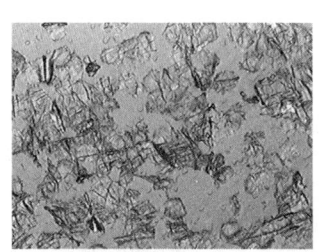

　　　照射前　　　　　　　　照射2日後

図16　紫外線照射前と2日後の剥離角層像

3 バリア機能への有効性が期待されるスキンケアの評価

　角層細胞間脂質のラメラ構造の形成を促進する効果のあるラフィノースを0.3%配合した化粧水とコントロールとして無配合の化粧水を上腕内側部に1日2回6日間連続使用し、剥離角層の細胞間脂質ラメラ液晶構造の変化を画像解析法（全角層細胞中のラメラ構造液晶の割合＝ラメラ構造液晶率）により評価した。結果を図17に示す。ラフィノース配合化粧水の6日後の剥離角層のラメラ構造液晶率は、コントロールと比較して、有意に高かった[8]。

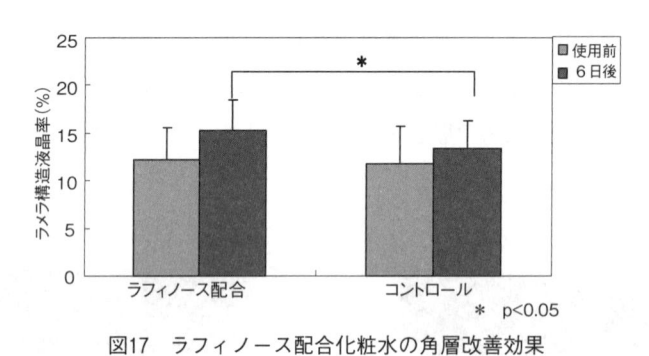

図17　ラフィノース配合化粧水の角層改善効果

4 今後の角層構造評価を指標としたバリア機能評価について

　近年の光学技術の目覚しい進歩により、従来の光学顕微鏡では可視化できなかった剥離角層の構造観察が、より微細な構造まだ観察することが可能となり、将来的には、CCDカメラの解像度や情報処理速度の向上による撮像技術の向上で、視野部位はより深部にまで及び、表皮層上層における顆粒細胞内のラメラ顆粒を代表とする微細構造の観察も可能にするかもしれない。また、より微細な深さ情報の撮影画像の三次元構築が可能なCCDカメラ装置も上市され、剥離した角層構造においても深さ方向の情報がえられる。つまり、剥離角層の重層状態に対応した角層微細構造の観察が可能になり、たとえば細胞間脂質のラメラ液晶構造の形成過程と角化過程の関係について評価も可能になる。これらの新技術の導入は、いまだ完全とはいえない角層機能の解明に大きく寄与すると考える。

第3章　バリア機能の測定と評価方法

文　　献

1) A.M. Kligman, "The Epidermis", *Academic Press*, 387（1964）
2) 漆畑修ほか，皮膚科診療プラクティス，日本美容皮膚科学会，11-20（1999）
3) 石井正子ほか，角層検査所見とアトピー性皮膚炎の臨床症状との関連性について，日小皮会誌，8，164-169（1989）
4) 桜井哲人，*Fragrance Journal*, **31**(11), 41-46（2003）
5) G. Imokawa *et al.*, *J.invest.Dermatol.*, **84**, 282（1985）
6) M. Hara *et al.*, *J.Geriatr.Dermatol*, **1**, 111-120（1993）
7) A.Yamamoto *et al.*, *Arch Dermatol Res.*, **283**, 219-223（1991）
8) 桜井哲人ほか，*Fragrance Journal*, **33**(10), 57-63（2005）

第4章 皮脂成分の測定と評価方法

桜井哲人*

1 皮脂について

1.1 皮脂の組成

　皮脂は，皮脂腺から分泌される脂質と表皮由来の脂質の混合物で，そのうち90％が皮脂腺から分泌される脂質とされている[1]。皮脂腺由来の脂質は，スクワレン，トリグリセリド，遊離脂肪酸，ワックスエステルなどで構成されており，低極性成分が主である。一方，表皮由来の脂質は，コレステロールおよびそのエステルなどの低極性成分ともに，スフィンゴ脂質などのセラミド類といった両親媒性の成分で構成されている[2]。

1.2 皮脂の分泌メカニズム

　皮脂の主成分である皮脂腺由来の脂質は，男性ホルモン依存的に脂腺小葉の脂腺細胞において産生させ，細胞内に脂肪滴として蓄積される。その後に，細胞質内に蓄積された皮脂は細胞の崩壊により導管を通って皮表に分泌される[3]。

　一方，表皮由来の脂質は，顆粒細胞内の層板顆粒が，角層細胞間に押し出され，最外層の角層細胞間において脂質二分子膜を形成する[4]。

1.3 皮脂の役割と弊害

　分泌された皮脂は，皮膚表面に弱酸性の皮脂膜を形成し，皮膚をなめらかにする作用，殺菌作用，外的刺激からの防御作用等を有するとされる[5]。しかしながら，皮脂分泌の過多は，*P.acnes*を増殖させニキビの発生を増大させたり[6]，紫外線で発生する脂質過酸化物によって炎症を惹起したりなどの弊害を生じる[7]。さらに，テカリ，毛穴の黒ずみ，化粧くずれなどの主観的な弊害も生じ，これらの過剰な皮脂が原因の皮膚への悩みは，20〜30代に多く，加齢とともに減少していく（図1）。一方，皮脂分泌の過少は，外的刺激に対する防御力が失われ，バリア機能が低下することが考えられ[8]，アトピー性皮膚炎を有する成人と同年代の健康成人の洗顔20分後の額の

＊　Tetsuhito Sakurai　㈱ファンケル　総合研究所　化粧品研究所　化粧品評価グループ　グループマネージャー

第4章　皮脂成分の測定と評価方法

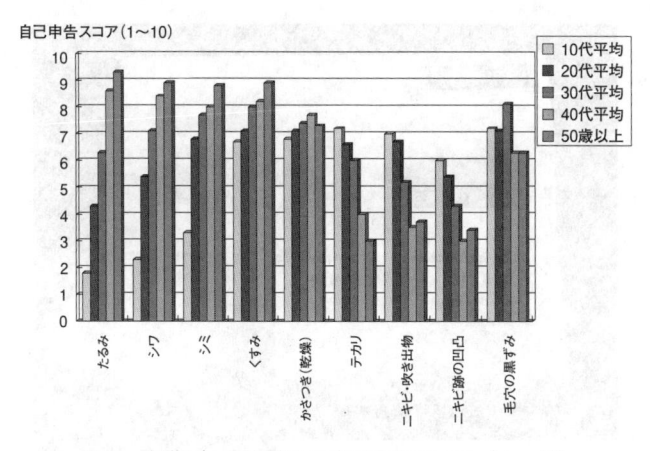

図1　年代ごとの肌悩みの自己申告スコア（1～10）

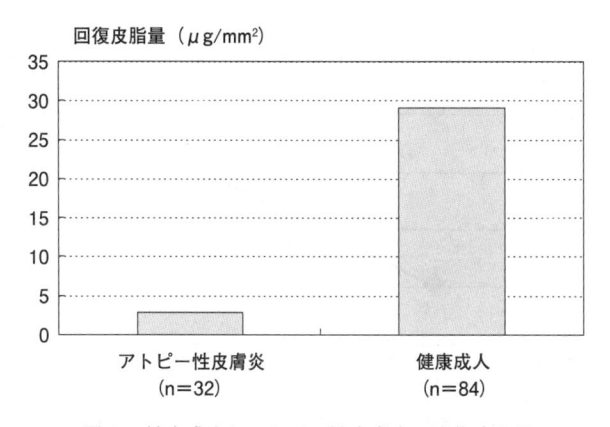

図2　健康成人とアトピー性皮膚炎の回復皮脂量

　回復皮脂量を比較すると，アトピー性皮膚炎は，同年代の健康成人の10分の1程度であった（図2）。以上の面から，皮脂はその多少が皮膚状態に大きく影響を与えるため，正確な測定および評価法を理解し，測定および評価結果の変動に影響を与える要因を把握しておくことが重要である。

2　皮脂の測定法

2.1　皮脂を測定する

2.1.1　SEBUMETER（Courage＋Khazaka社製）

　測定が簡便で，最も汎用されている機器である。皮膚水分計であるCorneoMeterと一体型の

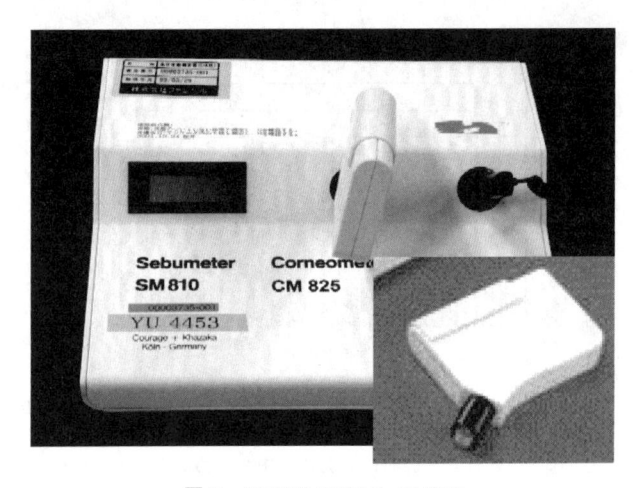

図3　SEBUMETER　SM810

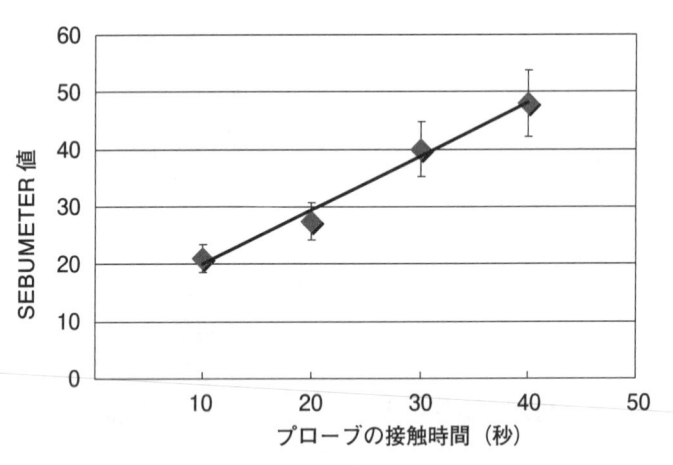

図4　プローブの接触時間とSEBUMETER値

SM801の写真を図3に示す。樹脂テープを皮膚表面に付着すると，脂質が付着し，その度合いにより光透過性が変化し，これを光学的に測定することにより，脂質総量を定量することができる[9]。操作法としては，カセットのテープ部分を測定部位に30秒間あてた後，本体のカセット挿入部にテープ部分を押し込むと，表示部に数値が表示されるもので，非常に簡便である。測定手技上の留意点として，2点ある。1点は，接触測定のために測定部位に対して水平にあてなくてはいけないため，測定部位を限定されること。もう1点は，測定部位への接触時間である。洗顔一定時間後の皮脂量を，接触時間を変化させて測定した結果，接触時間と皮脂量測定値（SEBUMETER値）は高い相関性を認め（図4），再現性の高い測定結果を得るためには，接触時間を一定にすることが重要であることを示唆している。本装置は，測定部位に押し当てている

第4章 皮脂成分の測定と評価方法

間,秒数が表示部に表示されるため,注意して測定すれば問題はない。

2.1.2 赤外分光(IR)法

分析機器の操作および皮脂の抽出も簡便であり,SEBUMETERと同様に汎用性は高い。赤外分光光度計を用いた皮脂測定について,その利点は,スクワレンなどの炭化水素,遊離脂肪酸などのカルボン酸,トリグリセリドなどのエステルを相対的に評価することが可能な点であり,カルボン酸およびエステルは,いずれも1750 cm^{-1}から1700 cm^{-1}においてC-Oの伸縮振動に由来する吸収ピークが観察されるが,カルボン酸は1715 cm^{-1},エステルは1735 cm^{-1}でピーク強度が異なるため,トリグリセライド,カルボン酸の相対的評価が可能である。また,2850 cm^{-1},2930 cm^{-1}の変角振動のピーク強度はすべて脂質成分に由来するが,先のカルボン酸,エステル由来のピーク強度の総和とその相対評価の結果から,スクワレンなどの炭化水素との相対的評価も可能である[10,11]。皮脂のIRスペクトを図5に示す。

皮脂吸着性の高い3M社のType42 Disposable IR Card(図6)を用いることで,皮膚表面の皮脂を吸着し,透過光での測定が可能であり,さらに,全反射吸収装置(Specac社ゴールデンゲートダイヤモンドATR等)を用いれば,反射光で評価が可能なため,皮脂部位に対して直接測定が可能である(図7)。最近では,同装置のファイバー型も開発されており,簡便な測定が可能となっている。しかしながら,赤外分光法での直接測定は,測定部位での赤外光の吸収成分が脂質以外も含まれるため,データの解釈には注意が必要である。

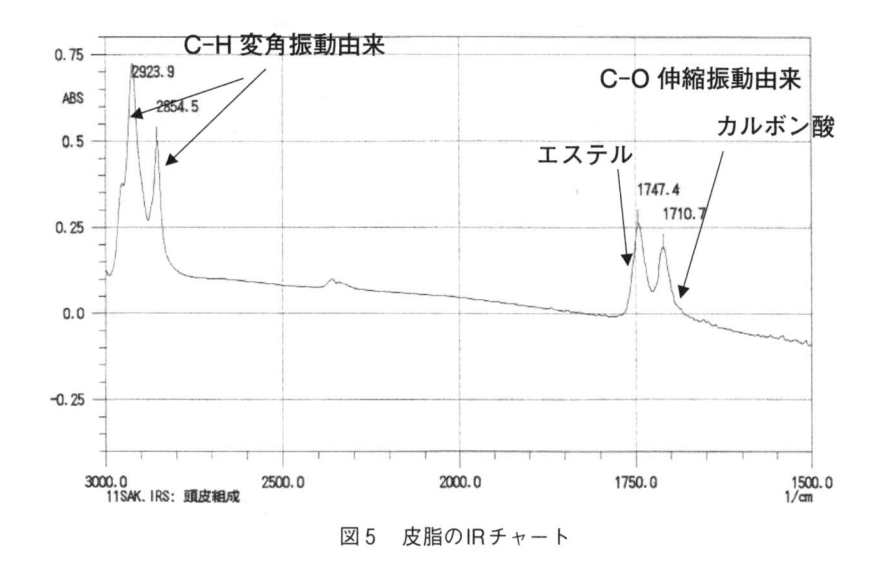

図5 皮脂のIRチャート

図6　Disposable IR Card

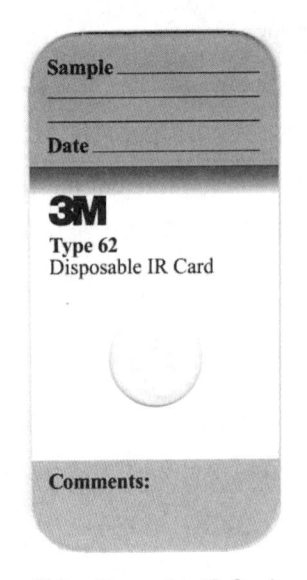

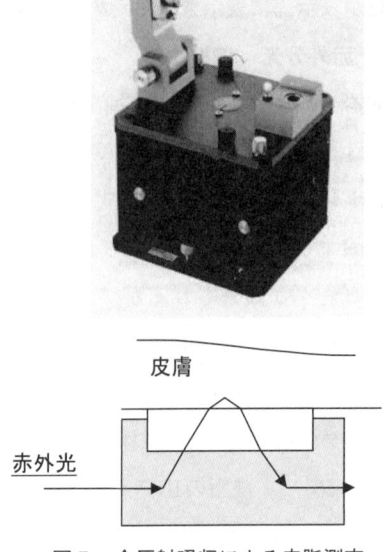

図7　全反射吸収による皮脂測定

2.1.3　ガスクロマトグラフ（GC）法

　抽出した脂質成分をGCにより，成分ごとに分離，定量を行う方法である。
　脂質成分の抽出は，カップ法により行われる。カップ法は，ガラス製の底なしカップを皮膚表面に密着させ，その中に有機溶剤を入れて脂質を溶出させる方法である（図8）。抽出溶媒は，抽出する脂質により異なり，アセトン，ジエチルエーテル，エタノール，ヘキサンおよびこれらの混液などが用いられる。10～15分間振とうさせ，リンス後，（脂質が溶出した）溶媒を分取し，脂質成分を分析する。カップ法以外の抽出法としては，脂質を油とりがみ等で採取する吸着法や，ポリアクリル系の粘着テープ等を皮膚に一定圧であて，これを剥がし，角層と脂質成分を分離して分析する剥離法などがあるが，被験者への負担は大きいものの，再現性や抽出効率の面か

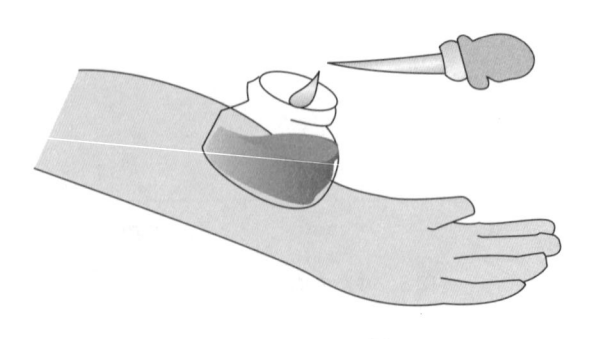

図8　カップ法

第4章　皮脂成分の測定と評価方法

らカップ法が最も汎用されている[12]。しかしながら，カップと皮膚表面の密着性が高い部位に限定されるため，顔面での測定は非常に困難であり，上腕内側部に限定される。

抽出された脂質成分から，スクワレン，トリグリセライド，遊離脂肪酸，ワックスエステル，コレステロール等の分析が可能である。従来からの充填カラムに加え，最近は高分離能のキャピラリーカラムが普及しており，脂肪酸の組成の違いまで評価が可能となっている[13]。

2.1.4　薄層クロマトグラフ（TLC）法

カップ法等で抽出した脂質を，目的成分に応じた展開溶媒を選択し，シリカゲルと塗布した薄層板上にスポットし，呈色反応後，画像解析や重量測定等により定量化する方法である。展開溶媒としては，ヘキサンあるいはヘキサンとエーテルと酢酸の混液を用いる場合が多く，スクワレン，コレステロールエステル，ワックスエステル，トリグリセリド，遊離脂肪酸，コレステロール等が分離される。呈色は，50％硫酸を噴霧させ，200℃で加熱し黒変させる方法が最も一般的である。定量は，デンシトメーターなどの画像解析法や，乾固後，スポット部分ごとの重量を計測する方法を用いる。操作が簡便で感度も高いので，成分ごとの定量では多く用いられ，展開溶媒を工夫することで，セラミドなどの分離も可能である。

2.2　皮脂の過多に伴う皮膚状態を測定する

2.2.1　毛穴の評価

脂腺由来の脂質が分泌される毛包は，皮脂分泌量に伴いその開口部が広がるため[14]，この毛包部の毛穴を計測することで，皮脂分泌抑制および分泌活性剤の評価が間接的に可能である[15]。毛穴の面積，個数を計測する方法としては，皮膚表面の鋳型（レプリカ）をとり，鋳型に対して一定方向，かつ一定量の光を照射することで生じる影を拡大観察により画像解析する間接的手法，鋳型に対してレーザー顕微鏡やレーザー変位計を用いて表面の三次元形状を測定する直接的手法がある。間接的手法により撮影した50倍のレプリカ写真を図9に示す（レプリカ剤：山田粧業社SKINCAST）。所々ですり鉢状の毛穴を認めることができ，これが，目立つ毛穴として認識される。鋳型採取において注意すべき点として，毛包部に脂質が存在する場合は，レプリカ剤は毛包部に完全に密着しないため，実際の毛穴の状態と毛穴計測値とは大きな誤差が生じる。洗浄，溶出等の動作で毛穴の脂質成分を十分に除去して鋳型を採取することが必須である。

また，毛穴から採取される角栓により，毛穴の大きさを計測することも可能である。粘着性の強いシアノアクリレート系の接着剤を塗布したシートを押し当てることで，毛穴にたまっている角栓を，形状を維持したまま採取することができる（図10）。この角栓を同様に画像解析することで，毛穴の大きさを計測することができる。また，この角栓は，皮脂腺由来の脂質と垢（角層細胞のタンパク質）で構成されているため，角栓中に含有する脂質成分の同定やタンパク質との

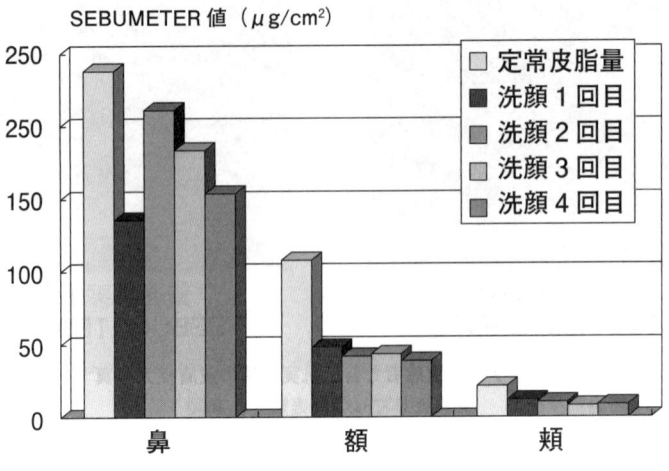

図12 洗顔20分後皮脂量の再現性の部位比較

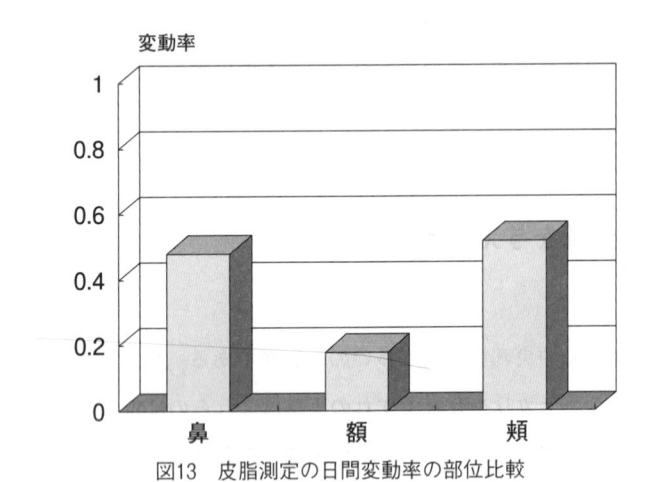

図13 皮脂測定の日間変動率の部位比較

3.2 季節変動

　夏は皮脂が多く，冬は皮脂が少ないという実感がある。この実感は，季節に関係なく，単に温度の変動に伴い，皮脂分泌が変動するのか，それとも，季節変化に伴う外気温の変動に伴い，皮脂分泌量が変動するのか，2つの要素が考えられる。皮脂測定の目的として，長期間で皮脂分泌抑制剤（分泌促進剤）を評価する場合においては，季節の影響を正確に把握しておくことが重要となる。20〜50代女性98名に対して，年間4回，SEBUMETERで額の定常状態の皮脂量と，洗顔後，温湿度環境を一定にし，20分後に回復した皮脂量を測定した。図14に結果を示す。定常状態の皮脂量は，夏に高く，冬に低い。一方，回復皮脂量は，季節間の差は非常に少なかった。す

第4章 皮脂成分の測定と評価方法

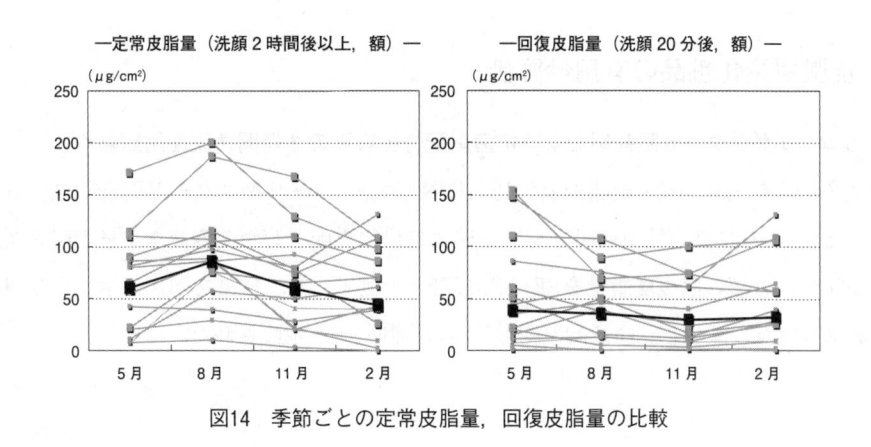

―定常皮脂量（洗顔2時間後以上，額）―　　―回復皮脂量（洗顔20分後，額）―

図14 季節ごとの定常皮脂量，回復皮脂量の比較

なわち，皮脂分泌は，季節性より洗顔直後の外的環境の影響をうけやすいことが示唆された[16]。

3.3 年齢

皮脂腺由来の皮脂は，男性ホルモン依存的であるので，加齢とともに減少することは周知であり，様々な皮膚を構成する成分の中でも，皮脂は，年齢との負の相関が非常に高い成分の一つといえる。さらに，皮脂を構成する主要成分のトリグリセライドは酵素リパーゼの働きで，遊離脂肪酸に分解されるが，加齢とともに，皮脂分泌量が低下することで，トリグリセリドに対する遊離脂肪酸の割合も減少してくる[17,18,19]。また，10～20代と30代の皮脂成分を比較した結果，30代では，スクワレンの割合が高く，さらにその過酸化物量も多いことを認めている（図15）。

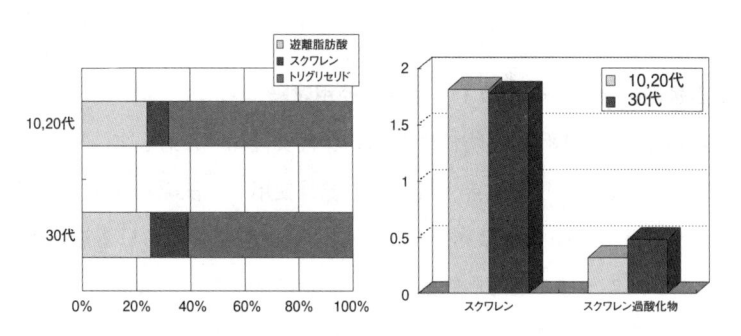

図15 10,20代と30代の皮脂組成，スクワレン過酸化物の比較

4　皮脂対策化粧品の有用性評価

4.1　5α-リダクターゼ阻害剤および抗菌剤配合美容液の3週間連続使用試験

皮脂過多に悩む20～30代の健康な女性12名に対して，5α-リダクターゼ阻害効果を有する植物抽出物と*P.acnes*に高い抗菌効果を有する植物抽出物を配合した美容液を1日1回3週間使用し，洗顔20分後の額の回復皮脂量をSEBUMETERで測定した。結果を図16に示す。3週間後の回復皮脂量は有意に減少し，同製品の皮脂分泌の抑制効果が示唆された。

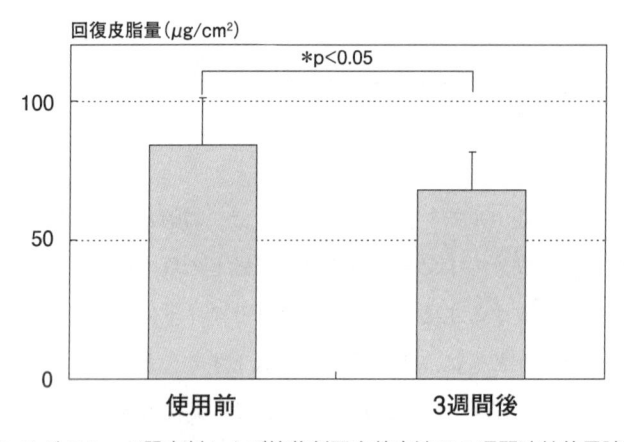

図16　5α-リダクターゼ阻害剤および抗菌剤配合美容液の3週間連続使用試験（n=12）

4.2　リパーゼ阻害剤配合クリームの1ヶ月連続使用試験

皮脂中の遊離脂肪酸率が同年代の平均値より高い20代女性10名に対して，リパーゼ阻害効果を有する植物抽出物を配合したクリームを1日1回1ヶ月使用し，洗顔20分後の回復皮脂中の遊離脂肪酸率を測定した。遊離脂肪酸率は赤外分光法により皮脂総量における遊離脂肪酸率を求めた。結果を図17に示す。1ヶ月の遊離脂肪酸率は，有意に低下し，同製品のリパーゼ阻害によるトリグリセライドから遊離脂肪酸への分解抑制効果が示唆された。

第4章 皮脂成分の測定と評価方法

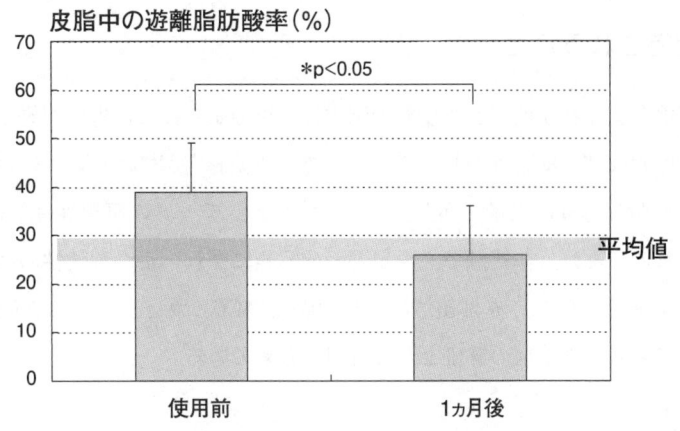

図17 リパーゼ阻害剤配合クリームの1ヶ月間連続使用試験（n=10）

4.3 皮脂吸収粉体配合メイク品の使用試験

20～30代の健康な男女10名に対して，皮脂吸収効果に優れた無機粉体を配合したメイク品を額に塗布し，メイクの塗布表面からSEBUMETERで吸着される皮脂量を，粉体を配合していないメイク品と比較した。同一の部位で試験を行うために，1日目は塗布前，2日目は塗布10分後と繰り返し，5日目で塗布120分後までの測定を行った。結果を図18に示す。皮脂吸収粉体を配合したメイク品は，塗布10，30，60，120分後のいずれにおいても，粉体を配合していないメイク品よりメイク表面の皮脂吸着量が少なかった。同製品の皮脂による化粧くずれ防止およびテカリ抑制効果が示唆される。

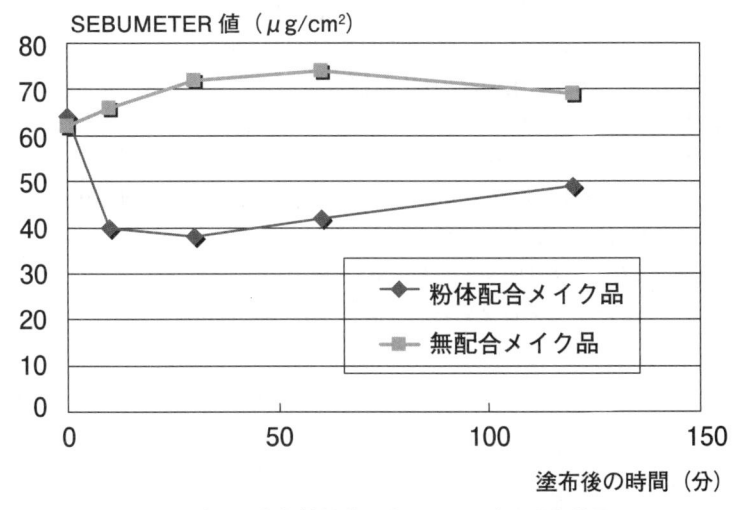

図18 皮脂吸収無機粉体配合メイクの皮脂吸収効果

5　今後期待されること

再現性，分解能および利便性の面で皮脂の測定は，接触測定による方法が好ましいのが現状である。当然，接触すれば，皮脂はとれてしまうので，連続測定ができない。近い部位で測定を行うには，腕では皮脂分泌量は微量であり，顔に限定され，データの再現性は低い。したがって，今後最も期待されることは，非接触で，再現性と分解能に優れ，かつ利便性の高い皮脂測定法が可能になることである。現在，赤外領域の検出力が高いCCDカメラによる画像化などの新しい技術が検討されており，外用剤の評価として有望と考えている。

文　献

1) 大城戸宗男ほか，現代皮膚科学体系，3B, 83-95 (1988)
2) A.G. Matoltsy et al., *J. Invest. Dermatol.*, **50**(1), 19 (1968)
3) 佐藤隆，*Fragrance Journal*, **32**(3), 14-18 (2004)
4) 山本綾子，新潟医学会雑誌，**110**, 95-99 (1996)
5) 高安進，*Fragrance Journal*, **92**, 10-13 (1988)
6) 岩橋尊嗣，*Fragrance Journal*, **27**(10), 51-56 (2001)
7) 河野善行ほか，*J. Soc. Cosmet. Chem. Japan*, **27**, 33-40 (1993)
8) 山本綾子ほか，*Arch. Dermatol. Res.*, **283**, 219-223 (1991)
9) S. Dikstein et al., *Bioeng. Skin*, **3**, 197-207 (1987)
10) 藤井政志ほか，*J. Soc. Cosmet. Chem. Japan*, **18**, 137-141 (1984)
11) 赤崎秀一ほか，*Fragrance Journal*, **21**(10), 49-58 (1993)
12) G.Imokawa et al., *J. Invest. Dermatol.*, **87**, 758-761 (1986)
13) 花岡宏和ほか，日皮会誌，**81**, 259-263 (1971)
14) 西島貴史ほか，*Fragrance Journal*, **32**(3), 48-52 (2004)
15) 飯田年以ほか，*Fragrance Journal*, **32**(3), 41-47 (2004)
16) 桜井哲人ほか，日本香粧品科学会第22回学術大会講演要旨集，p.54 (1998)
17) 新妻寛ほか，皮膚臨床，**23**, 487-498 (1981)
18) W. E. Cunliffe et al., *Br. J. Dermatol.*, **83**, 653 (1970)
19) 安田利顕ほか，"美容のヒフ科学　改訂8版"，南山堂 (2002)

第5章　皮膚の力学特性

松本健郎*

1　はじめに

　化粧品の使用感評価法として考えた場合，皮膚の力学特性の計測はヒト皮膚の力学特性を体表面から体を傷つけずに計測する非侵襲計測法が中心となろう。しかし，体表面に種々の変形を加え，それに対する反力の大きさから皮膚の力学特性を推定する非侵襲計測法では，皮膚の力学特性の一部分を明らかにしているに過ぎず，また，測定結果に影響を与える様々な要因が存在する。このため，皮膚の力学特性を非侵襲計測結果だけから理解するのは困難である。皮膚の力学特性を十分に理解するには，皮膚を単離して引張試験などにより幅広い変形状態の特性を明らかにするとともに，皮膚が体表面上で周囲の組織からどのように拘束されており，その結果，どのような変形状態にあるのかを明らかにしなくてはならない。

　しかし実際問題として，化粧品開発の現場において被検者の皮膚を摘出して力学試験することは非現実的であり，非侵襲計測に頼らざるを得ない。非侵襲計測結果を正しく解釈するためには，皮膚の力学特性の基本を理解した上で，計測結果にどのような因子が影響を与えるのか把握しておく必要がある。そこで本章では，まず皮膚の力学的特徴の概要を述べた後，皮膚の力学特性を組織像と対応させながら論じる。その後，非侵襲計測に影響を与える因子について論じ，最後に実際の非侵襲的力学特性計測法について概説する。

2　皮膚の力学的特徴

　皮膚の力学特性を論じる上で考慮すべき点は以下のようにまとめることができる。

① **皮膚は体表面上で引張られた状態にある**

　怪我をすると傷口が開くことから判るように，皮膚には張力がかかっている。例えば真皮直下の皮筋層を剥離したマウス背部皮膚の場合，引張の大きさは4～8％程度，張力では1～4kPa程度と推定される[1]。この値は皮膚を引張った際に生じる力と比べると大きなものではないが，真皮内の線維芽細胞がこの程度の力を直接受けているとすると，それは細胞を数10％伸張するの

＊　Takeo Matsumoto　名古屋工業大学　大学院工学研究科　機能工学専攻　教授

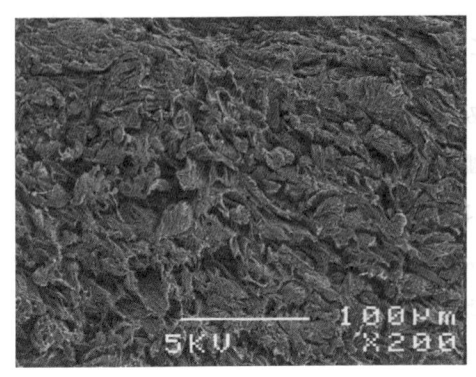

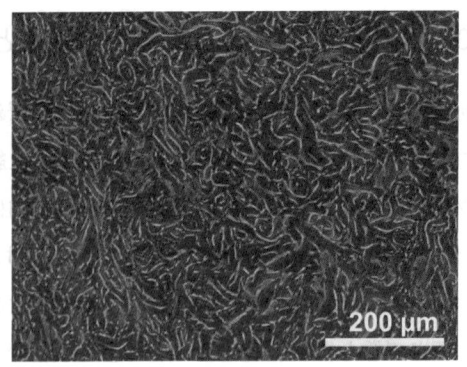

(A) 体軸方向に垂直な断面のSEM像　　(B) 体表面に平行な断面の組織像
　　　　　　　　　　　　　　　　　　　（ピクロシリウスレッド染色）

図2　マウス皮膚断面のコラーゲン配向

の有機成分の70%に達する。一方，もう1つの重要な線維成分であるエラスチンは有機成分割合の1〜2%程度しかないが，真皮内を網状に走っており，しかもコラーゲンと比べると蛇行の度合いは低い。このため，皮膚の変形が小さい段階では，蛇行したコラーゲンはあまり力を負担せず，主にエラスチンなど他の組織が張力を負担しているのに対し，変形が大きくなるとコラーゲン線維がピンと張り力を負担するようになると考えられる。コラーゲン線維のヤング率は1 GPa（$=10^6$ kPa）程度[3]であり，皮膚に比べると剛体と見なせるほど硬いのに対し，エラスチンのそれは600 kPa[3]と皮膚の弾性率に近い。よって，低ひずみ領域の皮膚の変形特性を主に支配しているのはエラスチンであり，伸びが大きくなるにつれてコラーゲンが伸ばされ力を負担するようになるために皮膚は急速に硬くなると言える。

4　層による力学特性の違い

通常，皮膚は表皮，真皮，皮下組織に分類されるが，力学的には組織構造の差から角層，表皮生細胞層，真皮，皮下組織に分けるのが適当と言える。なぜなら，角層は強靭なケラチン線維（弾性率2.5 GPa[4]）で満たされた角質細胞が層状に重なってできているのに対し，表皮生細胞層は角質細胞に変化する前のケラチノサイトが主体の生きた細胞からなり，この細胞の弾性率は通常の細胞同様，10 kPaのオーダーと予想される[2]。また，角層や表皮生細胞層の組織像は，それぞれ角質細胞とケラチノサイトが隙間なく密に詰まった構造をしているので，角層や表皮生細胞層はそれぞれの構成要素の力学特性がそのまま反映され，比較的線形に近い力学特性を示すと予想される。一方，真皮は前節で述べたように膠原線維が絡み合った構造をしており，低ひずみ領

第5章 皮膚の力学特性

域では変形しやすく,絡み合った線維同士がピンと張ってからは変形しにくくなる強い非線形性を有する。このように各層の力学特性は互いに大きく異なることが容易に想像される。

　図3(A)にモルモット皮膚の角層,表皮(角層+表皮生細胞層),真皮の応力-ひずみ線図の代表例を示す[5]。角層,表皮では,ひずみの増加に伴い応力は比較的線形に増加したのに対し,真皮は前節で述べたように,ひずみの増加とともに急速に応力が増加する非線形性が顕著であった。表1に角層,表皮,真皮の厚みと弾性率(応力-ひずみ曲線の傾き)をまとめて示す。また,角層と表皮の平均厚,弾性率をもとに求めた表皮生細胞層の弾性率も併せて示す。これらよりひずみの小さい領域では角層の弾性率が一番高く,真皮と表皮生細胞層の弾性率はほぼ同程度である

(A) 3層の力学特性の違い

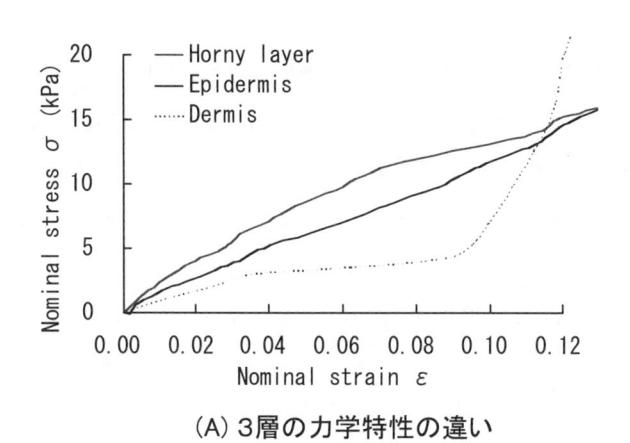

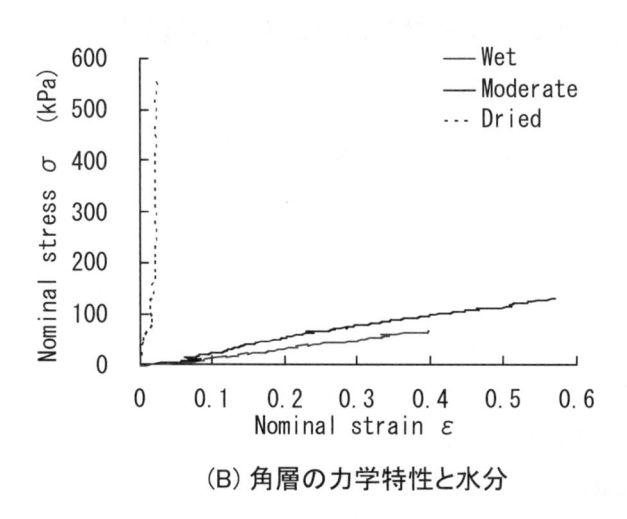

(B) 角層の力学特性と水分

図3　モルモット皮膚3層の単軸引張特性[5]

表1 モルモット角層,表皮,真皮の力学特性のまとめ (mean)[5]

試 料	試料数 n	厚さ (μm) t	弾性率 (kPa) E
角 層 (Wet)	11	60	180
角 層 (Moderate)	9	60	720
角 層 (Dry)	5	60	9980
表 皮	8	110	130
(表皮生細胞層		50	70)
真 皮 ($\varepsilon = 0\%$)	12	930	80
真 皮 ($\varepsilon = 5\%$)	9	930	510
真 皮 ($\varepsilon = 10\%$)	11	930	1060
真 皮 ($\varepsilon = 20\%$)	9	930	2180

こと,真皮の弾性率は皮膚の伸展に伴い急激に増加することが判る。

角層の水分含有量の違いによる応力-ひずみ線図の違いの例を図3(B)に示す[5]。湿潤状態のWetと湿度75%のModerateではそれほど差は大きくないが,湿度0%のDriedでは極めて変形しづらくなるとともに引張強度が上昇することが判る。表1にWet,Moderate,Driedの弾性率をまとめて示す。水分含有量は角層の力学特性に極めて大きな影響をもたらし,Wetに比べ,Moderateでも4倍,Driedでは50倍の弾性率の増加が見られている。特にDriedの弾性率は真皮を20%伸張させたときの弾性率よりも更に高く,角層,表皮生細胞層,真皮の弾性率がひずみの大きさ,角層の湿潤状態などで複雑に変化することが示された。

5 皮膚の力学特性の非侵襲計測に影響を与える因子

非侵襲計測では皮膚に何らかの変形を加え,その際の加えた力と変形量の関係から皮膚の力学特性を推定することになる。このため計測結果は皮膚の力学特性そのもの以外に少なくとも以下の3つの因子の影響を受ける可能性がある。

① **ひずみ状態**

第3節で示したように皮膚はひずみの増加とともに見かけの硬さが大きく増加する。このため,応力-ひずみ関係に変化がなくとも,周辺からの張力が変化して皮膚のひずみが増加すると皮膚は硬く見えることになる。これは全ての非侵襲計測で避けて通れない問題であり,ひずみ状態を一定にすることが重要と言える。

② **皮下組織との機械的結合**

力学特性の計測領域が小さく,真皮と皮下組織の境界より上に留まるような計測方法の場合は

第5章　皮膚の力学特性

無視できるが，それ以外の場合には皮下組織の影響を考慮する必要がある[※]。我々が家兎腹部皮膚に1辺10mmの正方形タブを貼り付け，これを横にずらす際の力と変形量の関係を計測したところでは，検査部分の皮膚を周囲の皮膚から切り離し，皮下組織とのみ結合した状態にしても，硬さは生理状態の1/4～1/5程度までしか低下せず，皮下組織の影響が無視できないことが判った。即ち，皮下組織と真皮の結合の機械的強さに応じて計測結果が変化する可能性は無視できないと言える。特に表情筋と真皮が直接結合している顔の皮膚の場合には皮下の影響は更に大きい可能性が高い。

③　**皮膚厚み**

皮膚の力学特性（応力-ひずみ関係）が変わらずに厚みが半分になったとすると，皮膚は同じ大きさの力に対して2倍伸びることになる。皮下組織は皮膚に比べて相当程度柔らかいため，皮下の影響を排除できない多くの非侵襲計測法においては，菲薄化した皮膚は見かけ上柔らかくなったように見える。このため，もし可能であれば，計測結果は皮膚厚を考慮して解釈することが有効と言える。

6　皮膚の力学特性計測の実際

皮膚の力学特性を非侵襲計測するには，体表面を捩る，横にずらす，押し込む，吸引する，振動させるなどの方法により皮膚組織に何らかの変形を加え，この際の力と変形量の関係（弾性特性）あるいは力や変形量の時間変化（粘性特性）を求める必要がある。現在，用いられている代表的な非侵襲計測法とその例をまとめて表2に示す。なお，分類名称は便宜的に考えたものであり，一般的な呼称とは限らない点に注意されたい。捩り式[7]は皮膚に円板を貼り付け，これを中心軸回りに捩り，捩り力（トルク）と回転角度の関係を調べるものである。計測精度の向上のため，円板の外側に同心円状に配置された固定リングが皮膚を動かないように固定するタイプが主流である。円板とリングの間隔を狭くすると皮膚表面の情報が，広くとると深部までの情報を得ることができる。剪断・引張式[8,9]は皮膚に貼り付けた2つのタブの間隔を狭めたり広げたりする際の力変化から皮膚の力学特性を計測するExtensometerタイプのもの[8]が多く研究されているが，プローブで1点だけに微小な剪断変形を加えることで，皮膚表面の力学特性の計測を目指すものもある（Linear Skin Rheometer[9]　など）。Cutometer[10]に代表される吸引式[10,11]は最も多く使われているタイプであり，後で詳しく述べる。押込式[12,13]は皮膚表面を円柱型プローブで押

[※]　非侵襲計測で多用されているCutometerの吸引孔径は最小2mmであるが，この場合，力学特性が計測される範囲は第6節で示すように体表面から2mm程度となる。前腕や頬の皮膚の厚みは1.5mm程度[6]であることから，Cutometerの計測範囲は皮下に及んでいると考えられる。

表2 皮膚の力学特性の非侵襲計測に用いられる代表的機器

方　法／機器名称（メーカー）	サイズ（mm）などの代表例	参考文献
・捩り式		
Twistometer, Dermal Torque Meter（DiaStron）	円板直径20；円板リング間隔1,3,5	7)
・剪断・引張式		
Extensometer	タブ1辺10〜25；初期間隔5〜20	8)
Linear Skin Rheometer（E & C Consultancy）	タブ直径5，変位1	9)
・吸引式		
Cutometer（Courage & Khazaka）	吸引孔径2,4,6,8	10)
Dermaflex A（Cortex Technology）	吸引孔径10	11)
・押込式		
Durometer	押込ロッド直径1〜5	12)
Microindentometer	押込量0.02；押込ロッド直径1	13)
・衝撃式		
IDRA Ballistometer（Third Party Research & Development）	ハンマー荷重〜10g	14)
Torsional Ballistometer（DiaStron）		15)
・超音波式		
Venustron（Axiom）	圧子直径5	16)

した際の押込力と変形量の関係を利用するもので，吸引式と同様，プローブを皮膚に接着する必要がない上に，装置構成が吸引式よりも遙かに簡単で済む（Durometerタイプ[12]など）という利点を有する．しかし，吸引式では吸引孔周囲の皮膚がプローブ壁により変形が拘束され，変形領域が吸引孔内部に限られるのに対し，押込式ではそのような拘束がないために，深さ方向の分解能に乏しいという問題がある．この点を克服するために押込量をμmオーダーで制御して押込力を計測する試み（Microindentometer[13]）もなされている．衝撃式[14,15]は軽量の小型ハンマーを皮膚に打ち下ろした後の皮膚の減衰振動を計測するものである．皮膚の粘弾性特性を精密に計測できる可能性はあるものの，計測結果は皮下組織や筋層の力学特性にも大きく影響される点に注意が必要である．超音波式[16]は超音波振動するプローブを皮膚に押し当てた際のプローブ−測定対象の共振周波数変化から皮膚の弾性特性を計測する方法であり，日本独自の技術である．計測時間が短く，プローブ先端が小さく，体表面に当てる位置や向きの制限が少ないため計測の自由度が高い点が特徴である．

　このように，それぞれの方法に利害得失があるが，ここでは特に良く用いられている吸引式の方法について少し詳しく述べる．この方法は古くからSuction cup法と呼ばれ[17]，体表面にカップを当ててカップ内に陰圧をかけて皮膚組織を内部に吸引し，吸引圧と吸引変形量の関係，あるいは吸引圧を階段状に変化させた際の吸引変形量の時間変化を求め，これより皮膚の粘弾性特性

第5章 皮膚の力学特性

を求めるものである。現在はカップではなくて円筒管に吸い込み，皮膚の変形量を光学的に計測する方法などが用いられており，代表的な装置にCutometerが挙げられる。本法は体表面にプローブを当てる陰圧を加えるだけで簡単に測定できる点が便利であるが，力学的には，それ以上に，力学特性が計測される領域が明確に定義される点が重要である。即ち，コンピュータシミュレーションから，本法で弾性特性が計測される範囲は体表面から吸引孔の深さまでの範囲であることが明らかになっている[18]。例えば吸引孔径2mmのプローブで計測すると表面から2mmの深さまでの範囲の力学特性が計測でき，それより深い部分が全く自由であろうと，剛体に接着されていようと計測結果には殆ど影響を及ぼさないわけである。つまり，皮膚を色々な吸引孔径のプローブで吸引することにより，皮膚の体表面から様々な深さまでの力学特性の平均値を求めることができるわけで，このようなデータを組み合わせることにより，角層，表皮生細胞層，真皮の力学特性と厚みを別々に求めることも可能になると期待される。実際，表層と母層の2層構造の物体の2層のヤング率ならびに表層の厚みを推定する方法が報告されている[19]。

吸引法の利点は層状構造の推定が可能である点だけではない。吸引孔の断面形状を円から矩形に変えると組織の異方性（方向による硬さの違い）を計測できることが報告されている[20]。即ち，体表面に吸引孔を当てるときに矩形の長軸方向を色々変えて計測することにより，皮膚の硬い方向と柔らかい方向を区別して計測できるわけである。この方法は，未だ不明な点が多い皮膚の力学特性の異方性を明らかにする上で有効な方法になることが期待できる。

最後に非侵襲計測時に注意すべき点について述べる。まず試料の状態を揃えるために角層の湿潤状態を一定にする必要がある。このため，温度や湿度を汗をかかない状況（例えば室温20℃，湿度50％）に一定に保ち，また計測部位を予め露出して15分程置いてから計測することが必要である。装置側の注意としては，プローブの皮膚への押付力を一定に保つこと，プローブが皮膚に斜めに当たったり，皮膚にねじりや剪断を加えることのないようにプローブの把持方法を工夫することも重要である。また，前節で述べたように，皮膚に作用する張力を一定に保つことが肝要であり，このためには被検者の姿勢を一定に保つことの他，計測部の周辺から張力が加わらないように工夫する必要がある。例えば良く行われる前腕内側部の計測の場合，腕を直接，実験台の上に置いて計測すると，腕の実験台への押付強さ，あるいは被検者が無意識に加える腕と台の間の剪断変形により計測結果が大きく変わることがある。腕を手首と肘で支え，後の部分は空中に浮いた状態に保つなどの工夫が有効である。

7 おわりに

皮膚の力学特性計測について，摘出した皮膚の計測とヒト皮膚の非侵襲計測を対比して述べて

きた．紙幅の関係上，個々の計測方法の詳細については述べることができなかったが，この点については個々の文献や成書[21〜23]を参照頂きたい．非侵襲計測の結果を正しく解釈するためには，皮膚の構造に基づく力学特性の理解が重要である点を最後に再度強調しておきたい．

謝辞

摘出皮膚の力学試験は名古屋工業大学バイオメカニクス研究室の学生であった松村淑子，生田直子，平井　尚，森　麻子ならびに助教の長山和亮博士に負うところが大きい．また，ラット皮膚の試験は資生堂皮膚科学コンソーシアム・シワ研究の成果の一部であり，モルモット皮膚の試験はライオン㈱・小竹由紀氏らから指導・試料提供を受けた．記して謝意を表する．

文　献

1) 森麻子ほか，日本機械学会第17回バイオフロンティア講演会講演論文集，p.123（2006）
2) K. Nagayama *et al.*, *J. Biomechanics.*, **39**, 293（2006）
3) Y. C. Fung, *Biomechanics*, p.196, Springer-verlag（1981）
4) R Bonser and P. J. Purslow, *Exp. Biol.*, **198**, 1029-1033（1995）
5) 松村淑子ほか，日本機械学会2003年度年次大会講演論文集（V），p.39（2003）
6) 矢澤俊一郎，医学研究，**7**, 1805（1933）
7) D. C. Salter *et al.*, *Int. J. Cosmet. Sci.*, **15**, 200（1993）
8) K. H. Lim *et al.*, *J. Biomechanics.*, **41**（5），931（2008）
9) P. J. Matts and E.A. Goodyer, *J. Cosmet. Sci.*, **49**, 321（1998）
10) Courage and Khazaka Electronic GmbH, Cutometer SEM575® Instruction for Use and Customer Information（1998）
11) M. Gniadecka and J. Serup, Handbook of Noninvasive Methods and the Skin, p.329, CRC Press（1995）
12) V. Falanga and B. Bucalo, *J. Am. Acad. Dermatol.*, **29**, 47（1993）
13) S. Nicholls *et al.*, *J. Invest. Dermatol.*, **70**, 227（1978）
14) P. T. Pugliese and J. R. Potts, Bioengineering of the Skin: Skin Biomechanics, p.147, CRC Press（2002）
15) G. B. Jemec *et al.*, *Skin Res. Technol.*, **7**, 122（2001）
16) S. Sakai *et al.*, *Skin Res. Technol.*, **6**, 128（2000）
17) R. Grahame and P. J. L. Holt, *Gerontologia*, **15**, 121（1969）
18) T. Aoki *et al.*, *Ann. Biomed. Engng.*, **25**, 581（1997）
19) 松本健郎ほか，日本機械学会第13回バイオエンジニアリング講演会講演論文集，p.228

(2001)
20) 大橋俊朗ほか, 日本機械学会論文集C編, **607**, 867 (1997)
21) J. Serup and G. B. E. Jemec, Eds., Handbook of Nonvinvasive Methods and the Skin, CRC Press (1995)
22) L. Rodrigues, *Skin Pharmacol. Appl. Skin Physiol.*, **14**, 52 (2001)
23) P. Elsner *et al.*, Eds., Bioengineering of the skin: Skin Biomechanics, CRC Press (2002)

第6章　皮膚表面形状

村上泉子*

1　はじめに

　皮膚表面には，微細な凹凸が形成されており，加齢や紫外線，化粧行為などさまざまな要因によって変化する。化粧品は，顔面部をはじめとした皮膚に直接塗布するものであるので，化粧品が皮膚に接触した時の皮膚刺激による感覚が使用感に左右すると考えられる。そのため，皮膚表面形状は，肌の印象や美しさのみならず使用感に影響を及ぼす。化粧品の使用感を考えるうえで，化粧品が塗布される肌の状態を知ることは重要であろう。個人間の違いはもちろんのこと，同じヒトであっても肌荒れや加齢によっても大きく変化し，肌の質感も変わってくる。
　ここでは，「きめ」，「しわ」，「毛穴」と称される皮膚表面形状について，主に香粧品分野において汎用されている皮膚表面形状の計測手法と加齢による変化など，ヒト皮膚で行われている計測の実例について紹介する。

2　きめ

　皮膚の表面をビデオマイクロスコープなどによって拡大観察すると，縦横，放射状に細かくて浅い溝（皮溝）とそれらによって三角形に区切られて丘のように盛り上がった微小の隆起（皮丘）が見られる。きめとは，これらの皮溝と皮丘からなる皮膚表面の微細な形状を指し，皮膚に伸縮性を与え，皮脂腺や汗腺から分泌物を皮溝に沿って皮膚表面に浸潤させるといった役割を持つ。
　きめを形成している皮溝は全身の皮膚表面に存在しており，その深さは数十μm程度であり，部位によってもその形状は大きく異なる。図1には，ビデオマイクロスコープによって観察される頬部のきめの拡大画像例を示した。このように顔面部だけを見ても個人によってさまざまな形状が見られる。きめ形状の測定は，直接観察する方法ときめ形状を転写した鋳型（レプリカ）を画像解析手法などを用いて間接的に測定する方法が行われている。

＊　Motoko Murakami　㈱カネボウ化粧品　研究本部　製品保証研究所　主任研究員

第6章　皮膚表面形状

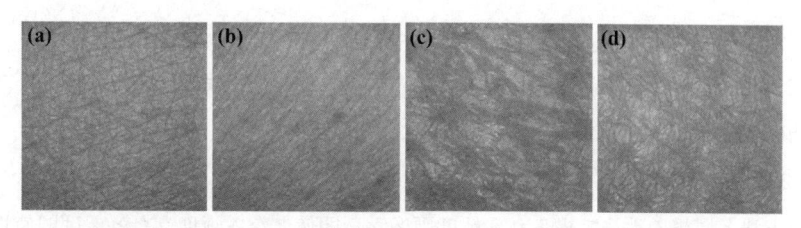

図1　顔面頬部で観察されるきめ形状のビデオマイクロスコープ拡大画像例（50倍）
(a) 整ったきめ，(b) 方向性のあるきめ，(c) 粗いきめ，(d) 不明瞭なきめ

2.1　計測法
2.1.1　輝度分布の解析

　皮膚表面の凹凸形状の鋳型（レプリカ）をレプリカ剤を用いて作成しそれらを解析する。レプリカ剤としては，半透明なものと不透明なものの2タイプが市販されている。半透明レプリカの解析では，シリコン系のものやセルロイド板が用いられ，光学顕微鏡や画像入力用プロジェクター等を使って光を照射し透過した光をCCDカメラなどを使って透過画像を得る。そして，この画像の明度分布すなわち輝度分布を算出する（図2）。皮溝が深いほどその部分のレプリカ剤が厚いため光の透過量が少なく画像の明度は低くなっているので，画像上の明暗分布が実際の皮膚表面の凹凸形状に類似していると考えられる[1,2]。また，不透明レプリカでは，照明反射光をカメラで撮影し，得られた画像の輝度分布を計測する。あらかじめ，同一条件で撮影した標準画像等を用いて凹凸形状と輝度分布が実際の形状に比例していることを確認し，必要であれば補正を行うことが必要である。主に用いられるものを以下に挙げる。

- ISO標準表面粗さパラメータ[3]：Ra（粗さ曲線の算術平均粗さ），Rz（粗さ曲線の十点平均粗さ），Sm（粗さ曲線の平均谷間隔）

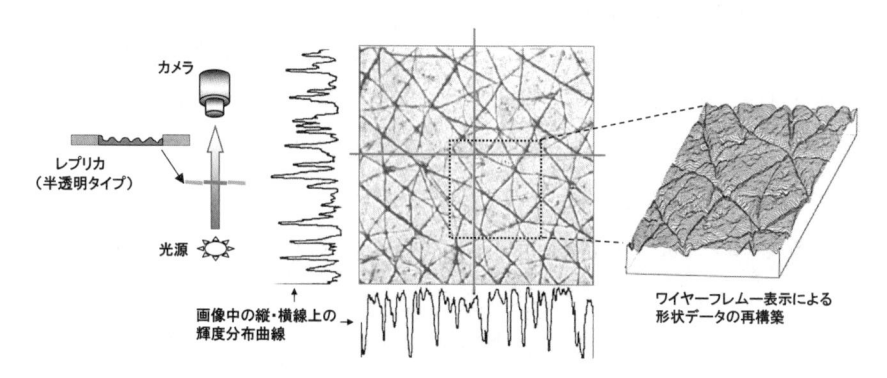

図2　半透明レプリカを用いたきめ形状の測定例

- 形状の凹凸深さ（KSD）[4]：画像全体における輝度分布の標準偏差
- 2次元フーリエ変換によって得られるパワースペクトルを用いたパラメータ[5]：Rt（皮溝の凹凸の程度），Ant（皮溝が1方向に揃っている程度），Ta（皮溝の間隔）

2.1.2 2値化による解析

前述した方法と同様の手法で得られる輝度画像から閾値となる輝度，たとえば閾値以上の輝度を白色，閾値未満を黒色というように，画像の輝度を2値に変換することによって2値化画像を作成する。この画像を用いてきめ形状パラメータを算出する方法である。2値化によって皮溝と皮丘を抽出した後，それらを細線化あるいは直線化処理して求められる細線化画像，直線化画像に対して，皮溝間隔，皮溝の方向性，皮溝および皮丘の均質性などのパラメータを求める。反射光の照明方向については1方向のみのものや複数方向による方法も見られるが，照明の方向によって異なった画像が得られるので注意する必要がある。パラメータとしては，画像デジタイザーで画素に分解後，2値化画像全体を13×13のメッシュに分け，各メッシュにおける黒画素の変動係数を皮溝の均一性[4]，皮溝の深さを皮溝間隔で除した値を皮溝の量，皮溝が最も多く走っている方向に対して照明光が直交する方向と平行な方向の2方向で撮影し，皮溝量の比を異方性（皮溝方向がどの程度偏っているのかを示す指標）[6]をして算出しているものなどがある。

2.1.3 ビデオマイクロスコープを用いた解析

皮膚表面の凹凸形状の鋳型（レプリカ）を介さないで，直接撮影した皮膚表面拡大画像から皮溝の特徴（細長い影），毛穴の特徴（赤みが強く丸い形状）に注目し画像処理することにより，皮溝，毛穴，皮丘の抽出が成されている[7]。皮丘は，皮溝あるいは毛穴として抽出されなかった領域としている。それらを抽出した画像より，皮溝の太さ，皮丘の細かさが定量化されている。従来，ビデオマイクロスコープによる拡大画像では，定量化するほど鮮明な画像を得ることが難しいとされていたが，独自の手法によって充分な解析精度が得られたとされている。

2.2 加齢による変化と身体部位差

半透明レプリカを用いた輝度分布法による頬部での加齢変化の報告[5]では，皮溝の凹凸の程度を表すRtは20代以降では加齢とともに減少する（図3（a））。また，皮溝の異方性を示すAni，皮溝間隔を示すTaは加齢に伴い増加する傾向にある（図3（b），（c））。不透明レプリカによる方法においても形状の凹凸深さパラメータであるKSDは，加齢とともに減少する傾向にあると報告されている[4]。Rt，KSDともに表面の凹凸の程度が大きいほど値が大きくなることから，加齢により皮溝は浅くなりきめが不明瞭になっていく。さらに，Aniの変化からは皮溝と皮丘の規則性が乱れ，皮溝の走る方向が変化しきめ形状が1方向に揃っていくと推測される。このようなきめ形状の加齢変化は非露光部位の皮膚においても見られる。図4に手背部，下腿部および腹部

第6章 皮膚表面形状

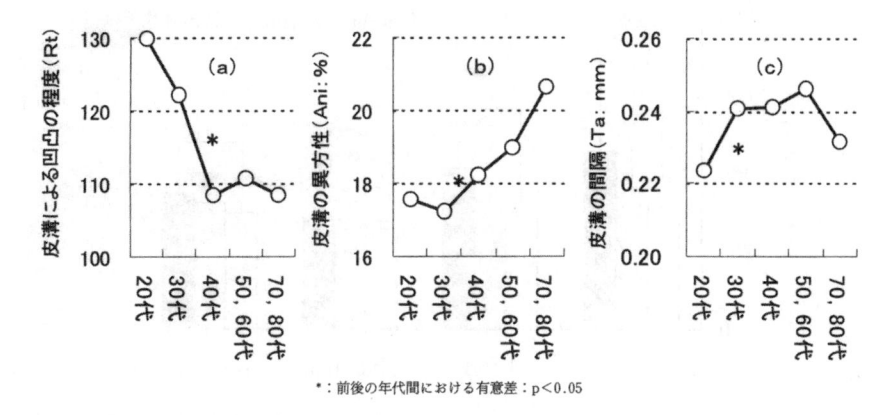

図3 きめ形状パラメータの加齢変化[5]
（a）皮溝の凹凸の程度（Rt），（b）皮溝が1方向に揃っている程度（Ani），（c）皮溝の間隔（Ta）

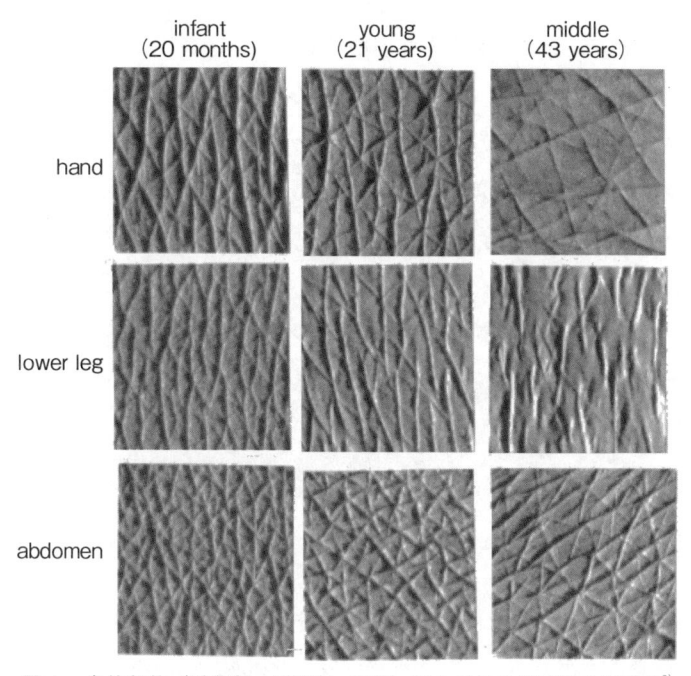

＊：前後の年代間における有意差：$p<0.05$

図4 身体部位（手背部・下腿部・腹部）におけるきめ形状の年齢差[8]

の不透明レプリカの拡大画像を乳幼児（20ヶ月），若年者（21歳），中年者（43歳）のものを例として示した（照明方向20°，撮影倍率30倍）。各画像とも皮溝が多く走っている方向に対して直交させた照明による。乳幼児においては，手背部，腹部および下腿部ともに細かく明瞭に観察され，部位による違いも大きくない。赤ん坊の肌がきれいに見え，なめらかな手触りなのはこのよ

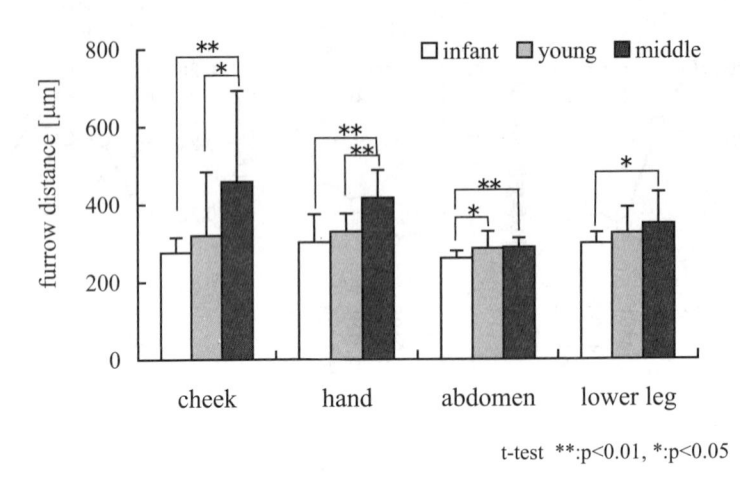

図5 身体部位（顔面頬部・手背部・腹部・下腿部）における皮溝間隔の年齢差[8]

うにきめが細かく整っていることも大きな理由であろう。しかしながら，若年者になると手背部，下腿部ではやや不明瞭になり，腹部では粗くなる。そして中年者では，3部位ともに粗くなり，手背部，下腿部では浅く不明瞭になっていることが分かる。採取したレプリカから画像解析によって算出した皮溝間隔の年齢差[8]を図5に示す。ここでは，年齢による差は明らかであるが，手背部でその変化が非常に大きいことが分かる。また，下腿部においても非露光部である腹部と比較するとその変化が大きく，紫外線はしみやしわだけでなくきめ形状へも影響を与えているといえる。しかしながら，紫外線の影響が非常に少ないと考えられる腹部においても変化量は少ないものの加齢により皮溝間隔が増加しており，きめ形状の変化は皮膚の生理的老化のひとつとして考えられる。

3　しわ

日本化粧品工業連合会では，しわを以下のように定義している[9]。

「加齢に伴って健常皮膚の表面に現れ，線状を呈し単独あるいは複数で一定の方向を有することが多い，肉眼で認められる長さ，深さ，幅を持つ溝のこと。額，目尻，首などの皮膚を好発部位とし，日光・乾燥などの環境因子により増強される。しわの中でも近接しなければ認められないものを小じわとよぶ。ただし，一過性の変形によるものや，創傷が原因のものは除く。」

しわの形態学的な分類の最も著名なものとして，目尻にできるカラスの足跡と呼ばれ生理的老化と紫外線暴露により発生する線状じわ（図6），線が交差して生ずるもので三角形や長方形模様が顕著であり高齢者の頬や首に生じる図形じわ，紫外線の影響が少なく高齢者の大腿部や腹部

第6章　皮膚表面形状

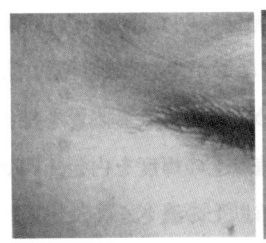

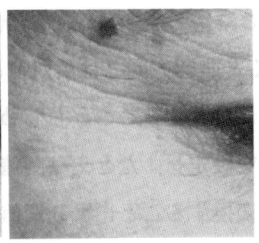

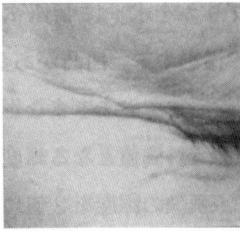

図6　目尻における線状じわの例

に生ずる細かなひだ状のしわで，顔面部では目の下部に現れることの多い縮緬じわがある[10]。

評価法については，2006年に日本香粧品学会抗老化機能評価専門委員会が新規効果取得のための抗しわ製品評価ガイドラインを作成しそのしわ基準化が成されている[11]。顔面部のしわ計測は，女性のしわに対する意識が最も高い目尻を対象として行われている。

3.1　計測法
3.1.1　観察・スコア法

写真を介してあるいは直接目視により観察・評価してスコア化する方法である。あらかじめ基準とする標準グレードを用いて，それらに対応したスコアを用いて判定する。たとえば，抗しわ製品評価ガイドライン[11]では，グレード0～7（グレード0：しわは無い，グレード1：不明瞭な浅いしわが僅かに認められる，グレード2：明瞭な浅いしわが僅かに認められる，グレード3：明瞭な浅いしわが認められる，グレード4：明瞭な浅いしわの中に，やや深いしわが僅かに認められる，グレード5：やや深いしわが認められる，グレード6：明瞭な深いしわが認められる，グレード7：著しく深いしわが認められる）の8段階にグレーディングされたものが用いられている。その他，しわの本数や深さも含めてスコア化された方法なども報告されている[12]。評価者は，皮膚科専門医やこれらの評価に熟達した香粧品研究者などにより行われている。本方法は半定量的な評価方法であるが，実際の見た目の印象として評価されている点で有効であり，多くの場合定量的な評価と併用して実施されることが多い。

3.1.2　斜光照明による2次元画像解析法

しわの凹凸形状の鋳型（レプリカ）をレプリカ剤を用いて皮膚表面から転写し，そのレプリカを解析する間接的な手法である。古くからしわ評価に用いられている方法である[6,13,14]。レプリカに写し取られたしわの走行方向に対して垂直斜め上方一定角度から一定強度の光を照射することによって凹凸形状に起因する影を作成する。そして，その影領域を画像解析により抽出することにより，しわの深さや面積比率などのパラメータを算出する2次元的な評価方法である。サン

- ISO標準表面粗さパラメータ[3]：Ra（粗さ曲線の算術平均粗さ），Rz（粗さ曲線の十点平均粗さ），Rmax（粗さ曲線の最大高さ）

また，格子パターン投影法を用いた測定装置ではレプリカを介さず，直接計測が可能である装置も市販されている（図8）。

3.2 加齢変化

図9，10に斜光照明による2次元解析法を用いた目尻のしわの加齢変化[6]を示す。しわの深さ

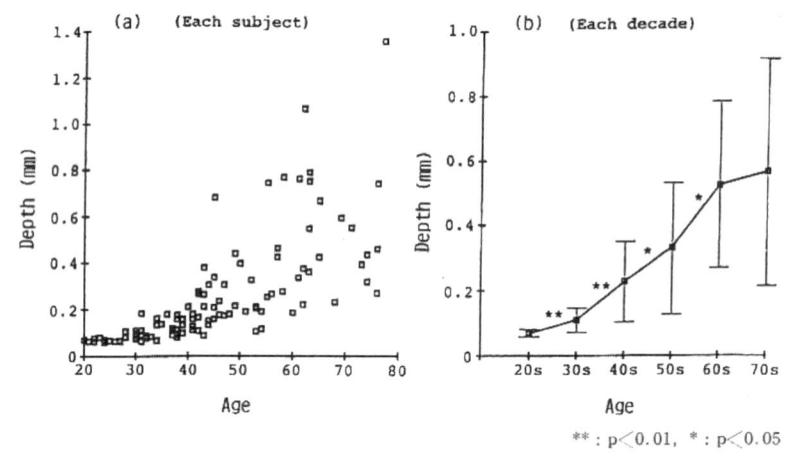

**：$p<0.01$，*：$p<0.05$

図9 目尻におけるしわ深さの加齢変化[6]
（a）各被験者の測定値，（b）年代別平均値

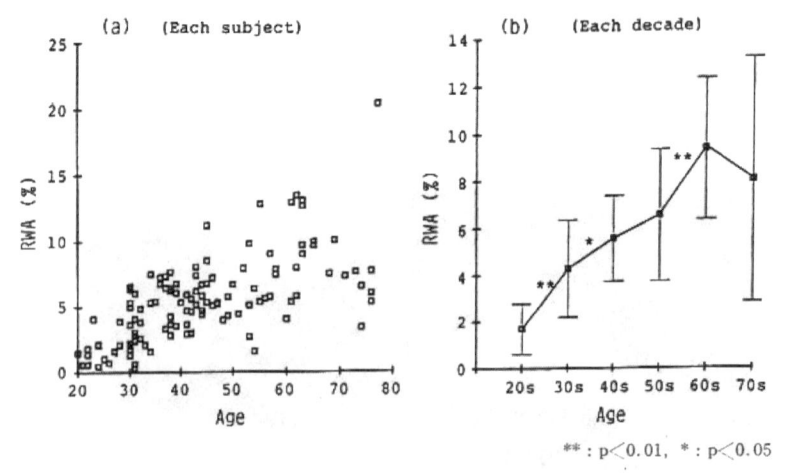

**：$p<0.01$，*：$p<0.05$

図10 目尻におけるしわ面積比率の加齢変化[6]
（a）各被験者の測定値，（b）年代別平均値

第6章　皮膚表面形状

では40代以降で顕著になり，個人間の差も40代以降大きく開いてくる。また，しわの面積比率は20代から30代にかけて急に増加している。さらに，しわの深さ別の分布を把握するためにしわ深さを9区分し，各深さ区分に含まれるしわ面積比率を年齢別に見ると，20代から30代にかけては比較的浅い小さなしわ（深さ150μm未満）の量が増加するが，40代以降では深いしわの量（150μm以上）が増え始めるとともに浅い小さなしわは減少する傾向にある（図11）[18]。同様な加齢変化は，レーザー光切断法による3次元解析によっても報告されており[16]，しわの本数は，30代から50代にかけて増加し，50代以降ではほとんど一定となるが，生成されたしわ1本1本の体積は増加する。また，小じわについては，その本数は20代から30代にかけて急激に増加し40代をピークにその後は徐々に減少し，体積の変化も同様の傾向にある。しわの年齢変化は，20代から30代で小さなしわが多数発生し，それ以降は深いしわとして形成されていると考えられている。

表皮の下側には，表皮の10数倍の厚さを持つ真皮が存在する。真皮の主な成分は，コラーゲン線維，エラスチン線維およびフィブロネクチンやプロテオグリカンに代表される細胞外マトリックスと称される生体高分子と，これらの合成/分解を主な任務とする線維芽細胞である。そのうちコラーゲン線維およびエラスチン線維は，加齢や日光暴露によって量的，質的に変化することが知られており，この変質がしわやたるみの発生の一要因となる。日光暴露時間が異なる室内作業者群と野外作業者群での加齢変化を比較すると，野外作業従事者は室内作業従事者と比較して

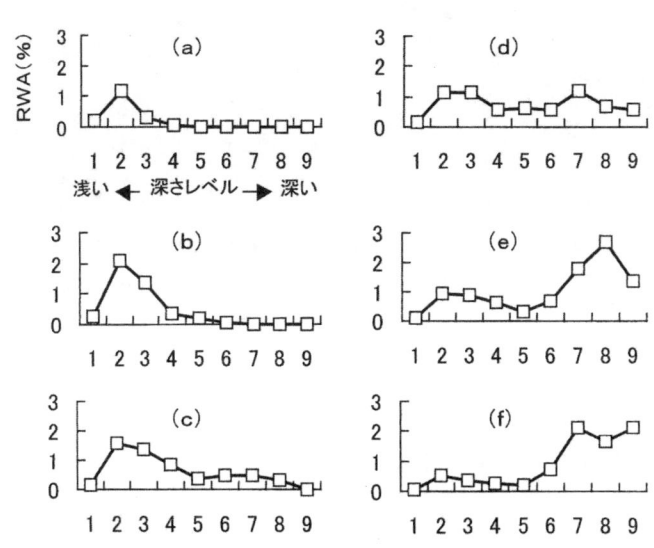

深さレベル：1＝30μm未満，2＝60μm未満，3＝100μm未満，4＝150μm未満，5＝200μm未満，6＝300μm未満，7＝500μm未満，8＝800μm未満，9＝800μm以上

図11　目尻におけるしわ面積比率の加齢変化[18]
(a) 20代，(b) 30代，(c) 40代，(d) 50代，(e) 60代，(f) 70代

細かな浅いしわが見られる年齢が低いという報告がある[5]。このように日光暴露によって比較的若い年齢から生理的老化によって生ずるしわ形成が増長されるのである。

4 毛穴

　毛器官と皮脂腺は，多くの場合一体となって皮膚に存在している[19]。顔面の皮膚では，皮脂腺がよく発達していて毛漏斗部の内腔が広く，皮膚表面に漏斗状の形態を持つ。多くの女性に毛穴として実感されているものは，毛漏斗部の開口が広がっていたり，周辺がすり鉢状に陥没しているため，皮膚表面に生じる凹みが毛穴として視覚的に認識されているものと考えられる。この凹み部分に角栓のつまりが観察される場合もある。ビデオマイクロスコープによって観察される小鼻の典型的な毛穴拡大画像（×50倍）を図12に示した。このように皮膚表面の拡大画像を得ることによって毛穴の状態を観察することができ，特に毛穴部分に角栓がつまっているかどうかがはっきりと確認される。毛穴の角栓のつまりについて，20～50代の女性138名の頬と小鼻を観察したところ，小鼻では，どの年齢においても約70％のヒトに認められるのに対して，頬では，20代で最も多く約30％であり年齢によりその割合は減少する。

　毛穴形状計測に関しては，きめ，しわと同様2次元あるいは3次元解析が行われている。

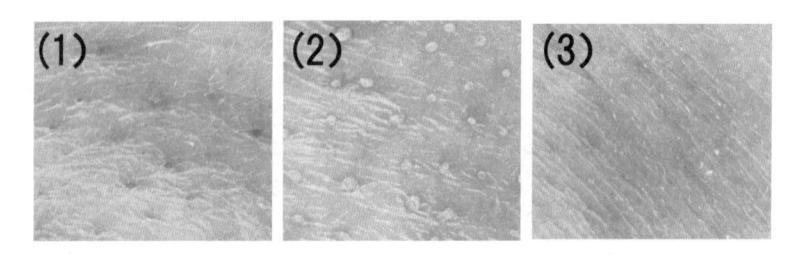

図12　ビデオマイクロスコープによる顔面皮膚の拡大画像
（1）毛穴のひらき，（2）毛穴のつまり，（3）毛穴が目立たない

4.1　計測法
4.1.1　ビデオマイクロスコープによる解析

　ビデオマイクロスコープで撮影したデジタル画像をコンピュータに取り込み，画像解析ソフトウエア処理によって階調，面積ともに一定以下の条件を毛穴として抽出し，観察エリア内の毛穴の個数や面積，位置情報をデータ化する方法により毛穴形状の定量評価が行われている[7,20,21]。本方法を用いた装置として市販されている装置にRobo Skin Analyzer（RSA-100：Inforward社）

第6章 皮膚表面形状

がある。本装置は，顔面部全体のカラー写真画を撮影しその画像が処理されるため，顔面部全体の毛穴評価が可能とされている。我々はこれら顔面部全体の画像から任意エリアを切り出し，目的部位の毛穴の面積や分布密度を一般の画像処理ソフトを用いて算出している（図13）。

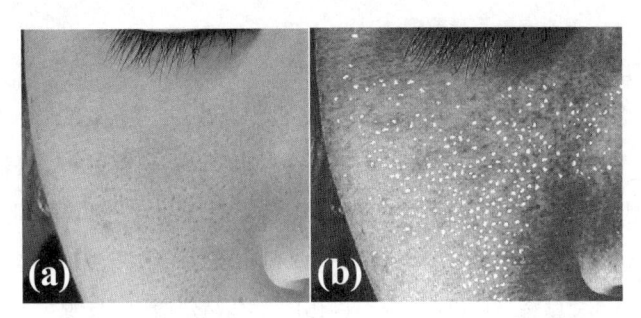

図13 RSA-100（インフォワード社）による毛穴画像例
(a) カメラ画像，(b) 毛穴抽出画像

4.1.2 2次元形状解析

毛穴の形状をレプリカ剤を用いることによって皮膚表面の凹凸を型採り，そのサンプルを2次元的に形状解析する手法がいくつか試みられている。

高橋ら[22]は，得られたレプリカサンプルをCCDカメラによって得られた64階調の原画像を2値化処理し，その2値化画像を皮溝と毛穴の状態から6パターンに分類している。このうちの2パターンが毛穴の目立つものと分類している。さらに，2値化画像を4×4メッシュに分割し，各メッシュにおける黒画素数の標準偏差で毛穴の大きさを表す指標AVSD16を算出している。また，西島ら[23]は透過光解析用のレプリカを用いて面積が$0.02mm^2$以上のものを毛穴として，面積および長さを解析している。レプリカサンプルをCCDカメラで画像を取り込み，グリーンの色成分を8ビットグレイスケールに変換し2値化画像を得て，それらを細線化して皮溝を消去した後に残った成分である部分を毛穴として抽出している。抽出された一定面積に含まれる毛穴の，開口部面積，開口部楕円長短軸比率，個数などが算出されている。開口部楕円長短軸比率は長軸と短軸の比（長軸/短軸）で表され値が1に近づくほど真円となり値が大きくなると楕円になることを表している。

4.1.3 3次元形状解析

最近では，共焦点レーザー顕微鏡を用いた解析による3次元計測による毛穴形状計測が一般的になってきている[24,25]。共焦点レーザー顕微鏡はある一定の深さの面だけに焦点が合い，その面の画像が等高線のように検出される仕組みになっている。それらの画像を重ねることにより3次

元形状を構築し，深さ方向の情報も得ることができる。皮膚表面の凹凸を型採ったレプリカサンプルを介して3次元の形状データを計測し，この3次元データをもとに専用の画像計測・解析ソフトを使って，一定面積に含まれる毛穴や任意に抽出された毛穴ひとつの開口部面積，開口部楕円長短軸比率，体積，深さといった形状特性パラメータを算出する。

4.2 加齢変化と部位による違い

カラーレーザー顕微鏡（超深度形状測定顕微鏡VK-8500：KEYENCE社）を用いて計測された頬部の毛穴形状の年齢変化は，どのパラメータも20代から40代までは顕著に増加する（図14）[24]。また，20代群と40代群の顔面7部位の毛穴形状を比較すると，頬下部を除くすべての部位において40代群は20代群と比較して，体積および開口部面積が有意に大きく，さらに，頬上部，顎部および鼻翼部では深い形状になる（図15）[24]。体積が増加する原因として面積と深さが挙げられるが，加齢による毛穴の体積の増加は開口部面積の増加が大きく関与していることが分かる。また，顎部や鼻翼部は皮脂分泌量が顔面部の中でも大きい部位である[26]。毛穴の形状に起因すると考えられる皮脂腺の大きさは皮脂分泌量とほぼ一致している[27]，とされていることから，顎部や鼻翼部ではこれらの部位の下部に存在する皮脂腺部の大きさが特に影響を及ぼし，他の部位と比べて体積が大きく40代で深くなっていると考えられる。また，水越ら[28]は，ビデオ

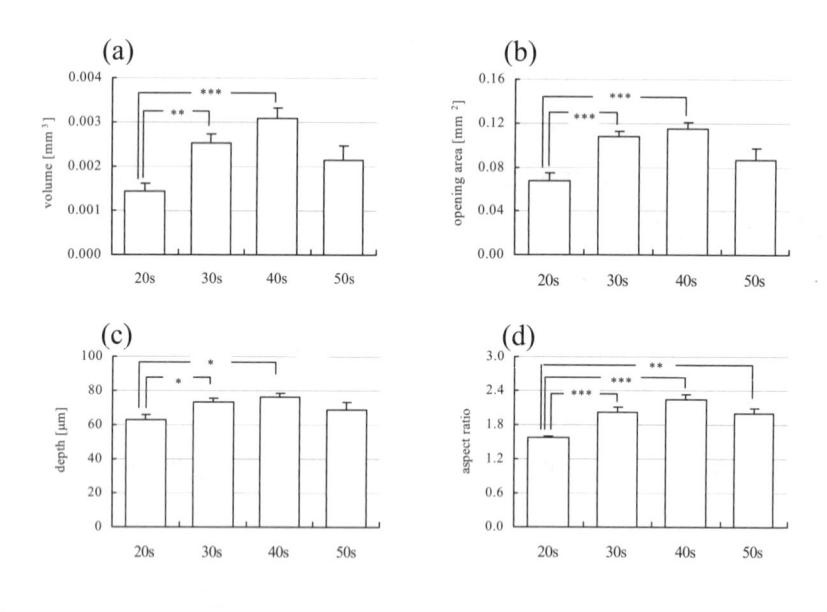

Values are means＋SE, ***：$p<0.001$, **：$p<0.01$, *：$p<0.05$

図14 頬部における毛穴形状パラメータの年齢変化[24]
(a) 体積，(b) 開口部面積，(c) 深さ，(d) 開口部楕円長短軸比率

第6章 皮膚表面形状

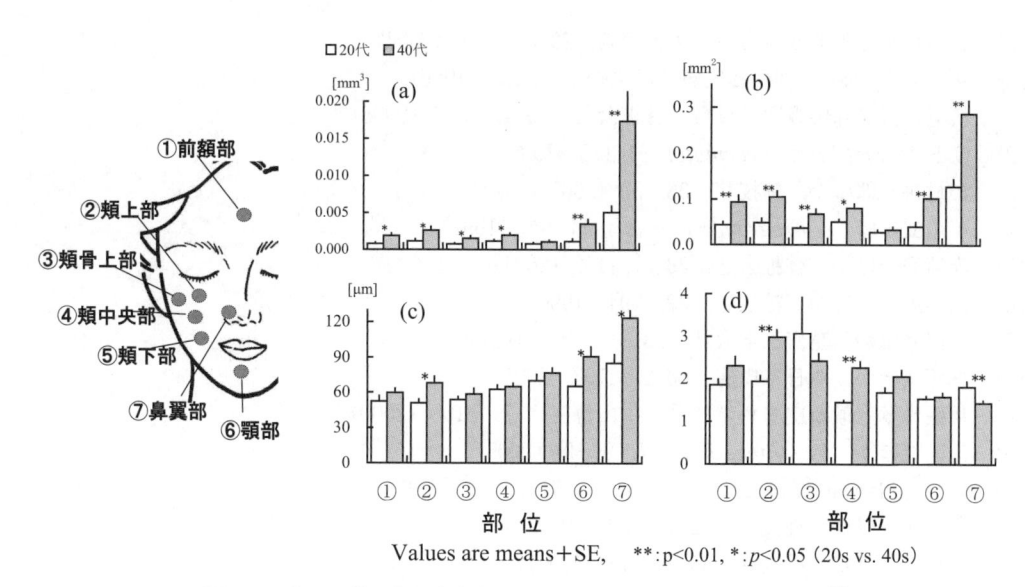

図15 20代と40代の顔面各部位における毛穴形状パラメータの比較[24]
(a) 体積, (b) 開口部面積, (c) 深さ, (d) 開口部楕円長短軸比率

マイクロスコープによって得た拡大画像を, 画像解析することによって計測された頬部の毛穴面積の年齢変化は, 10代から20代および30代から40代の2回, 急激に増加する時期があるとしている. また, 開口部の長軸の傾き方向も加齢によるたるみの発生とともに変化し, 正中線に対して斜め45°の方向に近づいていく[24]。

文　献

1) J. W. Fluhr et al., *Akt. Dernatk*, **21**, 151 (1995)
2) D. Khazaka, Active Ingredients, International Conference Paris, November (1996)
3) JIS B 0601, 表面粗さ-定義および表示
4) 高橋元次, 現代皮膚科学体系年刊版, 中山書店, 90-B, p13 (1990)
5) 林照次ほか, 粧技誌, **23**(1), 43 (1989)
6) 林照次ほか, 粧技誌, **27**(3), 355 (1993)
7) 荒川尚美ほか, 粧技誌, **43**(3), 355 (2007)
8) 村上泉子, *Fragrance Journal*, **9**, 17 (2003)

9) 日本化粧品工業会連合会, 香粧会誌, **28**(2), 118 (2004)
10) A M. Kligman, 加齢と皮膚, 清至書院, p221 (1986)
11) 抗老化機能評価専門委員会, 香粧会誌, **30**(4), 316 (2006)
12) G. F. Bryce, *Invest. Dermatol.*, **91**, 175 (1998)
13) 田村耕一郎ほか, 粧技誌, **35**, 50 (2001)
14) 芋川玄爾ほか, *Fragrance Journal*, **11**, 29 (1992)
15) 赤崎秀一ほか, 香粧会誌, **28**(2), 102 (2004)
16) 高須恵美子ほか, 粧技誌, **29**, 394 (1996)
17) 吉澤徹ほか, 精密工学会誌, **53**(3), 422 (1987)
18) 林照次ほか, 西日本皮膚, **68**(2), 103 (2001)
19) 伊藤雅章, 最新皮膚科学体系, 中山書店, 17, p108 (2000)
20) 川田暁ほか, *Fragrance Journal*, **9**, 48 (2005)
21) G. G. Hillebran et al., *IFSCC Magazine*, **4**(4), 259 (2001)
22) 高橋元次ほか, 粧技誌, **23**(1), 22 (1989)
23) 西島貴文ほか, 粧技誌, **35**(2), 141 (2001)
24) 村上泉子ほか, 香粧会誌, **30**(4), 237 (2006)
25) 高橋元次, *Fragrance Journal*, **9**, 26 (2006)
26) 平井裕香ほか, 粧技誌, **21**(1), 16 (1987)
27) 増子倫樹, 日皮会誌, **98**(4), 443 (1988)
28) 水越興治ほか, 粧技誌, **42**(4), 262 (2007)

第7章 皮膚色の評価のポイントと測定機器

末次一博[*]

1 はじめに

　近年，機能性化粧品の開発において，皮膚状態の評価の必要性が高くなってきており，その中でも"シミ"や"クスミ"などを対象とした有効性の確認には皮膚色の計測が必要となってくる。また，スキンケアの分野だけでなく，ファンデーションなど見た目に変化を与える製品の開発などにおいても皮膚色の評価は必要である。

　従来，皮膚科領域において皮膚色の評価は，シミの判定など肉眼的に観察し，皮膚所見として言葉で記述及び写真を撮るという方法が利用されていた。しかし，肉眼観察は主観的で定量化しにくく，残された写真も同一条件で撮られていることが少なく，比較するのも困難なものが多かった。そこで，皮膚色を客観的に定量化するために物体色の計測に用いられる接触型測色計を用いることが多い。これらは照明装置が内蔵されており再現性は高いものの，対象である皮膚に凹凸，毛や色むらがあることや圧迫によって色が変わるなどの問題点を有している。近年，CCDカメラやデジタルカメラの進歩により，高画質のデジタル画像を入手することが可能となってきた。しかし，このような非接触型測色計は，一定の照明条件を満たすことが困難で再現性に問題がある。このような中，皮膚色をできるだけ精度よく計測するための基礎的な知識と測定機器の選定及び測定上の留意点について説明を行いたい。また，高価な測定機器だけでなく，安価な測定の方法も紹介したい。

2 色について―色を知覚するためのメカニズム[1)]

　物体から反射した光は目の網膜を刺激して，微弱な電気信号に変換され脳に伝達される。網膜の細胞は，光をR（赤）・G（緑）・B（青）に対応した感覚組織を持っており，その強さに応じた信号を脳に伝達し，それぞれの信号の割合によってその光（物体）の色を知覚する（図1）。

　物体の色を識別できるのは，物体によって特定の波長の光を反射したり吸収したりするためで，その反射光が人の目の網膜に到達し，刺激を与えて色を知覚する。図2の例のように，植物

---

[*] Kazuhiro Suetsugu　㈱ナリス化粧品　研究開発部　シニアリサーチャー

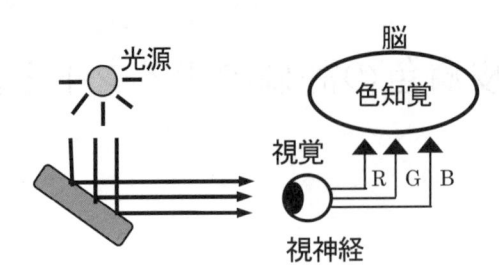

図1 色を知覚するメカニズム

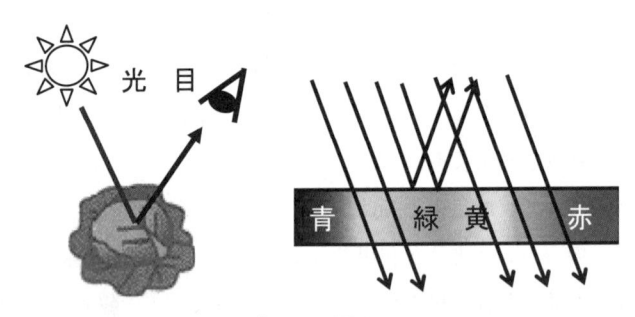

図2 色はなぜ見えるのか

の葉が緑に見えるということは、葉が緑色の波長の光を反射し、その他の波長の光を吸収しているため、葉は「緑色」に見える。物体が、光をすべて吸収すれば「黒く」見え、すべて反射すれば「白く」見えることになる。

3　色を測定する

3.1　色の数値化

色の数値化の代表的なものとして、マンセル表色系、XYZ（Yxy）表色系、$L^*a^*b^*$表色系がある（図3）。マンセル表色系は、中心軸に明度（V）を置き、中心軸から外側に向かって彩度（C）をとり、円周上に赤、黄、緑、青、紫の5色を基本とした色相（H）を配置したものである。XYZ（Yxy）表色系は、光の三原色の加法混色の考え方に基づいて、色相と彩度で表した色度図（xy）と明度に対する反射率（Y）で表したものである。$L^*a^*b^*$表色系は、明度をL^*で表し、色相と彩度で表す色度をa^*b^*で表したものでL^*、a^*、b^*は直交している。a^*はプラス方向が赤、マイナス方向が補色の緑であり、b^*はプラス方向が黄、マイナス方向が補色の青である。

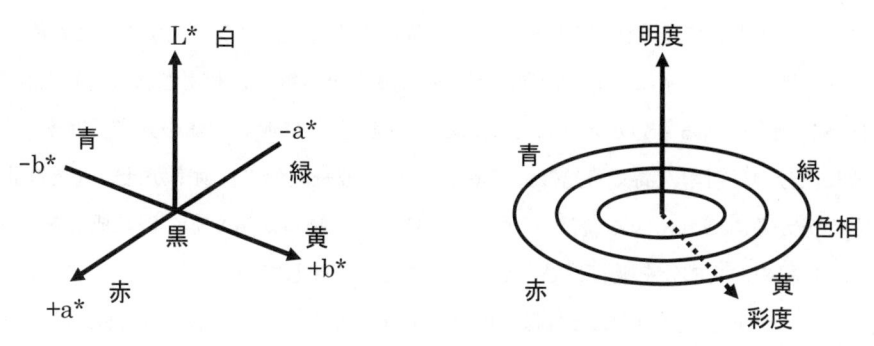

第7章　皮膚色の評価のポイントと測定機器

図3　L*a*b*表色系（左）とマンセル表色系（右）

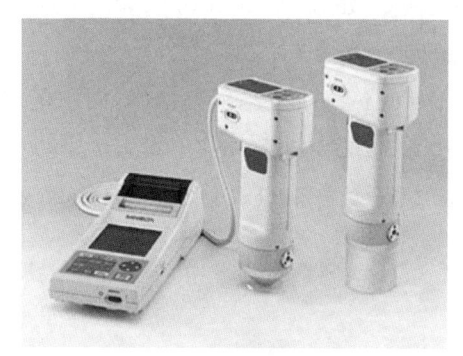

コニカミノルタ製「CR-400/410」
写真1　色彩色差計

3.2　色を測定する装置

色を測定する装置には，接触型の色彩計（写真1）と分光測色計と非接触型の画像解析法などがある。

3.2.1　色彩計（刺激値直読方式）[2]

人間の目で観察する場合，光源の違いや背景の違いによって，同じ色でも違って見えたりするのに比べて，色彩計は人間の目に相当するセンサを搭載し，さらに，一定の照明光源と照明方法によって色を測定するため，昼・夜に関係なく測定条件に左右されず，簡単に色を測定することができる。色彩計は，微妙な色の違い（色差）を数値で表すことが可能であり，品質管理など現場で能力を発揮する。皮膚の測定では，シミの評価のように明暗の差を測定する場合に用いられることが多い。

3.2.2　分光測色計（分光測色方式）[2]

色彩計の色の数値化に加えて，物体から反射された光を，内蔵された複数のセンサを使って，

波長毎に細かく分光して，波長毎の反射率（光の量）を測定し，グラフ化することで色の本質を知ることが可能となる。主に研究・開発部門での高度な色の解析に利用される。分光測色計は，色差を同時に測定できるものがほとんどである。図4（左）に赤い物体の分光反射率を示した。赤系の波長成分の反射率が高く（光の量が多く），他の波長成分の反射率が低い（光の量が少ない）ことが分かる。これは図4（右）で示すように，赤い物体が橙や赤の波長成分を反射して，紫や藍，青，緑の波長成分を吸収しているということを意味している。

測定方式には，単方向照明方式と拡散照明（積分球）方式がある。単方向照明式は，一方向から照明する方式で，45-n（45-0）では，試料面の法線に対して45±2°の角度から照明し，法線方向（0±10°）で受光する。拡散照明（積分球）方式は，積分球などを使って，試料をあらゆる方向から均等に照明する方法で，d-n，D-n（d/0）では，試料をあらゆる方向から均等に照明し，試料面の法線方向（0±10°）で受光する。

写真2のコニカミノルタ製「CM-2500c」と横河M&C「CD100」が単方向照明方式をとっており，測定部がコンパクトであることが特徴である。コニカミノルタ製「CM-2002」は拡散照明方式をとっており，測定部に積分球を搭載しているため大型になってしまう。

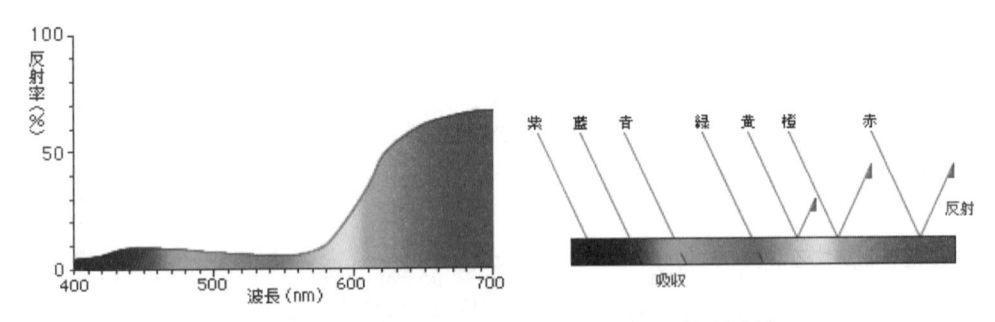

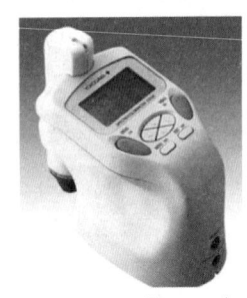

図4　赤い物体の分光反射率（左）と光の吸収及び反射（右）

写真2　分光測色計

第7章 皮膚色の評価のポイントと測定機器

3.2.3 非接触型の装置[3]

専用の光学機器を用いず，CCDカメラやデジタルカメラで得られた画像情報をもとに色の計測を行う方法も盛んに行われている。一つとして，マイクロスコープを用いて極小部の観察などが行われる。マイクロスコープは専用の光源を装備しているため比較的安定な色情報を得ることが可能である。それに対して，顔全体の観察の場合，周囲の照明が異なれば，画像情報が異なることになり，必ず一定の照明下及び一定の距離・角度で画像を撮影することが必要となる。しかし，長期にわたる連用試験のような場合に一定の条件で測定するのはかなり困難である。

4 皮膚色の測定

4.1 皮膚色の光学的特殊性と構成色素[4]

皮膚は表面から角質，表皮，真皮，皮下組織からなり，半透明な膜であるため，光は図5のように皮膚で反射・吸収・散乱される。皮膚色を決定する色素は，メラニン，ヘモグロビンやカロテンなどがあるが，皮膚色に寄与が大きく，かつ変化しやすいものとしてメラニンとヘモグロビンを挙げることができる。この2つの色素で皮膚の肌色はほぼ決定され，茶色のメラニンを含んだ表皮と表皮直下の赤色のヘモグロビンを含んだ毛細血管層に大きく影響している。メラニン，ヘモグロビン及びカロテンの分光反射率を図7に示した。また，メラニンとヘモグロビンによる皮膚色変化の概念図を図6に示した。

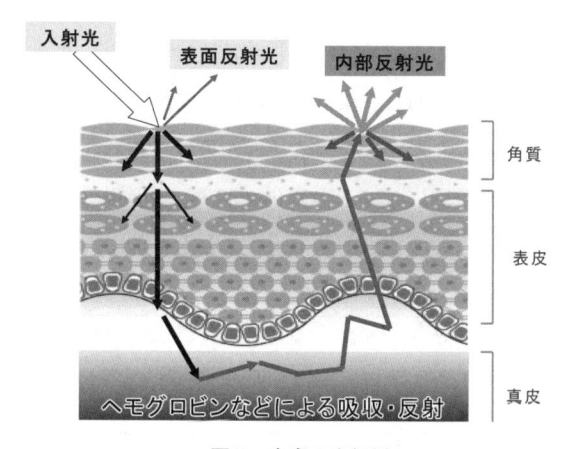

図5 皮膚の光伝播

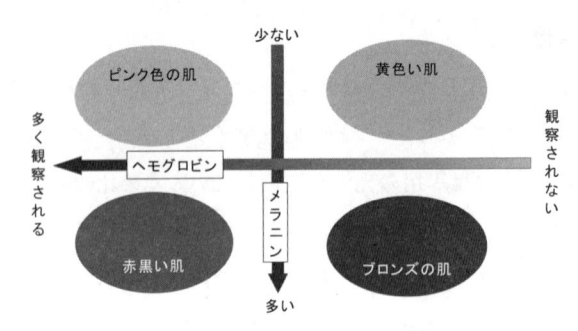

図6 メラニン，ヘモグロビンによる皮膚色変化の概念図

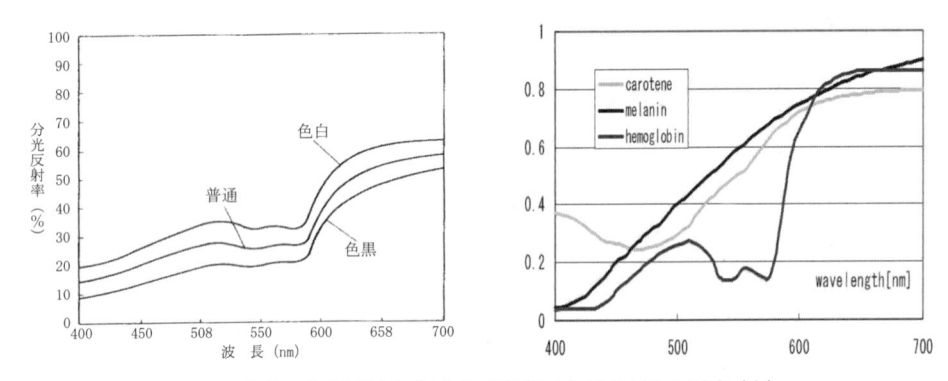

図7 皮膚の分光反射率（左）と皮膚構成色素の分光反射率（右）

4.2 シミの測定

　シミの測定には，紫外線を照射し人工的に作成した日焼けによるシミを対象とする場合と実際に存在するシミを対象とする場合がある。紫外線を照射して，シミを作成する場合は，比較的均一なシミを得ることができ，安定した結果を得ることが可能である。皮膚色の測定は，分光測色計や色差計を用いて，⊿L値を指標にしてその変化（消失）を追跡することが多い。同時にa値の変化を追えば，炎症による赤みの変化も同時に追うことが可能である。紫外線を照射し作成した日焼けに対する試験を行う場合，使用する部位は薬剤を塗布する区画に摩擦や紫外線の暴露などに区画差がでないよう選択する必要があり，測定は，区画内の数箇所を測定し，その平均値で求めることになる。

　実際に存在するシミを対象とする場合は，シミの大きさが一定ではなく，小さいものが多いことやムラがあることから，色差計を用いて測定することは困難である。このような場合は，一定の照明を有するマイクロスコープを用いる方法が用いられる。数値化が必要な場合は，得た画像をコンピューター画像解析することにより，濃さの程度を比較することになる。

第7章　皮膚色の評価のポイントと測定機器

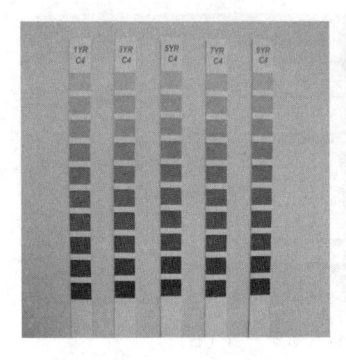

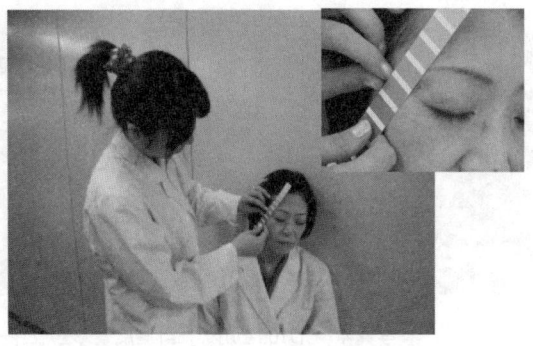

写真3　「スキントーン・カラースケール」の色票と測定風景

　前述した方法は，色差計やマイクロスコープのような高額な機器を必要とするため，簡便に評価する方法として日本色彩研究所の監修で第一製薬㈱より「スキントーン・カラースケール」が開発された（写真3）。「スキントーン・カラースケール」は，5本の短冊状の色票からなり，数字が小さいほど赤に近く，数字が大きいほど黄色に近い色相を示す。1本の色票の中には，明度の異なる19種の色が表示される。最も暗いものが，V4.0で，最も明るいものがV8.5と示される。この色票を用いて最も近い色を記録する。

　この「スキントーン・カラースケール」を用いて，測定するときのポイントは，焦点を皮膚に合わせて凝視すると色の同定が難しくなり，「スキントーン・カラースケール」に焦点を合わせ皮膚の色調とのコントラストを観察すべきとのことである。測定には，慣れが必要で慣れるまでは，複数の測定者で判断するのも好ましい。また，測定時の照明は，一定にし，被験者の状態も同じ条件で測定する必要がある。測定部位と「スキントーン・カラースケール」の写真を残しておくこともお勧めする。ここでは，シミの判定に「スキントーン・カラースケール」を用いることを述べたが，皮膚色の観察にも利用可能である。

4.3　皮膚色の測定

　シミの計測にも用いる接触式測色計で皮膚色を測定するとき，周囲より外光が入らないように皮膚に軽く押し当て測定を行う。操作的には非常に簡単であるが，皮膚は柔らかく，変形しやすいことなどを考慮して，我々はCD100（写真4）を使用している。この機器の特徴として，光ケーブルを用いることで測定部と本体を分離して測定することが可能である。測定部に単方向性証明方式を用いることにより，小型化することで，皮膚に軽く押し付ける操作がやりやすいという利点がある。さらに，測定部の開口部に石英板を付すことにより，開口部での皮膚の凸型変形を防ぐようにしているが，圧迫には十分気をつけて測定部を接触させる必要がある。我々はあくま

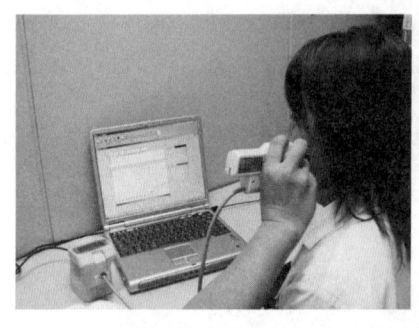

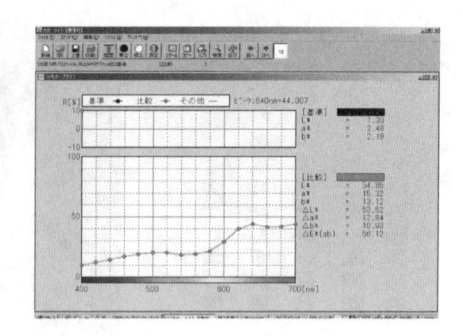

写真4　CD100を用いた計測風景（左）と得られるデータ（右）

でも測定のしやすさをポイントとして機器設定を行ったが，それぞれの機器の特徴を理解して自分たちに合った機器設定を行うべきである。

4.4　接触式色彩計を用いる場合の皮膚色測定の留意点

本来，色彩計や分光測色計は，面が平らで硬い塗装などのように環境で変化しない色の測定が主であるため皮膚を測定するためには特別な配慮が必要である。まず，被検体となるヒトは生き物であり，様々な外的要因により影響を受ける。測定環境温度は血流に影響し，ヘモグロビン量に変化を与え，赤みの変化の要因となる。測定室温は一定温度を保つことができる部屋で行い，測定前には十分馴化することが大切である。また，雑音などにより血管の収縮を起こし，皮膚色に影響することが考えられるため防音にも気をつける必要がある。

白井らは，コンピューターに接続したビデオマイクロスコープで皮膚の"赤み"の程度を皮膚血流に影響する可能性のある身近な因子が与える影響を確認したところ，同一部位の経時計測では，"赤み"は午後に強くなる傾向があり，食後20分後に有意な上昇が見られた。しかし，軽度の運動，喫煙や測定時の肢体変化は一定した皮膚変化を認めることはなかった[6]。ただし，統計的に一定の傾向をつかめなくても個々の被験者で無視できない変動を示した例もあるため，計測時には喫煙は控え，食事から一定時間をおいた上で，一定の体位で安静にした状態で測定することが望ましい。

周囲より外光が入らないように皮膚に軽く押し当て測定を行うわけであるが，その圧迫の程度により，血流量が低下し，皮膚色に影響する。皮膚の平常状態と皮膚を石英板で圧迫したときの分光反射率を図8に示す。メラニン色素を含む部位として頬部，メラニン色素のない手掌部との比較を行ったところ，メラニン色素の影響を受けない手掌部では圧迫により，血流量の変化と共にヘモグロビンに特異的な吸収である540nmと580nmの分光反射率が増加し，630nm以上の反射率が減少する。これは，圧迫により，血流が低下し，皮膚色へのヘモグロビンの影響が低下し

第7章 皮膚色の評価のポイントと測定機器

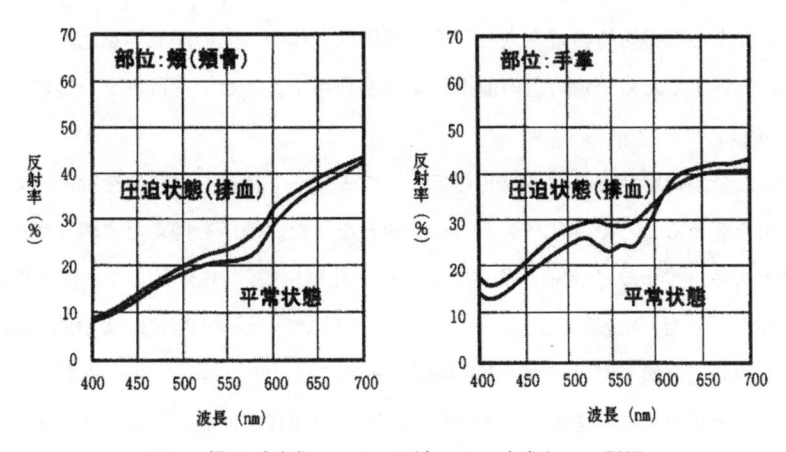

図8 頬及び手掌における圧迫による皮膚色への影響

ていることを示している。それと比較して，頬部では，メラニン色素の存在のため手掌部ほど大きな変化は見られないが，同様な傾向が見られる[7]。

皮膚は柔らかく圧迫による影響があることから，逆に接触が不十分となり，光が漏れることも多く，測定時には随時スペクトルを確認しながら異常値ではないことを確認し，ほぼ同一部位を測定した3回以上の測定値の平均をとる必要がある。繰り返しになるが，皮膚は柔らかいため，押し付ける圧迫で血流の変化や開口部での盛り上がりが起こるため圧迫がないように固定する必要がある。

4.5 非接触測定装置の使用時の留意点

これまで，接触式の測定装置について説明を行ったが，非接触式の中でも顔全体を観察する方法として，デジタルカメラやCCDカメラを用いる場合が多い。シミの改善を写真で示しているものをたまに見ることがあるが，照明の影響のためか皮膚色が全く異なり，このような写真でよく比較するものだと思うものもある。非接触式測定装置を用いた測定法の留意点としては，①照明を一定のものにする（光度に関しても管理を行う）。②被検体（顔）を固定し，照明に対する位置・角度を一定にすることが重要であるが，なかなか困難である。また，③照明は発熱するためその熱で雰囲気温度が上がり血流などの増加を起こさないようにする必要がある。④測定するカメラの機種などにより色味が異なってくるため同一試験は撮影機の機種を統一する。以上挙げたような留意点を比較的克服できている装置として，インフォワード社の全顔測定装置（写真5）が開発された。本機は光源を装置内に搭載し，顔を額と顎で固定することで光源と被検部位の位置関係を一定にすることができる。また，デジタルカメラは軌道上を自動的に移動し，正面及び左右斜め45度の3方向から同一位置で撮影する。この装置により，非接触式の問題点の多くが克

服されたことになる。撮影時の留意点としては撮影像全体から顔の印象等を比較する場合は撮影時の服の色が影響するため一定の色の前掛けなどを利用することで背景色を一定にする工夫も行っている。

　ここで挙げた全顔撮影装置の簡易版としてインフォワード社と共同開発を行い，カメラを固定し，顔の方向を変えることでコンパクト化が可能となった。価格を抑えた本機（サイエンスビュー）は，ロボスキンアナライザー（インフォワード社製）（写真6）として，医療機関などにも供給されている。また，Facial Stage（フェイシャルステージ）DM-3（MORITEX社製）（写真7）は，全顔の通常撮影だけでなくUV撮影モードでは，ブラックライト撮影ができ，可視光では見えない皮膚状態（色素沈着，剥離角質や皮脂）の観察が可能である（写真8）。

　また，このような機器を購入しなくても，簡易的な撮影装置として，通常のデジタルカメラと固定した光源を使用し，図9のようなものを作成し，撮影を行っているが，比較的安定した画像を得ることができているので参考にしてもらいたい。また，解析には市販のAdobe Photoshop（アドビシステムズ社製）やScionImageなどの画像編集ソフトウエアを用いることで簡易的な解析は可能である。繰り返しになるが，同一の照明を用い，被験者を同じ状態で測定することが重要である。

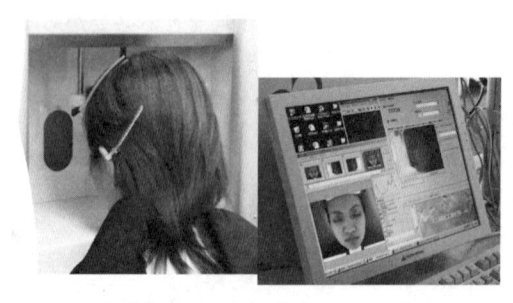

写真5　全顔撮影装置（インフォワード社製）（左）と計測風景及び得られるデータ（右）

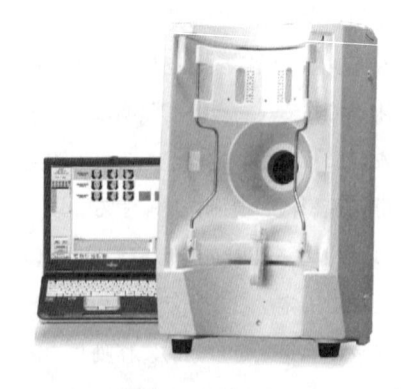

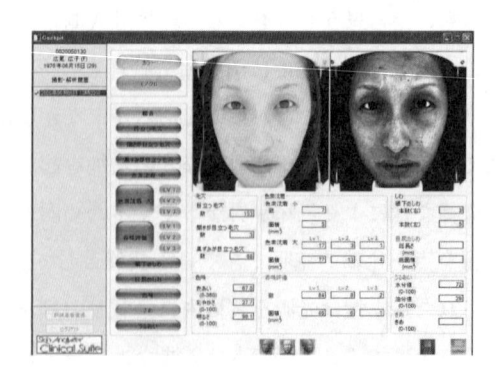

写真6　ロボスキンアナライザー（インフォワード社製）本体と計測画面

第7章 皮膚色の評価のポイントと測定機器

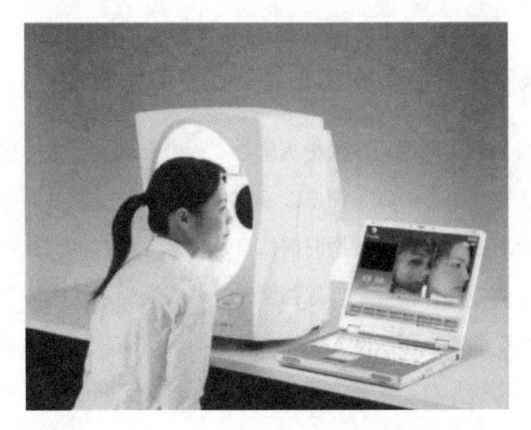

写真7 フェイシャルステージ（MORITEX社製）

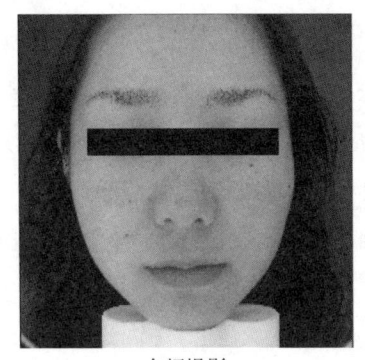

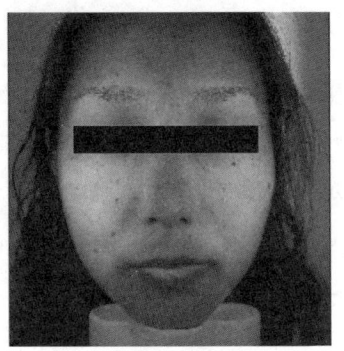

全顔撮影　　　　　　　　UVモード撮影

写真8 フェイシャルステージによる撮影画像

デジタルカメラ

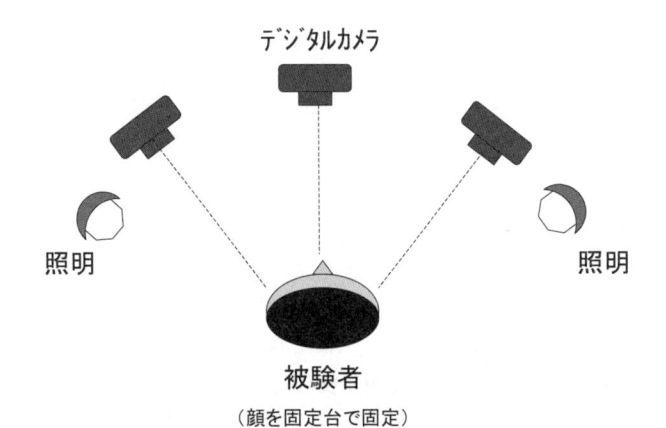

照明　　　　　　　　　　照明

被験者
（顔を固定台で固定）

図9 デジタルカメラを用いた全顔の簡易測定

5　長期連用試験で皮膚色の変化を見るときの留意点

　化粧料や医薬部外品などの長期連用試験を実施し，その有効性として皮膚色の変化を測定する場合，特に気をつける必要があるのは季節による変化である。試験期間中に日焼けや雪焼けにより，メラニン量の変化があったり，試験期間前に日焼けしていれば，徐々に皮膚色が明るくなったり，極度の日焼けがなくても日常の紫外線強度の違いで夏場に比べて冬場の方が皮膚色は明るい傾向を示す。このようなことから，露光部による長期連用試験は被験者の紫外線暴露状態の制限や把握が必要であり，比較したい薬剤の配合群と無配合群を同期間に実施することが重要である。

6　おわりに

　皮膚色の評価を客観的に定量化するために物体色の計測に用いられる接触型測色計を用いることが多く，これらは国際基準に適合している装置ではあるが，対照物が環境等の影響を受ける皮膚であることから，それを考慮して測定を行う必要があることを説明した。また，近年汎用されるようになってきたデジタルカメラなどの非接触式測定装置は，測定条件の同一化が最重要ポイントであることを説明した。
　ここで説明した測定機器を用いて計測することにより，数値化することが可能となり，視覚的な錯覚を排除し，視覚的に分かりにくい変化を追跡することが可能となり，機能性を有する化粧品に関する客観的な評価が可能となる。

文　　　献

1) 池田光男，芦澤昌子，「どうして色は見えるのか」，平凡社（1992）
2) コニカミノルタ編，「色を読む話」，コニカミノルタ
3) 滝脇弘嗣，*PHARM STAGE*，**2**(6)，p.28-36（2002）
4) 吉川拓伸，日本色彩学会誌，**29**(1)，p.31-34（2005）
5) 川田暁，水野惇子，森本佳伸，臨床皮膚，**59**(5)，2005，p.81-85（2005）
6) 白井志郎，滝脇弘嗣，宇都宮正裕，日皮会誌，**105**(1)，p.43-49（1995）
7) 技術情報協会編，「皮膚の測定・評価マニュアル」，技術情報協会，p.23-32（2003）

第8章　皮膚血流

滝脇弘嗣*

1　はじめに

　皮膚を養う血管は，一般に筋膜を穿通して（穿通枝）皮下脂肪組織で分岐して真皮に入り，真皮の深層と浅層のレベルで水平方向に連絡して深部および表在血管網（それぞれdeep plexus, superficial plexus）を形成する（図1）。上下の血管網を結んで垂直方向に走る血管は交通枝（communicating vessel）と呼ばれる。深層の血管網からは汗腺や毛囊をとりまく毛細血管が，浅層の血管網からは真皮乳頭（表皮突起間を埋める結合組織領域）にループ型の毛細血管が分岐して，これら皮膚附属器や表皮を養っている。組織学的には，その壁の形状から，小動脈，細動脈，毛細血管，細静脈，小静脈と分類されるが，ガス交換や栄養，組織液の出入は毛細血管を通じてなされる。なお循環の帰路である静脈では，穿通枝を介したルートとは別に，ことに四肢では皮下で集合しながら太い皮下静脈となり中枢に向かって還流する。なお，手掌や足蹠では毛細

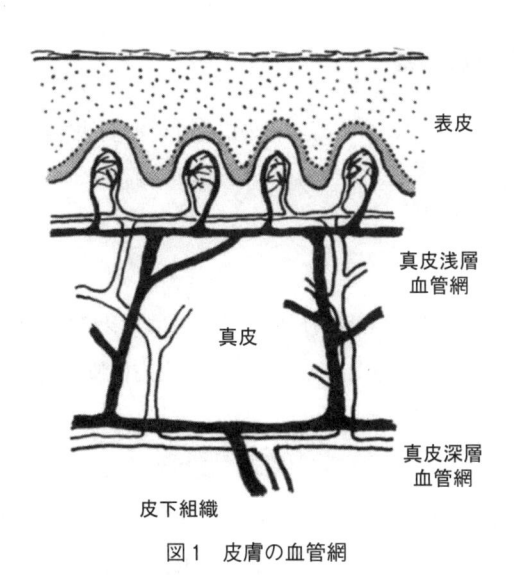

図1　皮膚の血管網

＊　Hirotsugu Takiwaki　たきわき皮フ科クリニック　院長

血管を介さず，動脈から直接静脈に流入する動静脈短絡（シャント）構造がある。この部分は組織学的に特異的な血管壁を有し，自律神経が入り組んで結節状組織像（glomus 装置）をなし，環境変化に対応して手足の血流調節に関与している。

　皮膚は表皮，真皮，皮下組織からなる多層構造を呈し，皮膚血管網も上述のように一様でない。さらに解剖学的部位が異なると，各層の厚さや構造も相応に異なってくる。たとえば本章がターゲットとしている顔面皮膚は，他部位とは異なって肥大した脂腺毛包に富み，下層の筋組織も，骨に接着して皮下組織とは筋膜で隔たる骨格筋ではなく，筋膜を持たずに皮下脂肪組織から真皮内に入り込んで停止する表情筋（口や鼻周囲では表皮直下にまで筋線維が達する）が存在する。また頭皮では太い毛幹を包んだ毛包が密生しており，成長期の毛包なら毛根部は皮下組織深くまで達する。したがって機器で皮膚血流を評価する場合は，その機器が皮膚組織のどのレベルの血流をどんな原理で計測しているのか，解剖学的に特殊な組織構造を呈する部位でも利用可能かどうか，などのポイントを把握しておく必要がある。そのためにはまず計測者自身が知りたい「皮膚血流」は，ガス交換や体液の出入にかかわる毛細血管レベルの実効皮膚血流か，皮膚色にかかわる真皮表層血管網の血流か，皮膚温に影響する小動脈レベルの血流か，あるいは皮下静脈や動静脈短絡まで含めた広いエリア内の血流なのかをはっきりさせておき，その目的に一番適した計測技法を採用すべきであろう。

2　皮膚血流計測法と機器

　皮膚科学や化粧品科学分野で用いられる各種の皮膚血流計測法を概説し，それぞれの特徴，利点や欠点を以下に述べる。

2.1　クリアランス法

　追跡子（トレーサー）となる物質を皮膚局所，あるいは全身に負荷し，それが血流によって運ばれて消失してゆく際の濃度変化を皮膚上，あるいは皮内に置いたセンサーで検知して記録する。トレーサーが組織で代謝を受けなければ，その濃度の減衰過程（クリアランス）は，これを運び去る血流の多寡に依存するため，減衰曲線から皮膚の血流量を計算できる。トレーサーとしては ^{133}Xe と水素が主に用いられてきた。前者は ^{133}Xe を含ませた生理食塩水を皮膚に局所注射するか，皮膚表面においたチャンバーから皮内に拡散させ，生じた γ 線をシンチレーションカウンタで経時的に測定する[1]。後者は水素ガスをごく短時間マスクで吸入するか，または皮膚に刺入したプローブを用いて電気分解で皮内に水素を発生させ，皮内に置いたセンサーで減衰曲線を記録する[2]。

第8章 皮膚血流

クリアランス法で得られる皮膚血流量は単位時間・体積当たりの流量（ml/100g/分）であり，ガス交換や栄養成分の受け渡しにかかわる実効血流量である。計測値はセンサーの設置部位を中心とした，周辺皮膚全体の毛細管血流量を反映している。とくに^{133}Xeクリアランス法は皮膚の絶対血流量を測定するための基準法として活用されてきた。しかし，トレーサーとなるアイソトープや水素ガス（吸入法）の取り扱いに注意を要するだけでなく，これらを体内へ導入し，計測する際に被験者・動物に侵襲が加わる計測法である。化粧品科学分野では，顔面や被髪頭部の皮膚が対象となるため，美容上の問題や訴えが生じる可能性があり，この方法を利用するのは困難かと思える。

2.2　経皮ガス分圧モニター

得られる量は皮膚血流量ではなく，皮膚の酸素と二酸化炭素の分圧（mmHg, torr, Pa）である。皮膚にプローブを密着した後，毛細血管内と皮膚組織内のガス分圧勾配が平衡（Steady state）するまで約20分を要するが，その後は血液や皮膚のガス分圧の変化に迅速に対応する。もともと採血が困難な新生児の血液ガス分圧をこの値から推定し，モニターするために開発された方法である。しかし，肺や心臓に問題がない場合，皮膚のガス分圧の最大の決定因子は皮膚の毛細血管レベルの血流であるため，皮膚血流量の評価用としても用いられてきた。とくに血管拡張剤や血管新生を促す処置の評価，皮膚欠損を被覆するための皮弁の血流評価，阻血によって壊死した肢の切断レベルを決める場合のマーカーなどに利用されている。市販の機器ではプローブに酸素分圧用（白金電極）と二酸化炭酸分圧用（ガラス膜電極など）のセンサーが組み込まれ，同時にモニターできる。

代謝を受けないトレーサーと違って，経皮ガス分圧は血液ガス分圧と血流量だけではなく，皮膚組織内の細胞による呼吸，つまり酸素消費と炭酸ガス排泄状態に大きな影響を受ける。たとえば，腕の皮膚にプローブを置き，マンシェットを腕に巻いて阻血させると，経皮酸素分圧（tcPO$_2$）は皮膚の細胞の酸素消費によって急速に直線状に下降してゼロとなり，開放すると復旧する。つまり血流変化に対して非常に鋭敏である。しかしtcPO$_2$は，角層肥厚，炎症・腫瘍性細胞浸潤，線維化など，皮膚病変でよく生ずる変化でも容易に低下する[3]。また，成人の顔面は他部位に比べて血流が多いにもかかわらず，脂腺の肥大による酸素消費の増大を反映してか，有意に低値である[3]。つまりtcPO$_2$は血流変化に対する感受性はよいが，それに特異的とは言えないマーカーである。一方，経皮二酸化炭素分圧（tcPCO$_2$）は少々の血流変化やたいていの皮膚病変では影響されず，ほぼ一定であり，部位による差異もほとんどない[4]。しかしひとたび阻血が生じて継続する場合は，細胞が排出した二酸化炭素のドレナージができずに上昇して異常高値となる（図2）。つまり感受性は劣るものの，阻血には特異的なマーカーとみなせる。

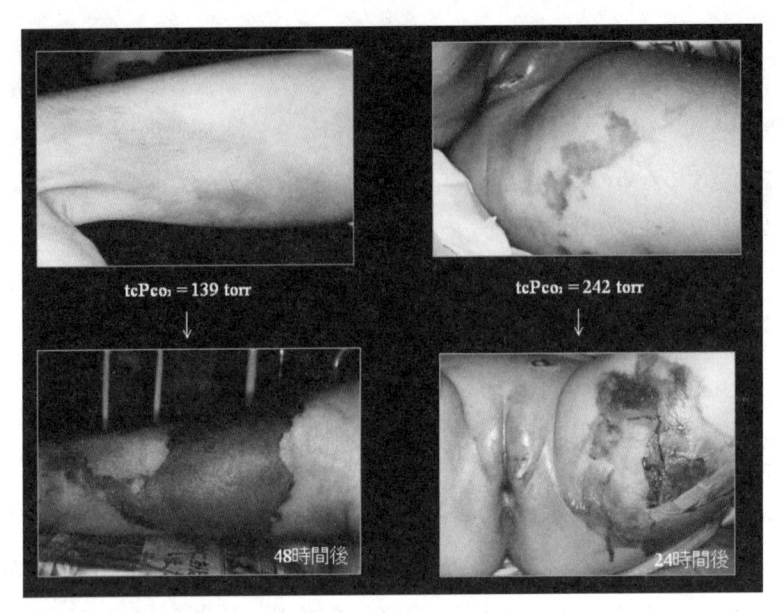

図2　壊死性筋膜炎の病変部経皮二酸化炭素分圧と経過

　生理的状態で皮膚は供給される酸素をほぼ消費しており，tcPO$_2$はわずか数mmHgにすぎない。そこで通常43〜44℃にプローブを加温し，血流量を増加させて酸素運搬量を増やして計測するのが一般的である。この加温でtcPO$_2$は成人なら60 mmHg程度にまで上昇するが，血管自律神経の反射は消失し，「生理的な」皮膚血流ではなくなる。つまり本法は一種の温熱負荷検査と捉えておくほうがよい。生理的な条件が必要な場合は，tcPO$_2$はかなり低値となるが，プローブの加温を自律神経反射の生じうる37℃に固定すればよい（センサーは温度依存性のため，一定に保つ必要がある）。ただし上述のように，成人の顔面皮膚は加温時でも値が低く，非加温時のモニターは困難かもしれない。なお，非加温時のtcPCO$_2$値は，変化に対する応答時間が遅くなるものの，値は加温時とほとんど変わらない。

　測定値を分析・解釈する際は，上述したセンサーの特性を理解しておくことが必要である。ことに測定部位に皮疹がある場合，tcPO$_2$は低下するのが必須とも言え，これを血流が悪いから，と断定するには他の方法での確認が必要である。なお，市販機器は動脈血ガス分圧の推定が目的であるため，真のtcPO$_2$に自動的に一定量のバイアスを加え，動脈血ガス分圧として表示する場合がある。このような機種では，センサーの較正時に自動ではなくマニュアル操作を選んで，真の経皮ガス分圧値を表示させればよい。

第8章 皮膚血流

2.3 レーザードップラー血流計

　レーザードップラー血流計（レーザー血流計）は，非侵襲的に簡単に計測でき，測定結果のイメージングも可能であるため，現在皮膚科学や化粧品科学で最も利用されている皮膚血流測定機器である。ただし，この方法で得られる皮膚血流量は絶対的血流量ではなく，相対量（arbitrary unit）である。赤血球に吸収されず散乱する赤色光（低出力He-Neレーザー）や赤外線のレーザー光（半導体レーザー）を，光ファイバーを用いて組織に入射し，散乱して戻ってきた光を受光ファイバーで光電素子へ導いて電気信号に変換後，演算処理して組織の血流量を定量する[5]。動いている赤血球に当たって散乱した光は，ドップラー効果により周波数変調を生じており，検出信号には赤血球の量と速度に比例した成分が含まれているため，これから血流量に比例した値が導かれる。この値には血液の量よりも流速がより強く反映されるため，流量計測法（flowmetry）より速度計測法（velocimetry）と記述されることも多い。絶対表示（ml/100g/分）を表示する市販機種もあるようだが，ファントムなどを用いたシミュレーションの結果をもとに算出しており，皮膚のように不均一な多層の組織では，その数値には信用を置かないほうがよい。この原理からわかるように，得られる値は実効血液量ではなく，たとえば動静脈短絡による赤血球の動きも反映する。

　開発当初の本機器は，プローブを穴開き両面テープなどで被験部位に接着し，表面から約1 mm^3の組織内の血流をレコーダーで記録する方式であった。しかし計測エリアが余りに小さいため，皮膚では設置個所が少し違うだけでデータの変動が大きくなりやすい[6]。このため非接触型で計測面積の大きな機種が開発され，現在では非接触型のヘッドから評価したい部位にレーザー光を走査するタイプの機種が広く利用されており，血流分布がイメージとして得られるようになった（図3）。ただし，顔面や頭部全体のような広い範囲全体を高感度のイメージで捉えるためには，所要時間は延長し，リアルタイムの血流検査法とは言い難くなる。機器は簡便に使用でき，無侵襲で，評価する面積が狭ければモニタリングが可能である（図4）。このため，非常に使いやすい装置であるが以下のような点に注意したい。

① 黒マジックなどで皮膚にマーキングしている場合，その箇所ではレーザー光が吸収されてしまい，血流測定はうまくいかないか，異常に低く観察されてしまう。

② 体動が起こるとレーザー血流に反映されてしまう。またちょっとした摩擦や圧迫でも計測値に強い影響が生ずるほど鋭敏である。

③ 電気的なゼロ点と，生物学的なゼロ点とは異なる。通常，白紙の上にプローブを置いて得られた値を生物学的ゼロ点（血流のない状態）として，これを無血流のレベルとする。

④ 接触型の機器で，ある部位の平均皮膚血流量を求める際は，範囲内の何箇所かをランダムで計測して平均値を求める。

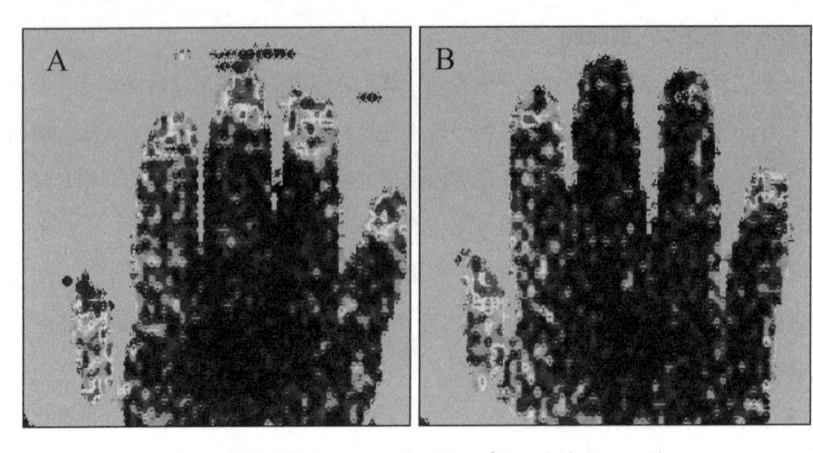

図3　膠原病患者のレーザードップラー血流イメージ
A，Bはそれぞれ冷水負荷前と後。第3，4指の皮膚血流の回復が不良。

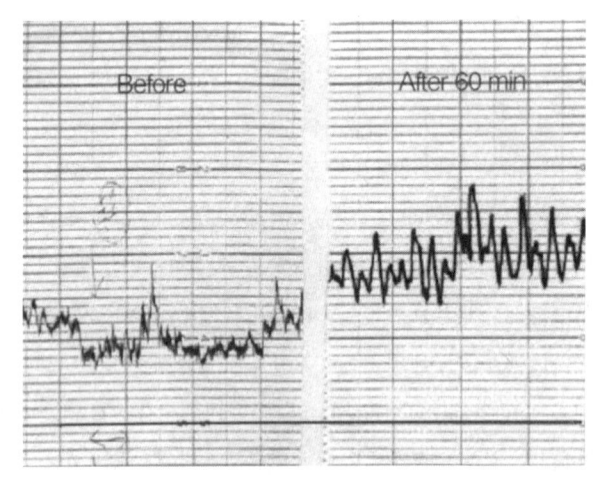

図4　膠原病の血管障害による皮膚潰瘍辺縁でモニターしたレーザー血流
プロスタグランディン投与60分後，血流量が増し，脈波も鮮明となっている。

⑤ 皮膚血流は常に一定に流れてはおらず，短い間隔で脈動し，さらに長い間隔で，血管の拡張と収縮を反映して波動するように増減する（Vasomotion）。血流をモニターする場合，体動によるノイズや，脈波によって血流波形がせわしく動くのを防ぎたければ，機器応答の時定数を変えられる機器なら時定数を大きく設定する。瞬時の応答は遅れるが，波形はなめらかになって大きな変化を主に捉えられるので，平均値算出に最適となる。一方，脈波の波形を解析したい場合は，逆に時定数を小さくしてレコーダーの送りを早める。

⑥ イメージング機器で複数の画像を比較する場合には，血流量の指標となる擬似カラースケ

第8章 皮膚血流

ールの設定や画像データの補間条件をソフトウェア上で同一にしておく必要がある。

　皮膚のレーザー血流量は，皮表から1～2mmのレベルまでの情報であり，皮下の血流はほとんど反映されない。肢位や姿勢の変化による静脈圧の変化に応じて，皮膚末梢循環が自律神経による調節[7]を受けた場合には，迅速に鋭敏に変動するのが観察できる。さらに食事や薬剤摂取，喫煙や精神活動，外界の環境変化にも容易に影響される。このため一連の計測を行う際には，なるべく一定した外部環境（できれば恒温恒湿室），一定の姿勢と，機器の一定した設置方法（非接触型ではプローブヘッドと皮膚間の距離など），生活リズムによる皮膚血流の日内変動を避けるため，計測はほぼ同じ時刻を選んで行う，などの配慮が望ましい。

2.4　紅斑（ヘモグロビン）インデックスメーター

　皮膚の血液量に線形に相関する指数値を，計測部位の分光反射率から抽出・定量するための機器である。皮膚の2大吸光色素（クロモフォア）である血色素とメラニンの吸光度スペクトルの特徴を利用して，皮膚の疑似吸光度（光学密度：log反射率$^{-1}$）から算出するため，計測値は血流量ではなく血液量である。専用のポータブル機器（デルマスペクトロメーター®，メグザメーター®）が市販されているが，汎用の反射分光光度計があれば，各種の紅斑インデックスを算出でき（様々な計算式が提唱されている），かつ毛細血管レベルの血液酸素飽和度の推定も可能である[8]。これらの機器で得られた情報は，一般に皮膚色の定量と混同されがちである。しかし，定量値は色空間での座標値（感覚量）ではなく，理論的には皮膚の真皮上層の血液量と線形の関係にあるとみなせる指数値であって，むしろ物理量に近い性質を持つ。ただし，この線形関係は希釈溶液についてのLambert-Beerの法則に基づくものであるため，単純性血管腫のように血液量が多すぎて赤黒くみえるような場合は不正確である。なお，これらの機器は計測目標の皮面に押し当ててスイッチを押す仕組みであるため，強く押しつけた場合や，スイッチを押すまでに時間がかかった場合には，阻血や鬱血を生じて値が容易に変動する。このため，計測はなるべく熟練した同一者が行ったほうがよいデータが得られる。

　これらの機器では高々直径1cmのプローブ開孔部内の平均値が得られるだけである。しかし，通常のデジタルカメラで撮った皮膚画像（画像内にキャスマッチ®または標準白色紙片を含めておく必要がある）があれば，イメージJなどのフリーウェアを用いて，紅斑（ヘモグロビン）インデックスを示す画像に変換できる[9]。理論的厳密さに欠けるものの，実用上，皮膚血液量の分布をイメージングできて便利である（図5）。

図5 皮膚潰瘍の治療前後（上が前）
a, b は血液量を示すヘモグロビンインデックス画像。肉芽の発育は輝度レベルで2.8倍に上昇。

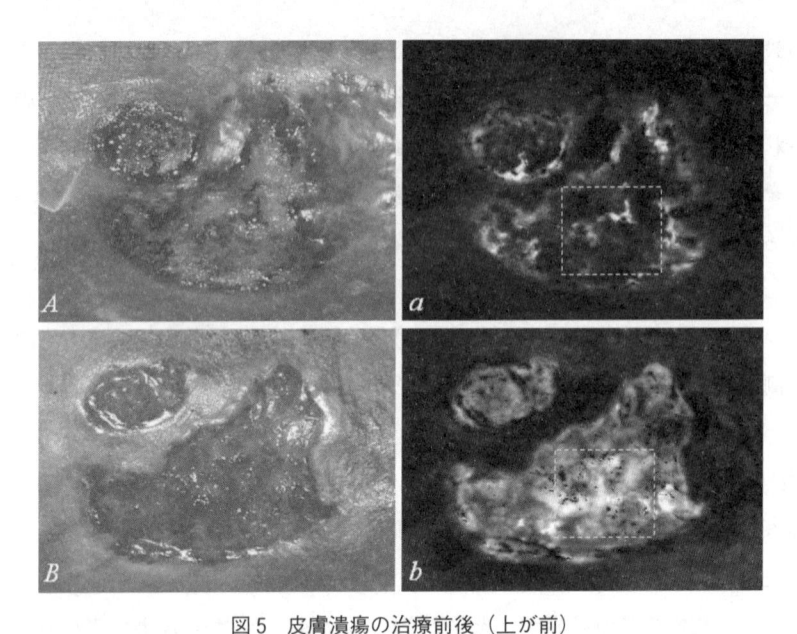

2.5 サーモグラフィー

　皮膚から放射される赤外線を探知して表面温度を定量し，イメージングする装置であり，得られる情報は血流量ではなく，温度（℃）である。しかし，皮膚温は皮膚へ流入する動脈血流に最大の影響を受ける。このため，サーモグラフィー（サーモ）は閉塞性動脈硬化性や膠原病などによる皮膚壊死や潰瘍と治療法の評価（図6），皮膚血流調節を行う自律神経の障害の評価，皮膚腫瘍の血流などを調べるため用いられている[10]。非接触型の赤外線サーモが，感度や信頼性の上で最良の方法とされ，わが国では一般的であるが，温度によって光の吸光度スペクトルが変わる，つまり色が変わる液晶を板にして，これを直接皮膚に押し当ててその温度分布をみる安価な接触型の液晶サーモや，乳癌検出用としてマイクロ波を検出するサーモも用いられてきた。

　物体からの熱（赤外線）放射は，Stefan-Boltzmannの法則からその絶対温度の4乗に比例するが，皮膚の赤外線放射率は金属などと比べると大きいためその放射を捉えやすい。医療用システムとしては，HgCdTeなどの量子型赤外線センサーを液体窒素で冷却して用い，ミラーを機械的に動かして赤外線強度の走査画像を記録する型式の装置が使用されてきた。産業用として用いられてきた，冷却の必要のない熱型赤外線アレイセンサー（マイクロボロメーター）も充分な温度分解能が得られるようになって，近年では医療用としても市販されている。

　皮膚温は血流だけでなく，測定時の外部環境や被験者の状態次第で変化する。このため，一定条件の恒温恒湿室で被験者を順応させた後，測定やモニタリングをするのが望ましい。測定時の

第8章　皮膚血流

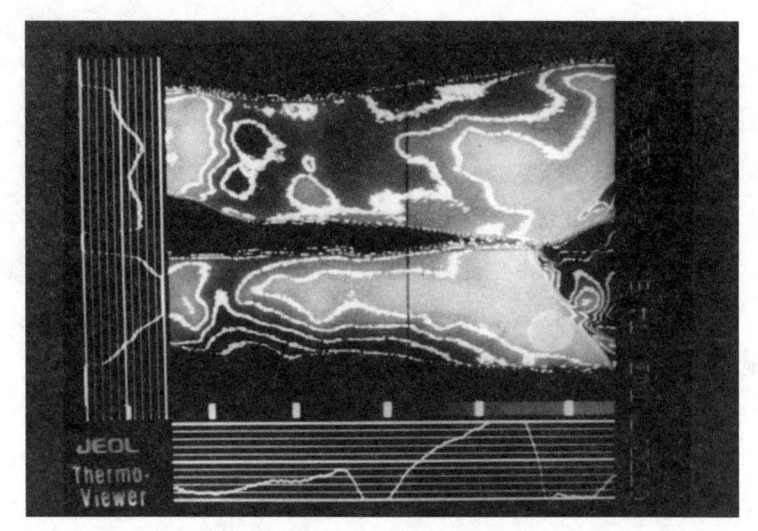

図6　壊死性筋膜炎（図2左上と同症例・同一時点）のサーモ像
病変部（上側）は紅斑を生じているのに皮膚温は低下しており，動脈の栓塞が疑われた。

　室温は26℃前後（±1℃）がよく用いられるが，被験者が衣服を着用せず，しかも数十分もモニタリングする場合は冷感を訴え，ことに四肢の循環不全がある場合に皮膚温は低下し，末梢チアノーゼを生じて苦痛ですらある。裸体や下着だけになる場合は28℃前後（±1℃）が適当であり，検者もこれに合わせて薄着を着用する。恒温恒湿室がなくて通常の室内で計測する場合は，被験者には日光や冷暖房器具，照明からの輻射熱や風が直接当たらないように注意する。なお，恒温恒湿室で検査を行う場合も，被験者用ベッドや椅子は送風口から最も離れた場所に置くべきである。

　皮膚温は熱を運び，体温調節に関与する動脈血流が最大の決定因子である。このため，動脈の阻血によって，その支配領域に顕著な低温域が出現する他，蜂窩織炎など，局所熱感の強い皮下の炎症の場合には強い高温域が観察される。血管自律神経の調節障害によって，皮膚への動脈血の流入が異常に増した場合の病的な灼熱感や，手足・顔面の「ほてり」などもよく描出できる。ところが表在性の皮膚炎のように，皮膚の毛細血管血流が増す程度の炎症の場合には，表面温度はほとんど影響されない。このため，たとえばパッチテストの陽性所見の描出はかなり強い炎症がないかぎり困難な上，水疱やびらんを生ずると，むしろ低温域として描出されてしまう。

　生理的所見や病的所見をよりはっきりさせるためには，冷水や温水などで外的刺激を与え，皮膚血流の回復までの画像の経時変化をみる負荷試験がしばしば用いられる。たとえば温度の高い血液が集合する皮下静脈の走行は，通常のイメージングでも観察できるが，皮膚を温湿布などで温めた直後に画像を撮ると明瞭となる。冷水負荷は10℃1分というのがその目安だが，温度調節

が面倒で氷水を使う場合は10秒程度にする。それ以上になると循環不全のある被験者では疼痛を訴え，低温刺激後の反応性充血が生じず，皮温の回復が遅延することがある。

なお，皮膚の表面が濡れていれば水分蒸発による放熱が生じ，皮膚血流が充分あっても表面温度は低下するので，循環不全の所見であると解釈すべきではない。低温部の周囲の温度分布や左右差の有無をみて，はっきりしない場合は時間をおいて再検すべきである。また，複数のサーモ写真を提示して比較する場合は，中心温度や記録温度幅を事前に揃えておくよう注意する。

2.6 その他

以上述べた方法の他にも，様々な血流計測法が工夫されてきた。フォトプレチスモグラフィーは赤血球に吸収される緑色あるいは近赤外の光を入射し，反射光を計測する方法で脈波の記録に古くから用いられてきた。熱電対法は，プローブ中央の与熱部と辺縁の温度差を熱電対の原理で計測し，熱伝導を評価して血流量を求める間接的な血流評価方法であるが[11]，レーザードップラー法が開発されるまで，非侵襲的な簡易血流モニター法としてしばしば用いられた。また乾癬など強い紅斑を示す皮膚の炎症性疾患や，血管腫，血管拡張症では，毛細管顕微鏡やビデオマイクロスコープで拡大すると，怒張した皮膚の毛細血管が直視できる。強皮症や皮膚筋炎などの膠原病でもしばしば近位爪廓（いわゆる爪の「あまかわ」周辺）にループ状やヘアピン状を呈した毛細血管の怒張がみられ，古くから爪廓顕微鏡でその形状が観察されてきた。これらの方法では拡大すると血管内を流れる赤血球が直視できるため，動画を記録しておくと，その流量や流速を評価することができる。ただし，ターゲットとなる血流が体表から捉えうるごく一部の毛細血管に限られてしまうのと，被験者が撮影中はじっとしていなければならないのが欠点と言えよう。

3 おわりに

様々な機器を用いた皮膚血流の定量的評価法について述べた。機器を購入する場合や計測の際は，どの方法が研究目的にかなっているかをまず確認しておきたい。また1種のみならず，数種の方法を組み合わせて記録しておいて比較すれば，より深い生理的・病理的な皮膚末梢循環の洞察が可能となる。また，評価するのがダイナミックな現象であるなら，1時点での値だけでなく，時間経過でそれぞれの値がどのように変化していくのかも調べておきたい。

第8章 皮膚血流

文　　献

1) 杉本郁夫ほか, 脈管学, **45**, 317 (2005)
2) 竹内紀文ほか, 西日皮膚, **45**, 1018 (1983)
3) H. Takiwaki, "Handbook of non-invasive methods and the skin", CRC Press, p.185 (1995)
4) H. Takiwaki, *Acta. Derm. Venereol.*, **185** Suppl., 21 (1994)
5) A.J. Bircher, "Handbook of non-invasive methods and the skin", CRC Press, p.399 (1995)
6) I.M. Braverman *et al.*, *J. Invest. Dermatol.*, **97**, 1013 (1991)
7) O. Henriksen *et al.*, *Acta Physiol. Scand.*, **98**, 227 (1976)
8) J.B. Dawson *et al.*, *Phys. Med. Biol.*, **25**, 695 (1980)
9) T. Yamamoto *et al.*, *Skin. Res. Technol.*, **14**, 26 (2008)
10) 滝脇弘嗣, "最新皮膚科学大系1", 中山書店, p.223 (2003)
11) A. Dittmar, "Cutaneous investigation in health and disease", Marcel Dekker, p.323 (1989)

表1　相対湿度における毛髪水分量[3]

RH（％）	29.2	40.3	50	65	70.3
近似水分含量（％）	6	7.6	9.8	12.8	13.6

温度74°F

表2　相対湿度における毛髪のサイズ変化[4]

RH（％）	吸収			
	直径の増加率（％）	長さの増加率（％）	断面積の増加率（％）	体積の増加率（％）
0	0	0	0	0
10	2.3	0.56	4.7	5.7
40	5.1	1.29	10.5	12.2
60	6.9	1.53	14.3	16.3
90	10.6	1.72	22.3	24.6
100	13.9	1.86	29.7	32.1

ぼす。例えば，毛髪を引張する際にかかる応力-ひずみ変化を見ると，高湿度条件下では，毛髪の破断点までの伸長率が上昇し，毛髪への応力が低くなる（図3）[6]。さらに，湿潤条件下のヒステリシス曲線は明らかに通常の状態とは異なり，残留歪みが少なく，変形回復に優れる。すなわち毛髪に柔軟性が生じていることが示される（図4）[7]。

これまでの報告だけでも水分量により毛髪の物性が異なることがはっきりと読み取れることで

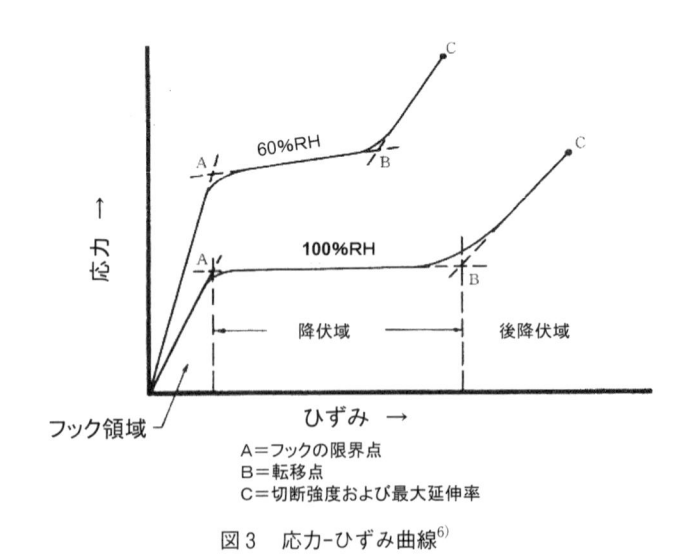

A=フックの限界点
B=転移点
C=切断強度および最大延伸率

図3　応力-ひずみ曲線[6]

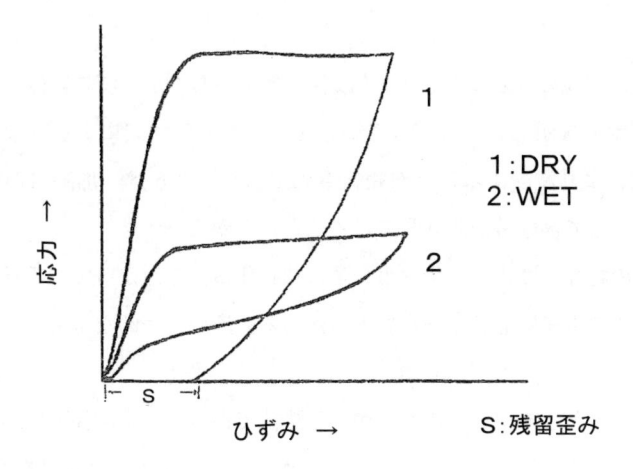

第9章　毛髪の組成成分量（水分・脂質・タンパク質）

図4　繰り返し引張によるヒステリシス曲線[7]

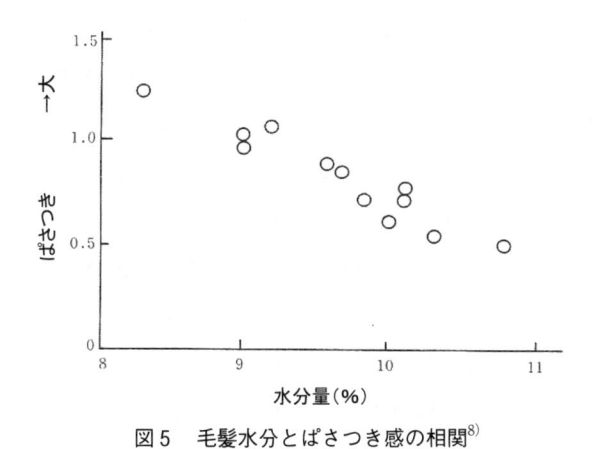

図5　毛髪水分とぱさつき感の相関[8]

図6　年代と毛髪水分の相関[9]

あろう。

　また，毛髪の官能表現のひとつとして，「ぱさつき」があるが，この官能もまた水分量に関連している。毛髪の水分量が低いものがぱさつきを感じやすい傾向にある（図5）[8]。加えて，毛髪の水分量は加齢により減少することが報告されており（図6）[9]，加齢に伴うぱさつき感の増加のひとつの要因として水分量が関与していることがわかる。

　このように毛髪の物性，性質の変化は水分量に依存する。したがって，毛髪中の水分量を測定するための手法もその用途に応じて様々なものがある。その代表的なものを，測定の特徴とともに紹介する。

　もっとも簡便な方法として使われるものが，重量法である。一定条件下での毛髪重量変化を元に毛髪に含まれる水分量を測定する手法ではあるが，毛髪に対する絶対量を測定するためには，完全に毛髪を乾燥し，その値を換算することになる。また，その測定誤差を少なくするためには大量の毛髪を使用しなくてはならないといった制限も出てくる。次に汎用される方法としては，カールフィッシャー法がある。この手法は，毛髪試料を不活性ガス中で加熱（150～200℃程度）し，そのとき気化して出てきた水分量をカールフィッシャーの測定装置で定量するものである。わずかな試料で測定を行うことができ，得られる数字の信頼性も高いが，高温加熱による破壊検査のため，同一毛髪での比較検査を行うときは注意が必要である。

　そのほかには，高周波容量法，揮発水分測定法などが挙げられる。高周波容量法[10]は，高周波電流に対する毛髪の電気容量の変化を検出する方法で，毛髪の水分量を精度良く非破壊的に測定することができる。揮発水分測定法[11]は，毛髪表面の1cm以内で2点の水蒸気圧を測定し，測定時の温度から，蒸気圧勾配を求め，計算で水分量を得る方法である。その手法は，非破壊で測定できるが，重量法と同じく，絶対量の測定が難しく，また，測定時の相対湿度，空気の流れでも結果に変化が生じることに留意しなくてはならない。

　さらに，毛髪における水分の役割を確認するため，毛髪内での水の存在状況の確認，ならびに毛髪内の水分コントロールのための研究がされている。その一例を紹介する。安田[12]は，パルス1H-NMRのスピン-スピン緩和時間（T_2）を用いて，水の運動性を水分子のプロトンの運動性の観点から測定を行った（図7）。その結果，相対湿度60％RH以上で急激にT_2が上昇していることが判明した。測定されたT_2の値は，全プロトンのT_2の平均として現れるため，相対湿度60％RH以上で運動性の高い状態の水が増加していることを意味する。また，同じ報告において，近赤外スペクトル（NIR）を用いて，水の結合性を水分子の周囲に結合する水素結合により確認している。その結果，結合状態が異なるピークを観測し，低湿度下では高湿度下の状態と比較すると，水素結合数が多い，つまりは運動性の低い状態で水が存在することを示した。この結果は，パルス1H-NMRのスピン-スピン緩和時間（T_2）で示される低湿度下の毛髪の挙動とも一

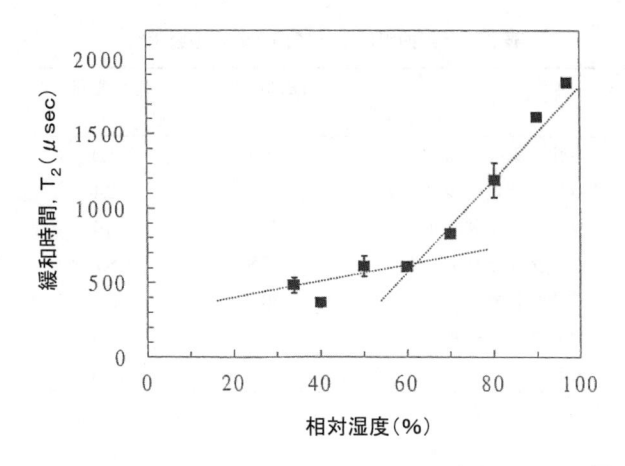

第 9 章　毛髪の組成成分量（水分・脂質・タンパク質）

図 7　相対湿度と ^{1}H-NMRのスピン-スピン緩和時間との相関[12]

致している。

　これらの毛髪中の水の運動性，水素結合状態の結果から，毛髪の水分吸着モデルとして，相対湿度60％RH以下の低湿度下では毛髪へ直接結合する一次吸着水が吸着し，この吸着水を介した水素結合の橋かけ型のネットワーク構造を形成した，水がかなり拘束されたモデルを，相対湿度60％RH以上では一次吸着水の間に，二次吸着水がさらに入り込む形で存在し，二次吸着水は毛髪に結合することなく，比較的水素結合も少なく，運動性が高い状態にある水が存在するモデルを示している。

4　毛髪の脂質

　毛髪脂質はその抽出の仕方で，毛髪表面の脂質（外部脂質）と毛髪内部の脂質（内部脂質）に分けることができる。その代表的な抽出法を挙げると，山本[13]の方法によれば，毛髪をアセトン中で10分間攪拌し，さらにアセトンを用いて，毛髪をすすぎ，これら2回のアセトン処理液中に含まれる粗脂質を外部脂質とし，アセトン処理後の毛髪を，クロロホルム：メタノールを2：1，1：1，1：2の順で24時間攪拌し処理して得られるすべての脂質を一括して内部脂質として得ることができる（表3）。

　外部脂質に関してはその組成から頭皮の皮脂由来と考えられる。外部脂質の役割については毛髪のつや，すべりに関与すると考えられるが，代謝によってもたらされる脂質だけでは，過度の蓄積により，逆に不衛生な印象を与えることはご存知のことであろう。

　一方内部脂質に関しては，その大部分が脂肪酸であり，そしてワックスエステル，コレステロール，トリグリセリドなどが存在する。

表3 溶媒抽出によって得られた毛髪脂質[13]

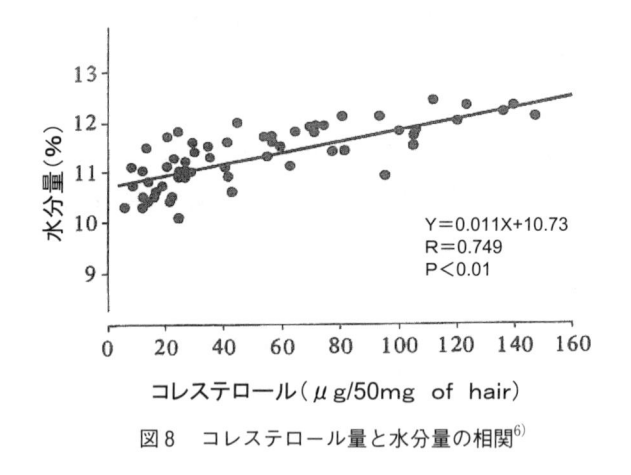

	内部脂質 %	外部脂質 %
炭化水素	8.4	11.9
コレステロールエステル	1.9	2.4
ワックスエステル	22.0	16.6
トリグリセリド	6.8	8.7
遊離脂肪酸	30.3	38.9
コレステロール	12.9	8.9
セラミド	17.7	12.6

図8 コレステロール量と水分量の相関[6]

西村ら[9]は毛髪内部脂質と水分保持能力の相関を確認し，毛髪脂質中のコレステロールの存在量と正の相関を示していることを示した（図8）。

そのほかにも，Wertz & Downingの溶媒抽出法[14]により毛髪内部脂質を抽出した毛髪は，破断応力および柔軟性が低下するが，失った脂質成分を，その組成に模したヘアローション（表4）で補うことによって，その物性を回復することを示した（図9，10）[15]。

そして，毛髪の内部脂質の一部は細胞膜複合体（CMC）の脂質二重膜として局在している（図11）。CMCは細胞膜やキューティクルとコルテックスの結合，毛髪の強度などに関与している重要な物質であることが知られている。また，コルテックスとキューティクルのCMCはその組成が異なるとされており，キューティクルのCMCの特徴としてコルテックスCMCには含まれない18-メチルエイコ酸（18-MEA）が約50％，残りはパルミチン酸とオレイン酸が大部分を占めていることが示されている。キューティクルCMCは毛髪内部への水分や油剤の浸透経路として重

第9章　毛髪の組成成分量（水分・脂質・タンパク質）

表4　内部脂質を模したヘアローション組成[15]

	%
流動パラフィン	0.4
スクワラン	0.29
ヒドロキシステアリン酸コレステロール	0.25
ジペンタエリスリチルヘキサヒドロキシステアレイト	0.49
イソノンナン酸イソノニル	1.47
OLEA EUROPAEA	0.24
ラノリン酸	2.37
オレイン酸	1.58
セチルアルコール	0.19
コレステロール	0.39
香料	0.2
水素添加ポリイソブタン	to 100

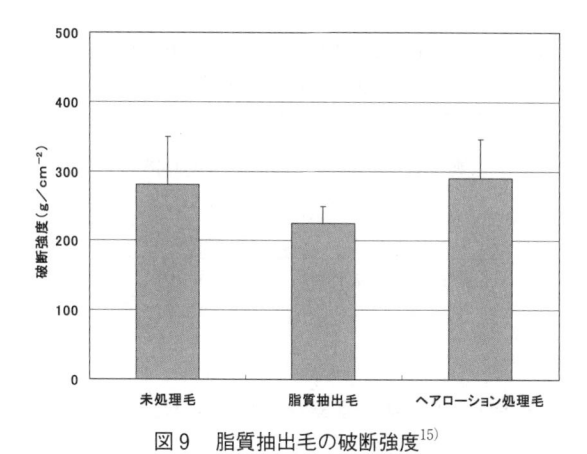

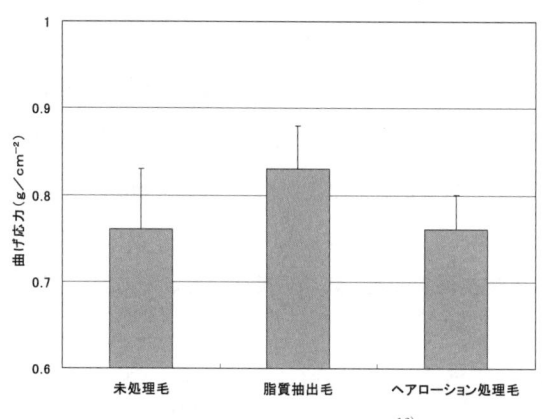

図9　脂質抽出毛の破断強度[15]

図10　脂質抽出毛の曲げ応力[16]

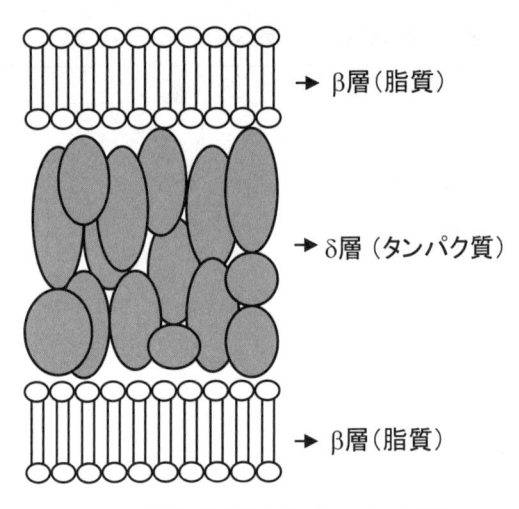

図11 毛髪細胞膜複合体（CMC）の構造

表5 小角散乱より得られた各種毛髪での
キューティクルCMC厚さ[16]

	厚さ（nm）
未処理毛	20.51±0.46
パーマ処理毛	20.01±0.37
ブリーチ処理毛	19.77±0.55

表中の数字は平均値±SD（n＝10）

要な役割をしているものと考えられるので様々な研究がされている。

近年のキューティクル間CMCの研究の一例として，CMCの構造からブリーチやパーマなどによる損傷毛髪との関連や，物質の浸透との関連についての研究を紹介する。井上ら[16,17]は，SPring-8の高フラックスビームラインにてX線のマイクロビームを利用し，X線小角散乱によるパターン解析からCMCを構成するβ層，δ層の厚さを推定する構造解析を行い，パーマやブリーチによる化学損傷によってキューティクル間CMCはその厚さが減少すること（表5），水溶液中ではタンパク質で構成されるδ層の厚さが増し（図12, 13），この空間を通じて物質が浸透していることを報告している。

今後もCMCの構造と毛髪損傷の関連性について研究されることで，さらなるCMCの役割が解明されると期待している。

第9章　毛髪の組成成分量（水分・脂質・タンパク質）

β層の厚さ

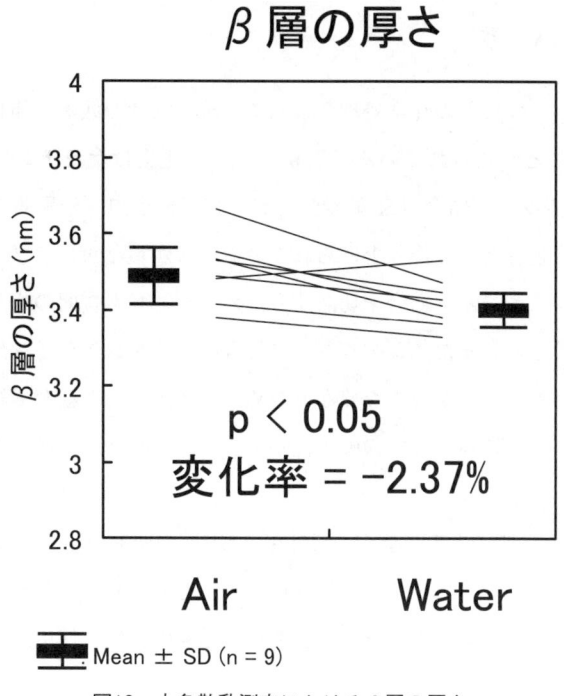

$p < 0.05$
変化率 = -2.37%

Mean ± SD (n = 9)

図12　小角散乱測定におけるβ層の厚さ

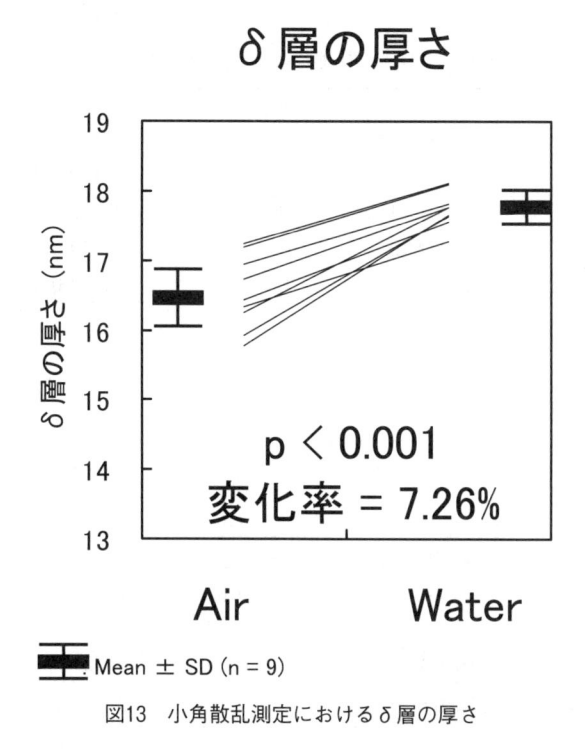

δ層の厚さ

$p < 0.001$
変化率 = 7.26%

Mean ± SD (n = 9)

図13　小角散乱測定におけるδ層の厚さ

5 毛髪のタンパク質

　毛髪はブリーチやパーマなどの化学処理によって，破断強度の低下，伸長率の増加など大きくその物性が変化することが知られている（表6，7）[18]。毛髪はケラチンに含まれるシステイン（Cys）残基中がジスルフィド結合（SS結合）を介して，分子内，分子間で架橋構造を形成することにより，堅牢な構造体として作り上げられている。しかしながら，ブリーチやパーマで用いられる酸化剤はこのジスルフィド結合を切断するため，タンパク質間の相互作用が弱まり，タンパク質が流出しやすくなる。また，ジスルフィド結合の一部がシステイン酸まで変化すると，再度ジスルフィド結合を行うことができなくなるため，ジスルフィド結合で結ばれていた構造が失われ架橋構造が減少して構造体としての堅牢性が減少し，破断強度の低下などの物性変化を生じることが考えられる。

　これらの変化は化学処理だけではなく，紫外線（UV）の照射でも生じていることが示されている[19〜22]。また，UVの照射によって，毛髪の形状にも変化が生じ，キューティクルは剥離あるいは融解しているようになる。このような形態変化が毛髪の官能，使用感を悪くしていることが示唆される。

　これらが示すように，タンパク質の変性，流出が毛髪の特性に大きく関与している。したがっ

表6　ブリーチ処理による毛髪物性値の変化[18]

ブリーチ処理回数	ヤング率 $\times 10^{10}$ (dyn/cm^2)	降伏地 $\times 10^6$ (g/cm^2)	破断強度 $\times 10^6$ (g/cm^2)	最大伸長 （％）
未処理	4.21±0.19	1.14±0.07	2.34±0.17	57±6
1回	4.24±0.24	1.09±0.05	2.32±0.17	60±6
2回	4.11±0.19	1.04±0.06	2.19±0.14	61±6
3回	4.19±0.07	1.07±0.07	2.29±0.16	65±5

表中の数字は平均値±SD（n=10）

表7　パーマ処理による毛髪物性値の変化[18]

パーマ処理回数	ヤング率 $\times 10^{10}$ (dyn/cm^2)	降伏地 $\times 10^6$ (g/cm^2)	破断強度 $\times 10^6$ (g/cm^2)	最大伸長 （％）
未処理	4.21±0.19	1.14±0.07	2.34±0.17	57±6
1回	4.13±0.22	1.07±0.05	2.23±0.15	61±5
2回	4.01±0.20	0.97±0.03	1.82±0.28	65±12
3回	3.91±0.17	0.87±0.05	1.32±0.08	77±6

表中の数字は平均値±SD（n=10）

第9章 毛髪の組成成分量（水分・脂質・タンパク質）

て，関与するタンパク質の同定，その局在性などを詳細に調べていくことで毛髪損傷などのメカニズムの解明につながるものとなる。

　その一例として，キューティクルに局在化するタンパク質についての研究事例[23〜25]を挙げる。エンドキューティクルの内側部分に多く局在するシステインリッチなタンパク質「S100A3」が発見され，キューティクル間の接着に関与しているものと推察されている。この「S100A3」が，溶出したり，変性したりすることがキューティクルの剥がれの原因になっているものと考えられる。また，毛髪に紫外線を照射すると「S100A3」が溶出されやすくなることも確認されており，日常生活の中で毛髪が日光にあたって「S100A3」が溶出しやすくなった状態で洗髪を繰り返すことによって徐々に「S100A3」が失われ，キューティクルが捲れるという現象に繋がっていると考えられている。この一連の研究において，パーマ処理とブリーチ処理をした場合のキューティクルの剥がれ方の違いについて考察している。細断した毛髪を水中で攪拌し，剥離したキューティクルの量を濁度計で，また，剥離断片の面積を共焦点レーザー顕微鏡観察像から計算ソフトを用いて算出し，それぞれパーマ処理毛とブリーチ処理毛とを比較した。剥離量はパーマ処理毛

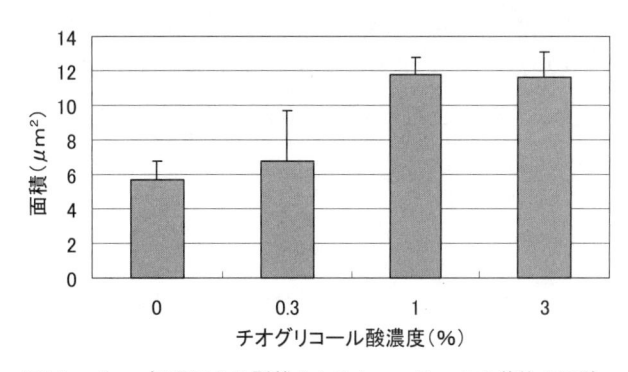

図14　パーマ処理により剥離されるキューティクル落片の面積

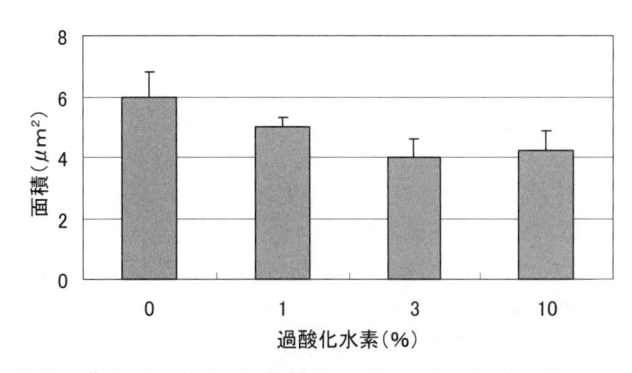

図15　ブリーチ処理により剥離されるキューティクル落片の面積

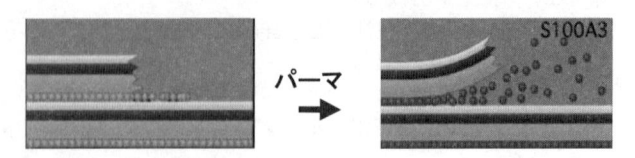

図16 S100A3の流出によるキューティクル剥離モデル

よりもブリーチ処理毛のほうが多く,剥離断片の大きさに関しては,パーマ処理毛は大きく剥離するのに対し,ブリーチ処理毛は細かく剥離することが明らかになった(図14,15)。パーマ処理では「S100A3」蛋白質がまとまって溶出してしまうため,その部分が大きく剥がれ(図16),ブリーチ処理では「S100A3」蛋白質を含めたキューティクル構成蛋白質の架橋が破壊されるため,部分的に細かく砕かれたように剥がれるのではないかと推察している。

6 おわりに

使用感に関連する皮膚・毛髪の機器計測の実例について,毛髪組成成分の変化と関連する研究報告の一部を紹介させていただいた。しかしながら,これらの背景を元に毛髪の研究はより深化されてきているため,今後さらなる報告が期待される。不十分ながらも本章が皆様のこれからの研究の一助になれば幸いである。

文　　献

1) 中村浩一ほか,毛髪科学技術者協会編,最新の毛髪科学,フレグランスジャーナル社,p275 (2003)
2) J. A. Swift, *J. Cosmet. Sci.*, Vol. **50**, p23 (1999)
3) C. R. Robbins, 本間意富訳,毛髪の科学,フレグランスジャーナル社, p36 (1982)
4) R. Stam *et al.*, *Textile Res. J.*, **22**, p448 (1952)
5) 安田正明ほか,第55回SCCJ研究討論会公演要旨集, p70 (2004)
6) C. R. Robbins, 山口真主訳,毛髪の科学第4版,フレグランスジャーナル社, p449 (2006)
7) 熱田智香ほか,日本バイオレオロジー学会誌(B & R), **7**, p31 (1993)
8) 清宮章ほか, *Fragrance Journal*, **9**, p150 (1988)
9) 西村圭一ほか,日本香粧品化学会誌, **13**, p134 (1991)
10) 笹井喬司ほか,日本香粧品科学会誌, **5**, p31 (1981)

第9章 毛髪の組成成分量（水分・脂質・タンパク質）

11) R. Drozdenko et al., *J. Soc. Cosmet. Chem.*, **43**, p179 (1992)
12) 安田正明, *Fragrance Journal*, **30**, p44 (2002)
13) 山本俊比古, 日皮会誌, **104**, p543 (1994)
14) P. W. Wertz & D. T. Downing, *Lipids*, **23**, p878 (1988)
15) 山口順士ほか, 4th. ASCS PROCEEDINGS BOOK, p334 (1999)
16) 井上敬文ほか, SPring-8 USER Experiment Report, 15, p201 (2005)
17) 井上敬文ほか, SPring-8 戦略活用プログラム (2006B), p24 (2007)
18) 細川稔ほか, 毛髪科学技術者協会編, 最新の毛髪科学, フレグランスジャーナル社, p219 (2003)
19) C. Dubief, *Cosm & Toil*, **107**, p95 (1992)
20) E. Hoting et al., *J. Cosmet. Sci.*, **46**, p85 (1995)
21) S. Ratnapandian et al., *J. Cosmet, Sci.*, **49**, p309 (1998)
22) S. B. Ruetsch j a et al., *J. Cosmet. Sci.*, **51**, p103 (2000)
23) 井上敬文ほか, 第48回SCCJ討論会講演要旨集, p20 (2001)
24) 井上敬文ほか, *Fragrance Journal*, **8**, p55 (2002)
25) 木澤謙司ほか, *J. Cosmet. Sci.*, **56**, p227 (2005)

第10章　毛髪の力学特性

松江由香子[*]

1　毛髪の構造

毛髪の構造を模式図であらわすと，図1[1)]のように外側から中心に向かって順にキューティクル（毛表皮），コルテックス（毛皮質），メデュラ（毛髄質）の3層に分けられる。

① キューティクル

毛髪の一番外側にあるウロコ状の硬い無色透明な細胞。1枚の厚さが約0.5μm，長さ45μmで，根元から毛先の方向へ5～10枚が積み重なっており，毛髪内部を保護する役目を担っている。

健常毛のキューティクル表面には，長鎖脂肪酸である18-Methyleicosanoic acid（18MEA）が存在するため，毛髪表面は疎水性を示す。毛髪に占める割合は10～15％であり，この量が多いほど毛髪は硬くなる。

② コルテックス

角化した皮質細胞が，毛髪の長さの方向に比較的規則正しく並んだ細胞集団で，毛髪の大部分

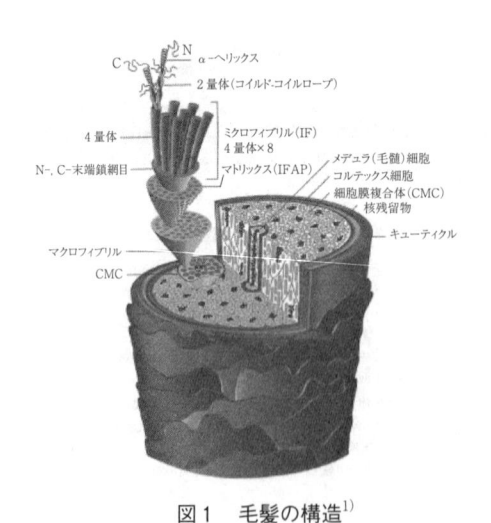

図1　毛髪の構造[1)]

---

*　Yukako Matsue　クラシエホームプロダクツ㈱　ビューティケア研究所　研究員

(85〜90%）を占めている。皮質細胞の主成分はケラチンであり，ケラチン繊維の分子内，分子間結合が働きα-ヘリックス構造を取っている。皮質細胞はケラチン分子のポリペプチド鎖が3本ねじり合わさったプロトフィブリル，プロトフィブリブ11本から構成されるミクロフィブリル，更に間充物質で接着されたミクロフィブリルの束からなっている。

コルテックスの硬い繊維部分を結晶領域といい毛髪に強度を与えている。間充物質部分のように柔らかい部分を非結晶領域といい毛髪に弾性・しなやかさを与えている。

③ メデュラ

毛髪の中心部にある空洞に富んだ部分。メデュラの役割は十分解明されていないが，空気の層を内部に抱えることができるので保温に役立っているといわれている。また，光を乱反射してツヤが悪くなるなどの報告がある[2]。

2　使用感に関連する機器測定の種類

毛髪はパーマ・ブリーチ・ヘアカラーなどの化学的要因，ブラッシングやドライヤー・コテなどの物理的要因により損傷を受けることによって劣化し，パサつく・ツヤがない・きしむ・ごわつくといった悩みや，枝毛・切毛といった外観変化がおきる。また，毛髪は死んだ細胞で構成されているため，一度損傷を受けると元の状態に戻ることはない。

以上の理由から，毛髪の力学的性質を測定することで毛髪の損傷度合いや，各種ヘアケア剤処理による改善効果を評価することが可能である。表1に毛髪の損傷と力学特性・使用感の関係を示す。過度なブラッシングなどの物理的な要因によってキューティクルが欠落すると，なめらかさが損なわれる。これは毛髪表面の摩擦係数を測定することで評価することができる。また，パーマなど化学的要因によって毛髪表面の18MEAが失われると毛髪表面が親水性になり，ごわつき，きしみを生ずる。これも毛髪表面の摩擦係数を測定することで評価することができる。同じく化学的要因により毛髪内部のタンパク質が流出すると，毛髪が固くなりごわつきが生じる。これは曲げ硬さを測定することで評価することができる。更にダメージが進むと，毛髪内部構造が

表1　毛髪の損傷と使用感・力学特性の関係

毛髪の損傷	使用感	力学特性
キューティクルの欠落	なめらか	摩擦
表面親水化	きしむ	摩擦
タンパク流出	ごわつく	曲げ硬さ
内部構造変化	枝毛・切毛	引っ張り強度

変化して枝毛・切毛が生じる。これは引っ張り強度を測定することで評価することができる。

　頭髪製品の使用感機器測定方法には，シャンプーの泡量を評価する起泡力測定[3]や，しっとり感を評価する水分量測定，ツヤを評価する反射光強度の測定[4〜10]などもあるが，ここでは毛髪の力学特性を測定する引っ張り強度・摩擦・曲げ応力について取りあげる。

3　毛髪強度（枝毛・切毛）の評価

　特にパーマ・ブリーチ・ヘアカラーなどの化学的要因で損傷すると毛髪内部のペプチド結合，ジスルフィド結合，イオン結合，水素結合などが弱くなるため毛髪の内部構造がもろくなり強度が低下し，過度なブラッシングなどによって枝毛・切毛になりやすい。これらの損傷状態を評価するには一般的に引っ張り試験が用いられている。

3.1　引っ張り試験—測定方法

　一定の長さの毛髪を一定速度で伸長するときの加重（応力）を測定する方法である。サンプルの長さは2〜5cm程度，伸長速度は毎分1〜50%程度での測定が一般的である。50本程度の毛髪を用いて破断時の強度，伸長度を測定する。また，応力Fは通常断面積あたりの力で示される。

3.2　引っ張り試験—測定例

　図2に毛髪の典型的な荷重−伸長曲線を示す。最初の延伸率2%程度までは，応力（荷重）はひずみ（伸長）に対してほぼ直線的であり，この領域での応力のひずみに対する比は通常ヤング率と呼ばれる弾性率（E_s）である。また，この領域はフック領域と呼び，ミクロフィブリル中の結合角の変形に基づくものとされている。伸長を続けB点（降伏値）を過ぎると毛髪は急に伸びるようになり曲線の傾きは平らになる。この領域のことを降伏域と呼び，ケラチン繊維がα型からβ型に転移するとされている。更に伸長を続け延伸率30%程度C点（転移点）を超えると曲線の傾きが上昇する。この領域のことを後降伏域と呼び，ジスルフィド結合の変形がおこるとされている[11,12]。ついに延伸率40〜50%で毛髪は切断される。このD点の応力を破断強度（最大応力），伸長を最大伸長と呼ぶ。

　毛髪物性の特性値として用いられる値には，破断強度，最大伸長，弾性率，降伏値，転移点，20%インデックス（伸長率20%における応力），伸長仕事量（荷重−伸長曲線の下側の全面積）などがある。

　毛髪は湿度の影響を受けやすく高湿度下では膨潤し強度が弱くなるため，一定の温度・湿度下

第10章 毛髪の力学特性

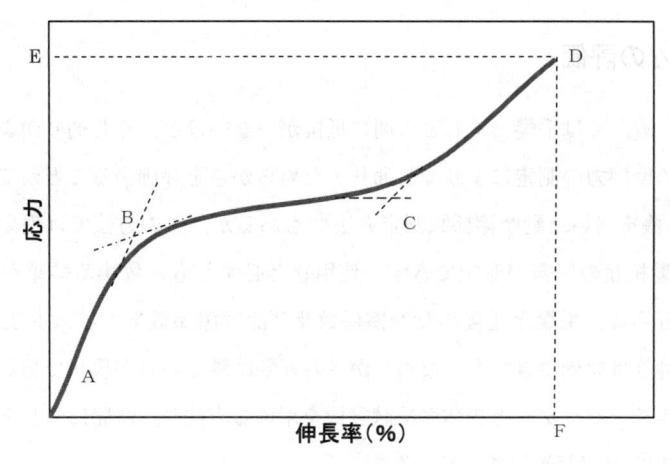

図2 引っ張り強度試験による毛髪のstress-strain curve
B：降伏値　C：転移点　E：破断強度　F：最大伸長
AB：フック領域　BC：降伏域　CD：後降伏域

表2　パーマ及びアフタートリートメント処理試験[13]

パーマ剤[注]	パーマ剤処理回数	アフタートリートメント	root部 yield value	tip部 yield value	root部/tip部	1.05/root/tip
control	0	無	83.6	79.6	1.05	100.0
A	3	無	87.5	71.7	1.22	86.0
	5	無	85.3	65.8	1.30	81.0
	3	有	78.0	68.0	1.15	91.5
	5	有	82.6	68.1	1.21	86.6
B	3	無	88.7	70.7	1.25	83.7
	5	無	84.6	62.6	1.35	77.7
	3	有	84.0	73.7	1.15	91.5
	5	有	81.0	63.7	1.27	82.6

注　ウエーブ効率：A<B

で測定する必要がある。また，太い毛髪ほど強度が強いため，予め毛髪直径を測定し一定の太さの毛髪を使用することが望ましい。

　古賀らはレオメーターを用いて，パーマ処理とアフタートリートメント処理毛の根元部分と毛先部分について測定した降伏値の比を調べ（表2），パーマ処理による毛髪損傷度合いと，アフタートリートメント剤処理がパーマ処理による強度低下を緩和することを示している[13]。

4 くし通りの評価

髪と指との間,もしくは毛髪とくしとの間の抵抗が少ないほど,くし通りがよくなめらかさを感じる。そのため摩擦力の測定によりくし通り・なめらかさを評価することができる。プーリー(滑車)摩擦試験機を用いた動摩擦係数測定方法[14]もあるが,この方法では毛髪1本しか測定できないため,毛髪相互の影響が測定できず,使用感と必ずしも一致する結果が出るとは限らない。そこで,Fairらは,毛髪と毛髪の動摩擦係数及び静摩擦係数をツイスト法により測定[15]しているが,くし通りは評価できても,なめらかさの評価は難しいのが現状である。その他の評価方法として,ケラチンパウダーと粉体摩擦試験機を用いる方法[16],頭髪にくしを通した際の発生音を測定する方法[17]などが報告されている。

ここでは,毛髪を面としてとらえ,くし通り・なめらかさを評価する方法として表面摩擦試験方法について例をあげて説明する。

4.1 表面摩擦試験機―測定方法

市販の摩擦感テスター[18](写真1)を用い,2×5cm以上のサンプル上をセンサー部分が右から左に一定の速度で移動するときの応力を連続的に計測することで,毛髪表面の平均摩擦係数と平均摩擦係数の変動を求めるものである。平均摩擦係数(MIU)で毛髪表面のすべり感を,平均摩擦係数の変動(MMD)で毛髪表面のなめらかさを測定できる。毛髪の向きによって値が大きく変わってくるため,根元から毛先の方向に揃えて測定することが重要である。

写真1 摩擦感テスターKES-SE(カトーテック㈱)

第10章　毛髪の力学特性

4.2　表面摩擦試験機—測定例

　ブリーチ処理・紫外線照射を行った毛髪の摩擦係数を測定したところ，図3のようにブリーチ処理をすることによってMIUの有意な増加がみられた。これはブリーチ処理によって毛髪表面の潤滑の役割をもつ脂肪酸が除去されたためと考えられる[19]。

　また，河野らは，トリートメント剤をつけたときの健康毛と損傷毛の環境による違いについ

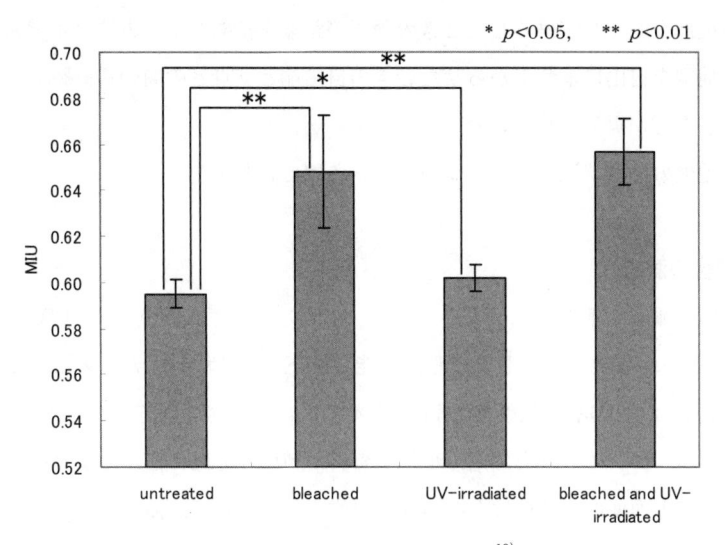

図3　毛髪表面の平均摩擦係数[19]

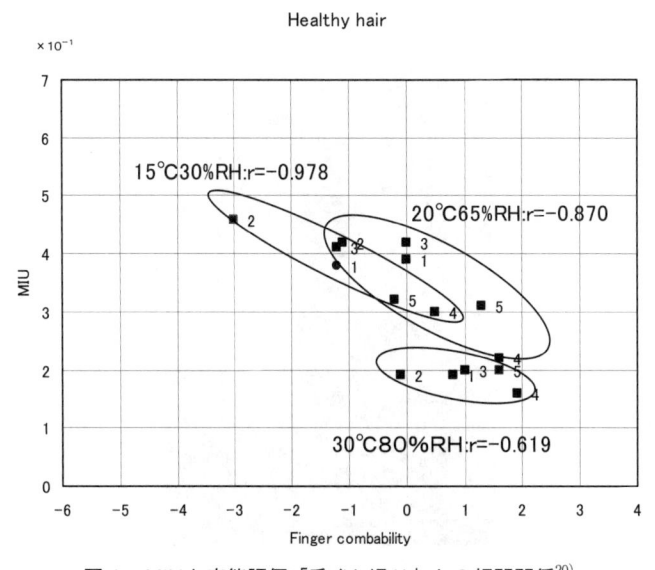

図4　MIUと官能評価「手ぐし通り」との相関関係[20]

て，MIUと官能値「手ぐし通り」（図4）に相関関係を見出している[20]。

5　柔軟性（はりこし感・ごわつき）の評価

毛髪が変形した際に感じる応力からはりこし感を感じる。毛髪のはりこし感を測定する方法として，毛髪の曲げ特性を評価する方法，ねじり特性を評価する方法[21]，1本の頭髪の両端におもりをつけ，中央部を固定して吊るしたときの両端の距離を指標とする方法，毛髪の一端を水平方向に固定し，他端を自由に垂れ下がらせたときの自由端と支点との間の鉛直距離を測定し，たわみ値とする方法などが提案されている。

ここでは，毛髪の曲げ特性の測定について例をあげて説明する。

5.1　曲げ特性の測定

もともとは布の風合い測定用に開発された[22]，市販の純曲げ試験機KES-FB2（カトーテック㈱）（写真2）を用いる。1本の毛髪で測定可能なKES-SH（カトーテック㈱）でも測定は可能である。一般的には約100本の毛髪を0.5mm間隔で平行に並べて固定した幅1cmのホルダーを作成・測定し，ホルダーの一端を固定，他端を資料が純曲げ方向に曲がるように運動する移動チャックに固定して等速度曲率で曲げたのち元に戻す工程において，曲げモーメントを連続的に測定し得られた曲線の傾き（B値）から曲げ硬さ，幅（2HB値）かヒステレシスの幅を求める。この曲線の傾きBが大きいほど毛髪にこしがあり，幅2HBが大きいほど毛髪にはりがあること

写真2　純曲げ試験機KES-FB2（カトーテック㈱）

第10章　毛髪の力学特性

を示している。温度・湿度により毛髪の柔軟性が変わるため，作成したホルダーは一定の温度・湿度で保管し測定する。

5.2　曲げ試験―測定例

ブリーチ処理・UV処理を行った毛髪について曲げ特性を測定した結果を図5に示す[19]。ブリーチ処理をすることにより硬くなった毛髪のB値が未処理毛とくらべ有意に大きくなっている。また，曽我部らは毛髪をキューティクル部とコルテックス部の異なるヤング率をもった二層構造体と仮定し，毛髪全体のヤング率と物理的にキューティクル層を剥離させたコルテックス部分のみからなる毛髪のヤング率を測定し，曲げ応力の発生にはキューティクルが重要な役割を担っていることを報告している[23]。また，儘田らは，ユーカーリエキス処理により10～20％毛髪の曲げ応力を増加し，これがモニターの感触評価と一致することを報告している[24]。

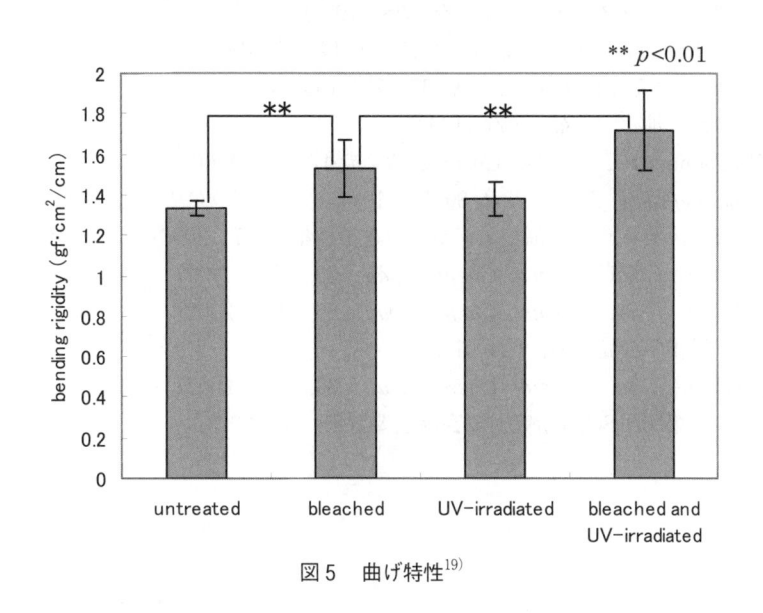

図5　曲げ特性[19]

6　今後の課題

毎年，様々な頭髪製品が発売され市場は飽和している。また，どの商品をみても機能面での不足点はほとんどなくなり，消費者は使用感の好き・嫌いを基準に商品を選ぶようになっているため，商品の差別化のために精度の高い使用感評価が重要であろう。測定機器を使った使用感評価は，毛髪自身のばらつきも大きいため作業量が膨大となり，精度の面での信頼度がまだまだ充分とはいえない。今後の研究発展を期待するところである。

文　　献

1) 新井幸三ほか, 第20回繊維応用技術研究会資料集, 22-28 (2003)
2) S. Nagase et al., *J. cosmet. Sci.*, **53**, 89 (2002)
3) 田村隆光, 油化学, **42**, 737-745 (1993)
4) R. F. Stamm et al., *J. Soc. Cosmet. Chem.*, **28**, 571 (1997)
5) R. F. Stamm et al., *J. Soc. Cosmet. Chem.*, **28**, 601 (1997)
6) A. Guiolet et al., *J Cosmet. Sci.*, **9**, 111 (1987)
7) 湧井二男ほか, *J. Soc. Cosmet. Chem. Japan*, **21**, 156 (1987)
8) 鈴木直樹ほか, *J. Soc. Cosmet. Chem. Japan*, **24**, 129 (1990)
9) C. Reich, C. R. Robbins, *J. Soc. Cosmet. Chem.*, **44**, 221 (1993)
10) W. Czepluch et al., *J. Soc. Cosmet. Chem.*, **44**, 229 (1993)
11) J. Jachowiicz, *J. Soc. Cosmet. Chem.*, **38**, 263 (1987)
12) 堀内照夫, *J. Soc. Cosmet. Chem. Japan*, **11**(1), 15 (1977)
13) 古賀勉, フレグランスジャーナル, **54**, 78 (1982)
14) A. M. Schwartz et al., *J. Soc. Cosmet. Chem.*, **14**, 445 (1963)
15) N. Fair et al., *J. Soc. Cosmet. Chem.*, **33**, 229 (1982)
16) 中間康成ほか, 油化学, **42**, 366 (1993)
17) W. C. Waggoner et al., *J. Soc. Cosmet. Chem.*, **17**, 171 (1966)
18) S. Kawabata et al., *J. Textile Inst.*, **80**, 19 (1994)
19) 土井佑介ほか, 第3回応用福祉シンポジウム予稿集, 577 (2008)
20) 河野弘美ほか, *J. Soc. Cosmet. Chem. Japan*, **33**, 377 (1999)
21) 安田正明ほか, *J. Soc. Cosmet. Chem. Japan*, **36**, 263 (2002)
22) 川端希雄, 繊維学会誌, **47**, 624 (1991)
23) 曽我部敦ほか, *J. Soc. Cosmet. Chem. Japan*, **36**, 207 (2002)
24) 儘田明ほか, 第56回SCCJ研究討論会講演要旨集, 16 (2005)

第11章　毛髪の微細構造解析

瀧上昭治*

1　はじめに

　毛髪は皮膚が変化してできたケラチンタンパク質で，シスチン（Cys）残基中のジスルフィド（S-S）結合を介し，分子間あるいは分子内架橋した複雑で巨大な網目構造高分子である。毛髪には，S-S結合の他に，リジン残基と酸性アミノ酸残基が共有結合したイソペプチド結合や，物理架橋としての水素結合，イオン結合および疎水相互作用も存在し[1]，水に不溶な安定した微細構造を形成している。ブリーチやパーマ処理を繰り返すと毛髪は損傷し，パサツキや絡まりが生じる。パーマにより損傷した毛髪からタンパク質が溶出することも報告されている[2]。本章では，毛髪の構造を簡単に解説した後，パーマやブリーチ処理によりダメージを受けた毛髪の微細構造を走査型電子顕微鏡（SEM），走査型プローブ顕微鏡（SPM），X線回折および示差走査熱量（DSC）を用いて解析した例を紹介する。

2　毛髪の階層構造

　毛髪はキューティクル（毛小皮），コルテックス（皮質），メデュラ（毛髄）からなる階層構造をしている。キューティクルはA-層，エキソキューティクルおよびエンドキューティクルの3層からなる厚さ約$0.5\mu m$のシート状細胞で，健常な毛髪では細胞膜複合体（CMC）を介して6～10層重ね合わさって存在している[3]。キューティクルのCMCは上部および下部の2つのβ-層（脂質層）とδ-層（非ケラチンタンパク質）からなり，上部β-層には18-メチルエイコサン酸（18-MEA）が支持タンパク質とチオエステル結合した単分子層として存在する[3,4]。

　毛髪のコルテックスはCMCで囲まれたコルテックス細胞の集合体で，毛髪全体の85～90%を占める。コルテックスには，Cys含量が低く，イオウ原子の少ない，LSタンパク質と，Cys含量の高いHSタンパク質の2種類が存在する。LSタンパク質は，中間径フィラメント（IF）タンパク質とも呼ばれ，一部らせん状の形（α-ヘリックス）をもつ分子量約50,000の分子である[5]。

　IFタンパク質には，酸性のタイプIと中性あるいは塩基性のタイプIIが存在することが知ら

---

*　Shoji Takigami　群馬大学　機器分析センター　准教授

れている[6,7]。一方，HSタンパク質はミクロフィブリルを包埋しているマトリックスの成分で，中間径フィラメント結合タンパク質（IFAP）と呼ばれ，分子量が10,000～22,000の非晶性の球状タンパク質であると言われている[8]。ブリーチやパーマ処理によりS-S結合の一部が酸化されシステイン酸に変化しダメージヘアの要因の1つになっている。

メデュラは毛髪の中心部の組織で，メデュラ細胞は熱，カラーリング剤，パーマ剤などの作用により空洞が生じ易く，この空洞による光散乱が毛髪のつやに影響すると考えられている[9,10]。

3　ブリーチとパーマ処理した毛髪の調製

表面脂質を除去するために，カラーリングなどを行っていない毛髪を，EDTAを含む0.5%非イオン活性剤溶液で洗浄し未処理毛髪とした。毛髪のブリーチ処理はpH 10.3の3％過酸化水素水溶液を用いて35℃で30分間行った（B処理毛髪）。パーマ処理は，アンモニア水でpH 8.5に調整した6％チオグリコール酸溶液を用いて35℃で15分間還元処理後，pH 7.2の8％臭素酸ナトリウム溶液で酸化処理することで行った（P処理毛髪）。また，B処理とP処理を交互に繰り返しブリーチ・パーマ（B&P）処理毛髪とした[11,12]。

4　ブリーチとパーマ処理した毛髪の電子顕微鏡観察

毛髪の階層構造解析は，これまで透過型電子顕微鏡[13]を用い研究されてきたが，近年AFM観察[14]やSPMによるナノスケールのキャラクタリゼーションも活発に行われている[15]。本節ではSEMとSPMによるダメージヘアの解析例を紹介する。

4.1　B&P処理毛髪のSEM観察

毛髪にB&P処理を繰り返し行うと，毛髪は黒色から黄褐色に変化し，硬くなり絡まり易くなる。図1に日本人女子中学生のB&P処理毛髪の表面SEM写真を示す。未処理毛髪の表面はキューティクル層にしっかりと覆われているが，B&P処理回数の増加に伴いキューティクルが損傷され，5回処理毛髪では筋状のくぼみや，一部でコルテックス層がむき出しになっている状態が認められる。

毛髪にカミソリで傷を付け成長方向に引き裂いた破断面のSEM写真を図2に示す。未処理毛髪では，マクロフィブリルが成長方向に繊維状に配列しているのが観察される。一方，処理回数が3回以上では，毛髪は裂け難くなり，マクロフィブリルが随所で破断している様子が認められる。B&P処理による毛髪の損傷には著しい個人差が認められるが，数回のB&P処理により毛髪

第11章　毛髪の微細構造解析

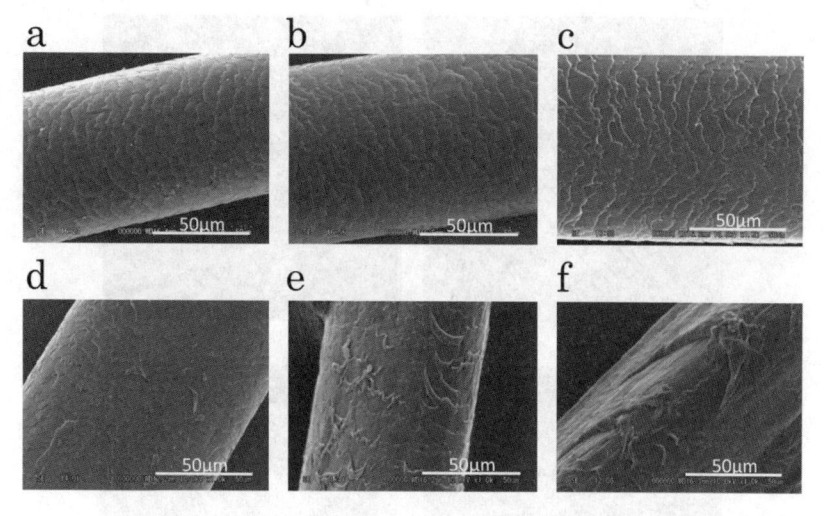

図1　ブリーチ・パーマ処理した毛髪のSEM写真
a：未処理，b：1回処理，c：2回処理，d：3回処理，e：4回処理，f：5回処理

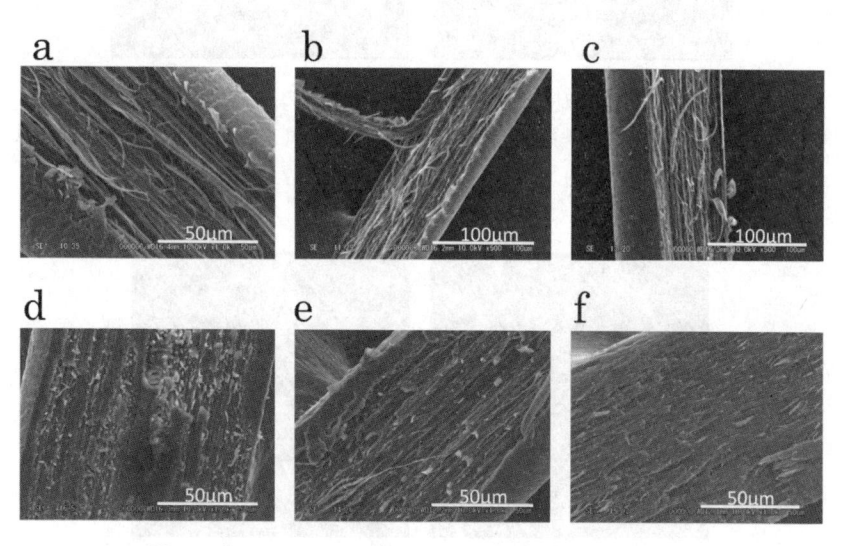

図2　ブリーチ・パーマ処理した毛髪の破断面のSEM写真
a：未処理，b：1回処理，c：2回処理，d：3回処理，e：4回処理，f：5回処理

は，キューティクルのみならずコルテックス領域まで損傷されることが分かる[11]。

4.2　ブリーチとパーマ処理した毛髪のSPM観察

　図3に日本人4歳女児の未処理毛髪とB処理，P処理およびB&P処理をそれぞれ3回繰り返し行った毛髪表面のAFM像を示す。SEM観察では，B処理およびP処理毛髪の表面には変化が認

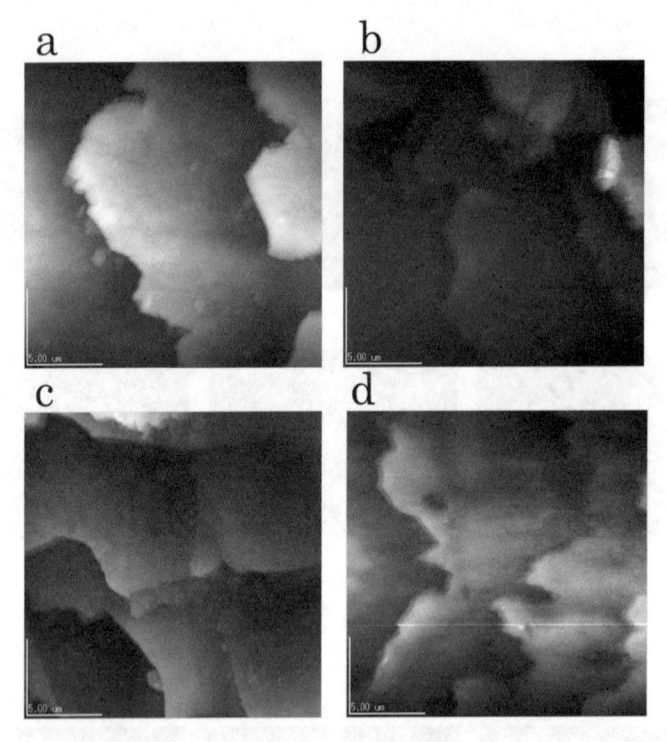

図3 ブリーチとパーマ処理した毛髪のAFM写真
a：未処理，b：パーマ3回処理，c：ブリーチ3回処理，d：ブリーチ・パーマ3回処理

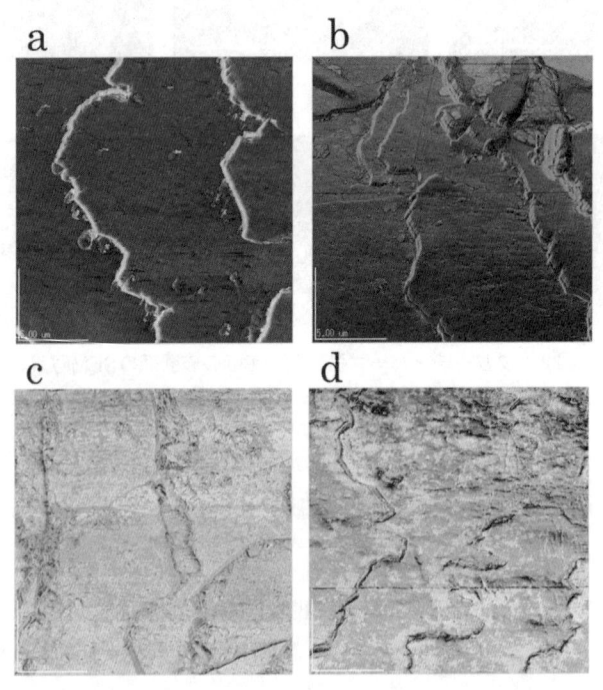

図4 ブリーチとパーマ処理した毛髪のAFM位相写真
a：未処理，b：パーマ3回処理，c：ブリーチ3回処理，d：ブリーチ・パーマ3回処理

第11章　毛髪の微細構造解析

められなかったが，AFM像ではダメージが観察される。また，ブリーチとパーマ処理を同時に行ったB&P処理毛髪では相乗的なダメージが認められる。図4に各種3回処理毛髪の位相像を示す。位相遅れは吸着力や粘弾性の様な表面物性の影響を反映し，吸着力が大きい，あるいは，軟らかいほど遅れが大きくなる。処理毛髪の明度は未処理に比べ，P処理＜B処理＜B&P処理の順で高くなった。キューティクル表面を覆う18-MEAはB&P処理により脱離することがXPS測定より認められている[11]。毛髪表面はブリーチやパーマ処理，特にブリーチ処理，により物性値が変化したと考えられる。

5　ブリーチ&パーマ処理した毛髪のX線回折

毛髪の結晶構造はX線回折法により研究されてきた。毛髪ケラチンのα-ヘリックスは赤道線上の0.98nmと子午線上の0.51nmに結晶反射を示し，毛髪のα結晶含量（結晶化度）はほぼ21%であると報告されている[5]。本節ではB&P処理による毛髪の微細構造変化をX線回折法により検討する[17]。

測定はイメージングプレート検出器を装着したX線回折装置を用い，使用X線CuKα，管電圧40kV，露光時間20〜30分で行った。図5に未処理毛髪とB&P処理毛髪のX線回折パターンを示す。未処理毛髪では，赤道線上にα-ヘリックスのアーク状回折と非晶領域に由来するハローが

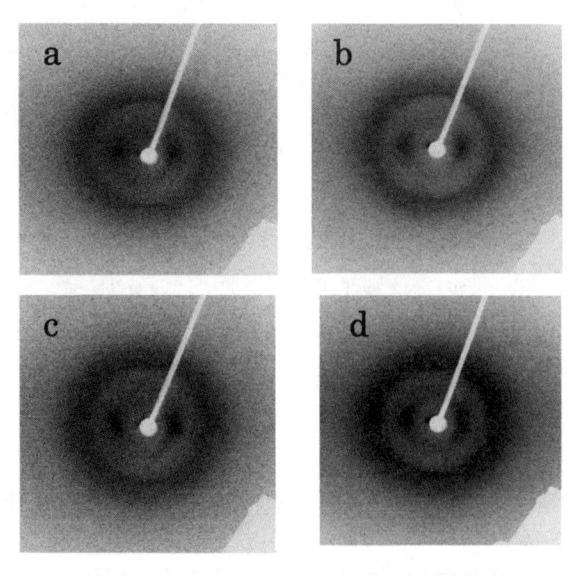

図5　ブリーチ・パーマ処理した毛髪のX線回折パターン
a：未処理，b：1回処理，c：3回処理，d：5回処理

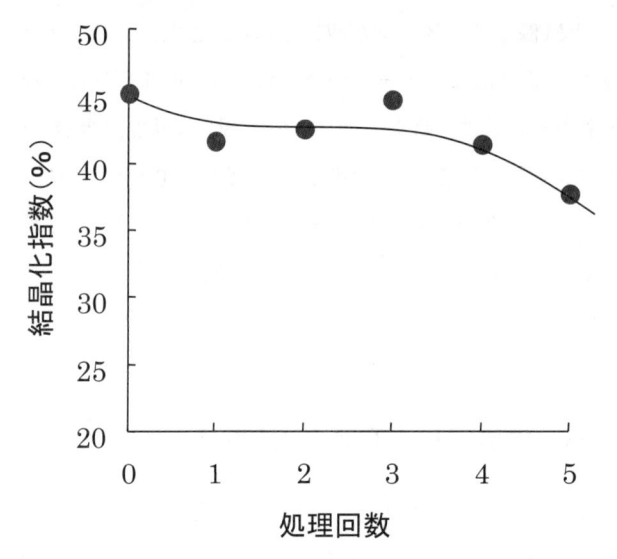

図6 ブリーチ・パーマ処理した毛髪の結晶化指数と処理回数の関係

観察される。アーク状の回折はB&P処理回数が3回を超すと徐々に幅広になりα結晶の減少が推察される。

　一般に高分子の結晶化度は,回転試料台などにより無配向化したX線回折図形より決定される。ここでは,簡便法として,赤道線方向の回折を2θ-I変換した後,ピーク分離を行い,α結晶($2\theta \fallingdotseq 9°$)および非晶領域の回折の積分強度を求め,(1)式のように全体の回折ピーク面積に占める結晶部の割合として結晶化指数を定義した。

$$結晶化指数（\%）= α結晶の面積/回折の全面積 \times 100 \quad (1)$$

　図6にB&P処理毛髪の結晶化指数とB&P処理回数の関係を示す。結晶化指数はB&P処理回数2回まではわずかに減少し,その後は処理回数の増加に伴い減少した。結晶化指数はB&P処理により45.1%から37.7%まで減少したが,SEM観察ではコルテックス領域まで損傷した5回処理毛髪中にもα-ヘリックスは存在することが分かる[16]。

6　ブリーチ＆パーマ処理した毛髪の熱分析と微細構造変化

　DSCを用いた毛髪や羊毛ケラチンの研究は精力的に行われている。毛髪は210℃付近に吸熱ピークを示すが,230℃前後から毛髪の熱分解が開始するため吸収は不鮮明である。毛髪や羊毛試

第11章　毛髪の微細構造解析

料に水分を添加し，α-ヘリックスの融解とケラチンの熱分解ピークの分離を図る試みが行われている。水膨潤状態の羊毛ケラチンのDSC測定では，吸熱ピークは低温側にシフトする[17]。吸熱ピークの低温へのシフトは，水の存在でケラチンタンパク質分子間の水素結合が切断されるためと考えられている。Wortmannら[18,19]は，水存在下で毛髪試料のDSC測定を行い，140～180℃に幅広の吸熱ピークを観察し，吸熱は結晶相の融解，即ち，α-ヘリックスの巻き戻しとマトリックスの化学変化の2つの要因によると報告した。また，CaoとLeroy[20]は，毛髪ケラチンは乾燥状態のときは205℃に吸熱ピークが現れるが，シリコンオイル中で水膨潤状態の毛髪のDSC測定を行うと，ピーク温度は155℃にまで低下することを示した。彼らは，吸熱ピークはケラチンタンパク質の変性によると報告した。本節では水膨潤状態のB&P処理毛髪を例にDSC測定法について説明する。

セラミックス製はさみで0.5mm以下の粉末状に切断した毛髪を，減圧下室温で乾燥後，ステンレス製DSCパンに約6mg入れ，超純水（Barnstead水）を50μl加えて密封した。パン内の水が均等に試料に吸収されるよう室温で一日保持した後，昇温速度5℃/min，温度範囲70～200℃でDSC測定した。

図7に水膨潤B&P処理毛髪のDSC曲線を示す。未処理毛髪はDSC曲線上に外挿点開始温度137.1℃の吸熱ピークを示したが，B&P処理回数の増加に伴い開始温度は低温側にシフトした。一方，ピーク強度は処理回数に伴い減少し，処理回数4回以上では吸熱ピークは確認できなくな

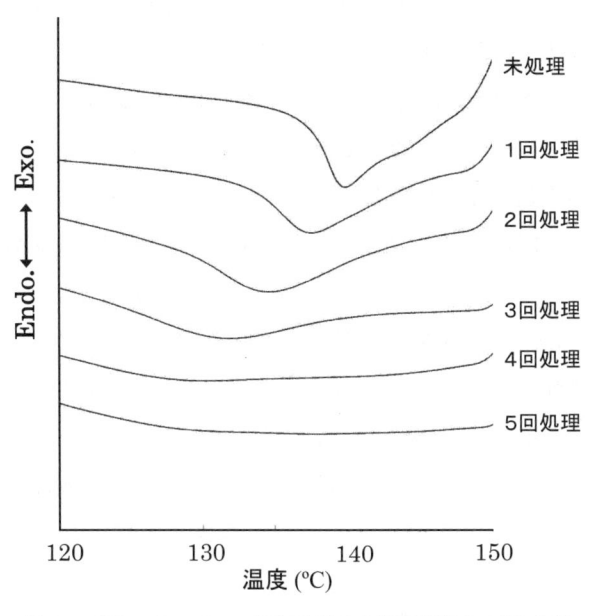

図7　ブリーチ・パーマ処理毛髪の水膨潤状態のDSC曲線

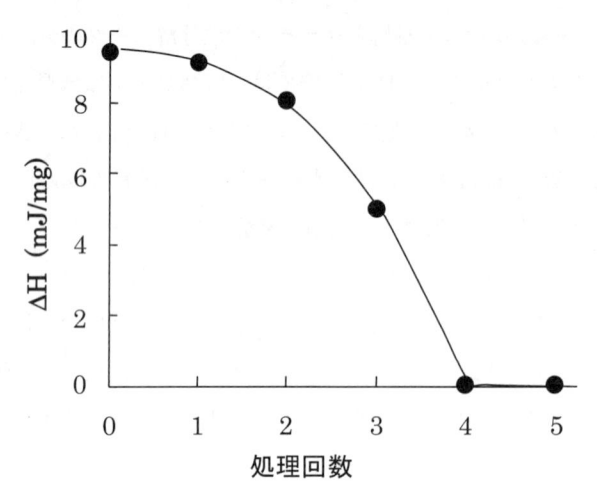

図8　水膨潤状態のブリーチ・パーマ処理毛髪の融解エンタルピーと処理回数の関係

った。図8にB&P処理回数と処理毛髪のエンタルピーの関係を示す。未処理毛髪のエンタルピー（9.34mJ/mg）は処理回数の増加に伴い減少し，3回B&P処理毛髪では4.92mJ/mgに変化した。水膨潤状態の毛髪の吸熱開始温度とエンタルピーは乾燥状態に比べて低い値を示した。これは，水によって毛髪内の水素結合が解離し，結合の切断に必要なエネルギーが低下したためと考えられる。

毛髪にB&P処理を行うとシステイン酸が生成し，システイン酸量は処理回数の増加に伴い増加することがFT-IR測定より確認されている。システイン酸はS-S結合の酸化開裂機構により生成される[21]。毛髪中のS-S含量は，還元処理した毛髪を2-ビニルピリジンと反応させた後，塩酸で加水分解し，得られた2-β-(2-ピリジルエチル)-L-システインをλ_{max}=263nm（ε=7000）でUV測定を行い定量できる（2-PEC法）[22,23]。

図9に毛髪のS-S含有量に対する結晶化指数とDSC吸熱エンタルピーの関係を示す。結晶化指数はS-S含有量の減少に伴い減少した。S-S含有量の減少はシステイン酸の生成によると考えられるため，S-S結合の酸化開裂が毛髪のα-ヘリックスの崩壊の一因になっていると考えられる。一方，DSC測定では，α-ヘリックスが存在しているBP処理4回以上の毛髪では吸熱現象は観察されなかった。これは，DSC吸熱ピークはα-ヘリックスの巻き戻し（即ち，α結晶の融解）のみを反映しないことを示唆する。S-S含有量の減少は主として，S-S含量の多いキューティクル層やIFAP（マトリックス）中で生じていると考えられる。DSCの吸熱現象は毛髪ケラチンの変性によると推定される。

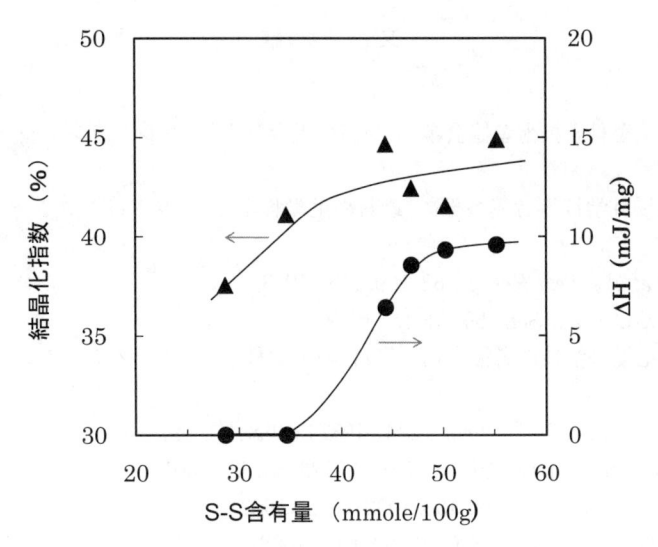

図9　ブリーチ・パーマ処理毛髪の結晶化指数と融解エンタルピーに及ぼすS-S含有量の影響

7　おわりに

　毛髪は分子量や性質の異なるケラチン分子が微細構造をつくり，さらに，それらが集積し階層構造を形成した複雑なタンパク質である．本章ではブリーチとパーマ処理を行った毛髪の機器分析による微細構造解析の方法を紹介した．

　各種毛髪の物性に及ぼすブリーチとパーマ処理の影響を調べるために水中での引っ張り試験を行うと，処理毛髪のヤング率はB&P処理＜P処理＜B処理の順で高い値を示した．また，破断時の伸びはB処理＜P処理＜B&P処理の順で大きくなった．これらの結果は，ダメージ毛髪の強度はS-S結合の酸化によるシステイン酸の影響よりも，パーマ処理の還元反応によるS-S結合の開裂と酸化反応による再架橋の際のα-ヘリックスの乱れなどによるケラチンの微細構造変化の影響が大きいことを示唆していると考えられる．毛髪のダメージの度合いには著しい個人差や年齢差が認められる．ここで紹介した研究は，ブリーチおよびパーマ処理を繰り返す際の毛髪の損傷防止とダメージヘアの修復を目的とする研究の一環としてなされた．今後は，可溶性ケラチンタンパク質などを用い，ダメージヘアの発生の防止や修復などに取り組んでいく予定である．

文　　献

1) 上甲恭平, 毛髪科学技術者協会編, "最新の毛髪科学", フレグランスジャーナル社, p165-217 (2003)
2) 細川稔, 毛髪科学技術者協会編, "最新の毛髪科学", フレグランスジャーナル社, p219-259 (2003)
3) A. P. Negri *et al.*, *Text.Res. J.*, **63**, 109-115 (1993)
4) J. A. Swift, *J. Cosmet. Sci.*, **50**, 23-47 (1999)
5) 新井幸三, 毛髪科学技術者協会編, "最新の毛髪科学", フレグランスジャーナル社, p59-163 (2003)
6) L. Langbein *et al.*, *J.Biol. Chem.*, **274**, 19874-19884 (1999)
7) L. Langbein *et al.*, *J. Biol. Chem.*, **276**, 35123-35132 (2001)
8) R. D. B. Fraser *et al.*, *Nature*, **193**, 1052-1055 (1962)
9) S. Nagase *et al.*, *J. Cosmet. Sci.*, **53**, 89-100 (2002)
10) S. Nagase *et al.*, *J. Cosmet. Sci.*, **53**, 387-402 (2002)
11) M. Amaya *et al.*, *Transaction of MRS-J*, **32**, 1087-1090 (2007)
12) Y. Tomita *et al.*, *Transaction of MRS-J*, in press
13) T. Takizawa *et al.*, *Anatomical Record*, **251**, 406-413 (1998) 等
14) V. Dupres *et al.*, *J. Colloid and Interface Sci.*, **269**, 329-335 (2004)
15) B. Bhushan, *Progress in Materials Sci.*, **53**, 585-710 (2008)
16) S. Takigami *et al.*, Proc.24th IS-SCC CongreS-S, Osaka, Japan, PC-089 (2006)
17) F. ValeriaMonteiro *et al.*, *Therm. Anal. Cal.*, **79**, 289-293 (2005)
18) C. Popescu *et al.*, *Revue Roumaine de Chimie*, **48**(12), 981-986 (2003)
19) F-J. Wortmann *et al.*, *J.Cosmet.Sci.*, **53**, 219-228 (2002)
20) J. Cao *et al.*, *Biopolymers*, **77**, 38-43 (2005)
21) W. E. Savige *et al.*, The Chemistry of Organic Sulfur Compounds, Vol.2, Pergamon PreS-S, New York, p367-402 (1966)
22) M. Friedman *et al.*, *Text. Res. J.*, **40**, 1073-1078 (1970)
23) M. Friedman *et al.*, *Text. Res. J.*, **44**, 578-579 (1974)

第12章　生体への化粧品浸透性の分析

鈴木貴雅[*1]，吉田大介[*2]，杉林堅次[*3]

1　はじめに

　化粧品浸透性の評価にあたり，有効成分の作用部位を理解しておく必要がある。すなわち，サンスクリーン剤は皮膚表面，保湿剤は角層や生きた表皮，美白化剤は生きた表皮，抗シワ剤は真皮でそれぞれ作用する。これらの有効成分はその部位まで浸透して効果を発揮するため，有効成分の皮膚浸透性を正しく評価することが重要である。一般に化粧品では有効成分の皮膚中濃度を評価するが，皮膚表面から浅い部位では基剤と皮膚の分配性，また皮膚深部になるにつれ皮膚中拡散性が重要な指標となる。すなわち，単に皮膚浸透性を評価すると言っても，作用部位を把握していなければ正しく化粧品を評価することができない。また近年，化粧品業界では動物皮膚を使わない代替法試験が求められており，この化粧品浸透性の評価でも，三次元培養ヒト皮膚モデルの利用や数学的解析による浸透性の予測[1]が試みられるなど，経皮吸収の考え方を理解することが必要になってきた。

2　皮膚透過実験

　化粧品に含まれる有効成分の皮膚浸透性は，拡散セルを用いた *in vitro* 皮膚透過実験により簡便に評価できる。拡散セルには図1に示す縦型セル（フランツ型セル）と横型セル（side by side セル，2チャンバーセル）が利用されている。拡散セル法では，ヒトや動物（ヘアレスラット，ヘアレスマウス，ブタ）の皮膚の他，シリコーン膜や培養皮膚モデルを用いることができるが，2009年にEU内における化粧品の動物実験の禁止，動物実験された化粧品の販売を禁止することが決まっていることから，培養皮膚モデルを使った実験が代替法として注目されている[2]。表1に日本で入手可能な培養皮膚モデルをまとめたが，それぞれの培養皮膚モデルの構造や特徴を十分理解して評価しなければならない。また，レシーバー溶液についても，適用成分の溶解度を考

[*1]　Takamasa Suzuki　城西大学　薬学部
[*2]　Daisuke Yoshida　城西大学　薬学部；㈱コスモステクニカルセンター　製剤開発部
[*3]　Kenji Sugibayashi　城西大学　薬学部　教授

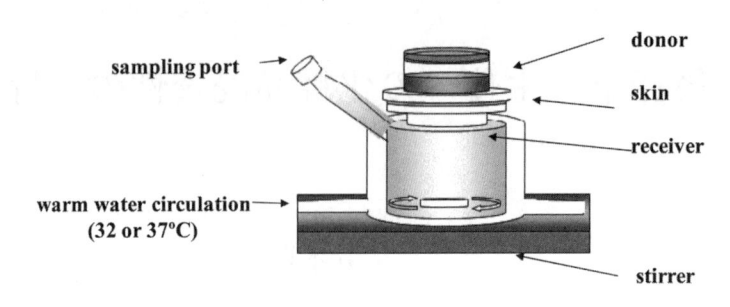

(a) Franz型セル

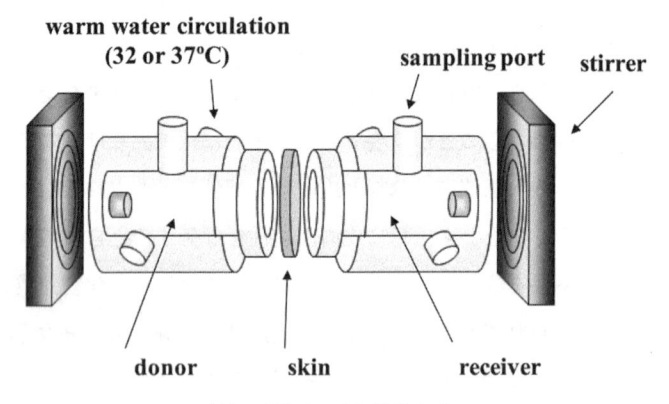

(b) Side-by-side拡散セル

図1 in vitro皮膚透過実験で使用される拡散セル

表1 三次元培養皮膚の皮膚モデルと発売元

培養皮膚	皮膚モデル	発売元
EpiDerm™	角層	MatTek Corporation
Neoderm-E	表皮	Tego Science Inc.
Vitrolife-skin	表皮/真皮	Gunze Ltd.
EPISKIN	角層	SkinEthic Laboratories
LabCyte	表皮	Japan Tissue Engineering Co., Ltd.
LSE-high	表皮/真皮	Toyobo Co., Ltd.

2008年9月現在

慮し適切に選択する。例えば，適用成分の脂溶性が高すぎると，皮膚には浸透するがレシーバー溶液に溶解しづらく，レシーバー側に溶出しないことがある。この場合，レシーバー溶液（通常はpH 7.4等張リン酸緩衝液，PBS）にポリエチレングリコール400（PEG 400）やアルブミンを添加し，成分の溶解性を上げなければいけない[3]。

3 有効成分の皮膚透過性と皮内貯留性の解析

*in vitro*皮膚透過実験より得られた有効成分の透過データの解析では，累積皮膚透過量を時間に対してプロットしたグラフが用いられる（図2）。有効成分の皮膚透過過程はFickの拡散則を解くことによって説明でき，単位面積当たりの累積皮膚透過量Q（$\mu g/cm^2$）は次式で示される。

$$Q = \frac{KC_vD}{L}(t - \frac{L^2}{6D}) - \frac{2KC_vL}{\pi^2}\sum_{n=1}^{\infty}\frac{(-1)^n}{n^2}\exp(-\frac{Dn^2\pi^2}{L^2}t) \tag{1}$$

ここで，K, C_v, Dは薬物の皮膚バリアー／基剤分配係数（無次元），基剤中濃度（$\mu g/mL$），および皮膚バリアー中拡散係数（cm^2/h）であり，Lは皮膚バリアーの厚み（cm）である。また，式(1)を微分し透過速度（$\mu g/cm^2/h$）を表わすと次式のようになる。

$$\frac{dQ}{dt} = \frac{KC_vD}{L}\left[1 + 2\sum_{n=1}^{\infty}(-1)^n\exp\left(-\frac{Dn^2\pi^2}{L^2}t\right)\right] \tag{2}$$

さらに，式(1)，(2)は定常状態ではこれら2式の右辺第2項がゼロになり，次式に簡略化できる。

$$Q = \frac{KC_vD}{L}(t - \frac{L^2}{6D}) \tag{3}$$

$$\frac{dQ}{dt} = \frac{KC_vD}{L} = PC_v \tag{4}$$

式(3)からラグタイムは$L^2/6D$で計算され，式(4)より定常状態透過速度はPC_vとなることがわかる。ここで，透過係数Pとは皮膚中を物質が進む際の線速度（cm/s）である。また，Pは物質のオクタノール-水分配係数K_{ow}と分子量MWから予測することが可能である。例えば，以下の

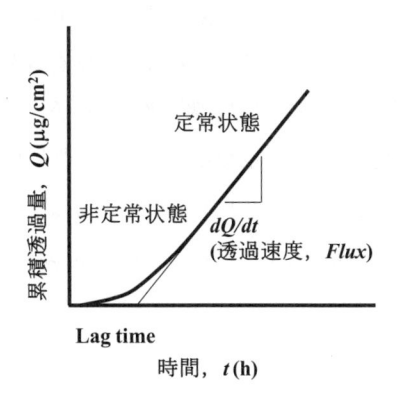

図2 単位面積当たりの累積透過量-時間曲線
lag timeを過ぎた後，みかけの定常状態に達する。

式が報告されている[4]。

$$\log P = -6.3 + 0.71 \log K_{ow} - 0.0061 MW \tag{5}$$

しかし,オクタノール-水分配係数の対数値が4を超えるまたは負の値をとる物質や,分子量が500を超える物質は上式を用いた予測値から大きくずれる。図3(a)に示すようにオクタノール-水分配係数の対数値が4を超える物質は表皮や真皮が透過の律速部位となり,Pが頭打ちを迎える。また,同値が負の値をとる物質の透過速度は水の皮膚中の線速度（10^{-7}cm/s）により支配されるため,Pはほぼ一様となり予測値からのずれが生じる。また,図3(b)に示すように分子量が500付近を超える物質は毛囊などの付属器官による透過などしか考えられないため,変極点が生じる。よって前述同様に予測値と異なったPとなる。

化粧品の有効成分の主な作用部位は皮膚であり,全身送達や筋肉などへの移行は目的とされていない。すなわち,皮膚に適用した有効成分がどの程度レシーバー側に移行したかではなく,皮膚に分配し貯留した有効成分量を測定すればよい。皮膚中平均有効成分量$\overline{C}$は適用後の時間tの関数として以下の式で示される。

$$\overline{C} = \frac{KC_v}{2}\left[1 - \frac{8}{\pi^2}\sum_{n=1}^{\infty}\frac{\exp\left(-\frac{(2n+1)^2\pi^2 D}{L^2}t\right)}{(2n+1)^2}\right] \tag{6}$$

式(5)は定常状態では次式となる。

$$\overline{C} = \frac{KC_v}{2} \tag{7}$$

有効成分の皮膚透過性は式(1),(2)から明らかなように,皮膚への分配係数Kと皮膚バリアー中の拡散係数Dによって決定されるが,皮膚中濃度は式(5),(6)より,有効成分の基剤から皮膚への分配係数Kにより決定されることがわかる。これは高い皮膚透過性を期待する場合と,高い皮膚中濃度もしくは皮膚分配を期待する場合では製剤化の方針が異なることを示している。したがって,真皮まで有効成分を浸透させる化粧品では,皮膚透過性に焦点をあてるが,角層または生きた表皮においての作用を示す化粧品では,皮膚中濃度または皮膚への分配に注目するべきである。さらには,日常において高頻度の使用が考えうる化粧品においては,安全性の面から高い皮膚透過性は期待されていない。

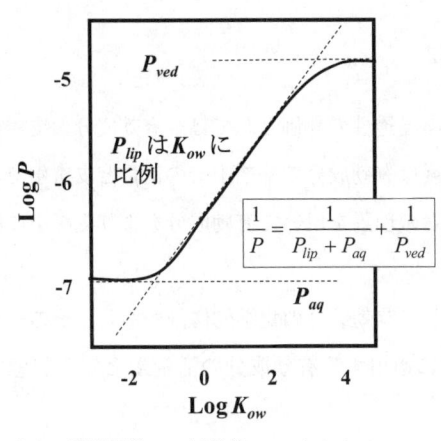

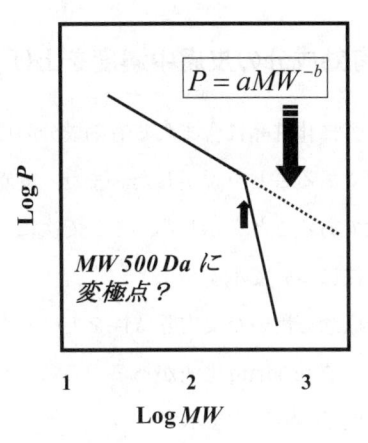

(a) 透過係数Pの対数値—n-オクタノール／水分配係数の対数値

(b) 透過係数Pの対数値—分子量の対数値

図3　透過係数Pとn-オクタノール／水分配係数または分子量との関係

4　有効成分の皮膚透過性と活量

　化粧品の剤形は多種多様であり，美白剤を例にとってもクリーム，乳液，ジェルなど様々な基剤が用いられている。この基剤の違いは有効成分の皮膚透過性に影響を与える因子の一つであり，これは活量の概念を導入すると理解しやすくなる。

　活量とは熱力学的活動度のことを言い，物質の逃避傾向を示している。物質は活量の高い系から低い系に自発的に移動する。このことを有効成分の皮膚透過に置き換えて考えてみると，基剤中での有効成分の活量が高いということは，それより活量の低い系であるレシーバー側や皮膚中に移行しやすいということになる。

　活量A_vをC_vで用いて表わすと以下のようになる。

$$A_v = C_v \gamma_v \tag{8}$$

　ここで，A_v，C_v，γ_vはそれぞれ基剤中における物質の活量，基剤中の物質の濃度，活量係数である。また，分配係数は基剤と皮膚での活量係数での比によって表わされる。

$$K = \frac{\gamma_v}{\gamma_s} \tag{9}$$

　ここで，γ_sは皮膚中の活量係数である。上式より，基剤を変更させ，有効成分の皮膚への分配を高めて，皮膚中濃度を上げることも考えられる。

5 有効成分の皮膚中濃度を上げるには

ここまでに化粧品に含まれる有効成分の皮膚への浸透性の評価としては，有効成分の皮膚中濃度が重要であることを説明した．また，皮膚中濃度は有効成分の基剤中での活量と皮膚中での活量の関数であることを示した．そこで次に，これらの理論を用いて有効成分をより皮膚中に浸透させる方法について示す．

活量の概念を用いた皮内貯留性を上げる方法として有効成分の化学的修飾があり，その一つにプロドラッグprodrug化法がある．ここで，皮膚に適用する有効成分の活量A_vと定常状態での皮膚中濃度$\overline{C}$の関係式を示す．

$$\overline{C} = \frac{KC_v}{2} = \frac{\gamma_v}{2\gamma_s} \times \frac{A_v}{\gamma_v} = \frac{A_v}{2\gamma_s} \tag{10}$$

A_vが高いプロドラッグを用いれば，皮膚中濃度を上げることが可能になる．また，活量を高める方法として，基剤の変更や化学吸収促進剤の添加なども考えられる．化粧品に有効な吸収促進剤としては，エタノールやイソプロパノールなどの低級アルコール，グリコールのような多価アルコール，オレイン酸やカプロン酸のような脂肪酸，ミリスチン酸イソプロピルのような脂肪酸エステル，ピール剤に用いられているα-ヒドロキシ酸，l-メントールやd-リモネンのような精油成分，天然保湿因子である尿素，ピリドンカルボン酸，アミノ酸，さらには低刺激界面活性剤などがある．しかし，これらのいくつかには皮膚バリアー内での有効成分の拡散係数を上げる，すなわち角層のバリアー機能を下げる側面も有しており，使用には注意が必要である．適切なバリアー機能を維持し，尚且つ有効成分の皮膚への分配を高める吸収促進剤が最も効果的である．

また，美容の分野では有効成分の皮膚への分配を高める手段として，物理的促進法も用いられている．具体的には，電気のエネルギーを利用した手段として，溶媒流効果と電気的反発により有効成分を皮膚に浸透させるイオントフォレーシスiontophoresis[5]，角層構造を変化させ有効成分の透過ルートを拡げるエレクトロポレーションelectroporation[6]，超音波のエネルギーを利用したフォノフォレーシスphonophoresis[7]，さらには温熱法やレーザーも利用されている．しかし，これらの使用には化学的吸収促進剤と同様，角層のバリアー能の維持に配慮しなくてはならない．

6 おわりに

これまでに，化粧品の評価として，有用性評価，使用感，安全性などが考慮されてきた．例えば有用性評価として，保湿剤では経表皮水分蒸散量測定や角層採取法，美白剤ではチロシナーゼ

第12章 生体への化粧品浸透性の分析

活性阻害やドーパクロムトートメラーゼ活性阻害など，抗ニキビ剤では*P. acnes*抗菌力測定やリパーゼ活性阻害などを測定し化粧品の有用性を評価してきた。しかし，これらを測定するだけでは実使用における化粧品を正確に評価しているとは言えない。なぜなら，化粧品の有効成分は作用部位に到達した後に作用を発現し，また有効成分が皮膚中である一定濃度に保たれる必要がある。このことより，皮膚中での有効成分の挙動を把握しておくことは，化粧品を評価する際に非常に重要なことである。さらには，有効成分の挙動を数学的に解析し，種々パラメータを算出することで，より正確な皮膚中での挙動を理解し，これらを応用することにより有効成分の皮膚透過性や皮膚中濃度を向上させることができる。これらは，有効成分の皮膚中動態学的製剤設計という今までにない製剤設計を可能にし，それらに基づき製造された化粧品は消費者に斬新で有用なものとして受け入れられることであろう。

文　　献

1) N. Hada, T. Hasegawa, H. Takahashi, T. Ishibashi, K. Sugibayashi, *J. Control. Release*, **108**(2-3), 341-350 (2005)
2) K. Sugibayashi, T. Hayashi, K. Matsumoto, T. Hasegawa, *Drug Metab. Pharmacokin.*, **19**(5), 352-362 (2004)
3) T. Hatanaka, M. Shimoyama, K. Sugibayashi, Y. Morimoto, *J. Control. Release*, **23**(3), 247-260 (1993)
4) R.O. Potts, R.H. Guy, *Pharm. Res.*, **9**(5), 663-669 (1992)
5) E. Manabe, S. Numajiri, K. Sugibayashi, Y. Morimoto, *J. Control. Release*, **68**(2), 149-158 (2000)
6) K. Mori, T. Hasegawa, S. Sato, K. Sugibayashi, *J. Control. Release*, **90**(2), 171-9 (2003)
7) H. Ueda, K. Sugibayashi, Y. Morimoto, *J. Control. Release*, **37**(3), 291-297 (1995)

第5編　官能評価と機器計測の関係付けと製品展開

第1章　処方と化粧品物性

宇治謹吾[*]

1　はじめに

　化粧品には，皮膚や毛髪の状態を健やかに保つこと，皮膚や毛髪から汚れを除去すること，紫外線や乾燥から身体を防御すること，および色彩の効果により魅力的な容貌に演出することなど，様々な機能が求められている。しかし，化粧品は，身体に直接塗布するものであるため，気持ち良く使える，使いやすい，きれいに仕上がるなどといった使用感や使用効果が，化粧品の価値を決定する因子となる。化粧品は水溶性成分や油溶性成分，粉体などの成分を組み合わせて製剤化されることが多い。したがって，個々の成分を組み合わせる場合，それぞれの性質を十分把握し，乳化，可溶化，分散技術を駆使し製剤化しなければならない。それは，製剤化に及ぼす影響はもちろんであるが，粘度，固さなどの物性や伸びなどの使用感に影響を及ぼすからである。

　最近使用感に関して，機器を用い定量化する試みが多くなされている。例えば，粘弾性や摩擦特性の評価も可能となり[1,2]，塗り心地に関しては，官能評価とレオロジー特性の相関に関する研究も報告されている[3,4]。しかしながら，人間の感性に基づく使用感を機械的に正確に表すことはまだできていないのが現状で，各社化粧品メーカーでは，使用感と物性的特性に関する研究を行っている。

　本稿では，化粧品に良く用いられる成分について，個々の代表的成分の感触や特徴について述べ，さらに製剤化した場合の特徴に関して述べることとする。

2　油性成分の特徴

　油性成分には，固形分，液状油分がある。固形分には，高級脂肪酸，高級アルコール，ロウ類，炭化水素などがあり，いずれも製剤を増粘やクリーム状にする目的，クリームの安定化の目的で使用される。液状油分には，エステル，炭化水素，油脂，高級脂肪酸（含イソ脂肪酸），高級アルコール（含イソアルコール），シリコーン油，フッ素油などがあり，伸びや感触改良，溶剤，エモリエント剤などの目的で使用される。これらを組み合わせることにより最終製剤に様々

---

[*]　Kingo Uji　㈱コスモステクニカルセンター　処方開発部　主任研究員

な感触や特性を与えている。

2.1 脂肪酸・アルコールの組み合わせの違いによるエステルの一般的な特徴

表1に脂肪酸とアルコールの組み合わせによる物性および機能性の違いを示した。さらに，代表的な油を付記した[5]。

例えば，直鎖脂肪酸と低級アルコールを組み合わせエステル化した場合，ミリスチン酸イソプロピルのようなエステル油があり，油性感が少なく感触が軽いこと，溶剤性に優れていること，エモリエント効果があり，毛髪につやを与える特徴がある。また，トリエチルヘキサノインのような分岐脂肪酸と多価アルコールを組み合わせたエステル油の場合，加水分解安定性や酸化安定性に優れるという特徴をもっている。

表1 エステルの脂肪酸・アルコールの組み合わせによる物性・機能性の違い[5]

エステルの構成成分	特徴	代表成分
直鎖脂肪酸と低級アルコール	・油性感が少なく軽い感触 ・溶剤性に優れる ・エモリエント ・髪につやを付与	ミリスチン酸イソプロピル，パルミチン酸イソプロピル，ミリスチン酸ブチル，リノール酸イソプロピル，など
直鎖脂肪酸と直鎖高級アルコール	・クリームの安定化 ・感触改良 ・過脂肪剤 ・液状エステルはエモリエント	ミリスチン酸ミリスチル，パルミチン酸セチル，ホホバ油，など
直鎖脂肪酸と分岐高級アルコール	・融点が低く油性感が少ない ・軽い感触 ・エモリエント	ミリスチン酸イソセチル，ステアリン酸イソセチル，パルミチン酸エチルヘキシル，ステアリン酸エチルヘキシル，ミリスチン酸オクチルドデシル，など
直鎖脂肪酸と多価アルコール	・エチレングリコール，プロピレングリコールのエステル：粘性が低く油性感が少ない，軽い感触，難溶性物質の溶解剤，顔料の分散剤 ・グリセリンエステル：脂肪酸が大きくなると油脂に近い感触 ・中鎖脂肪酸のエステル：軽い感触，溶解補助剤	ジカプリン酸プロピレングリコール，カプリル酸プロピレングリコール，ジカプリル酸プロピレングリコール，トリ(カプリル酸/カプリン酸)グリセリル，ホホバ油およびオリーブスクワランを除く植物油 ポリグリセリン直鎖脂肪酸エステル，など
分岐脂肪酸と低級アルコール	・融点が非常に低くさっぱりした感触 ・混和剤 ・粘度を低下させる	イソステアリン酸イソプロピル，など
分岐脂肪酸と直鎖高級アルコール	・粘性が低くさっぱりした感触 ・加水分解安定性に優れる ・エモリエント ・メークアップ製品の分散剤	エチルヘキサン酸セチル，など
分岐脂肪酸と多価アルコール	・加水分解安定性，酸化安定性に優れる ・鹸化性が低い	トリイソステアリン酸ポリグリセリル-2，テトラエチルヘキサン酸ペンタエリスリチル，トリイソステアリン酸トリメチロールプロパン，トリエチルヘキサノイン，エチルヘキサン酸ブチルエチルプロパンジオール，など

第1章 処方と化粧品物性

エステルの構成成分	特徴	代表成分
分岐脂肪酸と分岐高級アルコール	・粘性および融点が低く油性感が少ない ・ネオペンタン酸エステル：紫外線吸収剤の効果を高める	イソステアリン酸ヘキシルデシル，ネオペンタン酸オクチルドデシル
炭酸ジアルキル	・凝固点が低く油性感が少ない ・色素・顔料の分散性の向上 ・生分解性に優れる	炭酸ジアルキル（C14, 15）
水酸基をもつエステル	・色素・顔料の分散性の向上 ・油性成分の相互溶解性の調整 ・粘性が高い ・感触改良	リンゴ酸ジイソステアリル，クエン酸トリエチルヘキシル
二塩基酸のエステル	・（皮膚・毛髪に対する）浸透性・親和性が高い ・難溶性物質の溶解剤	セバシン酸ジエチル，アジピン酸ジイソプロピル，セバシン酸ジイソプロピル，セバシン酸ジブチルオクチル
ステロールのエステル	・保湿 ・感触改良 ・液晶構造をとりやすい	イソステアリン酸フィトステアリル
植物油，有機酸および脂肪酸の縮合物	・粘性が高い ・感触改良 ・顔料分散性の向上	（イソステアリン酸/コハク酸）ヒマシ油

2.2 エステルおよび植物油の相対粘度と摩擦係数（MIU）

感触の指標の一つである粘度と摩擦係数（MIU）の関係を図1に示した[5]。相対粘度は，25℃においてB型粘度計で測定した。

図中の1番は，粘度が低くMIUも中では最も低い油である。これは二塩基酸エステルのセバシン酸ジイソプロピルであるが，難溶性物質の溶解剤としての用途があり，薬剤を溶解し，軟膏やクリームに，感触が軽く伸びの良い油として応用されている。

1 セバシン酸ジイソプロピル
2 ミリスチン酸イソプロピル
3 オリーブ脂肪酸エチル
4 ジカプリル酸PG
5 イソステアリン酸イソプロピル
6 パルミチン酸エチルヘキシル
7 エチルヘキサン酸セチル
8 ステアリン酸エチルヘキシル
9 カプリル酸PG
10 ネオペンタン酸オクチルドデシル
11 ミリスチン酸イソセチル
12 トリ（カプリル酸/カプリン酸）グリセリル
13 炭酸ジアルキル（C14, 15）
14 ステアリン酸イソセチル
15 ミリスチン酸オクチルドデシル
16 トリエチルヘキサノイン
17 イソステアリン酸ヘキシルデシル
18 ホホバ油
19 セバシン酸ジブチルオクチル
20 トリエチルヘキサン酸トリメチロールプロパン
21 エチルヘキサン酸ブチルエチルプロパンジオール
22 マカデミアナッツ油
23 クエン酸トリエチルヘキシル
24 メドウホーム油
25 テトラエチルヘキサン酸ペンタエリスリチル

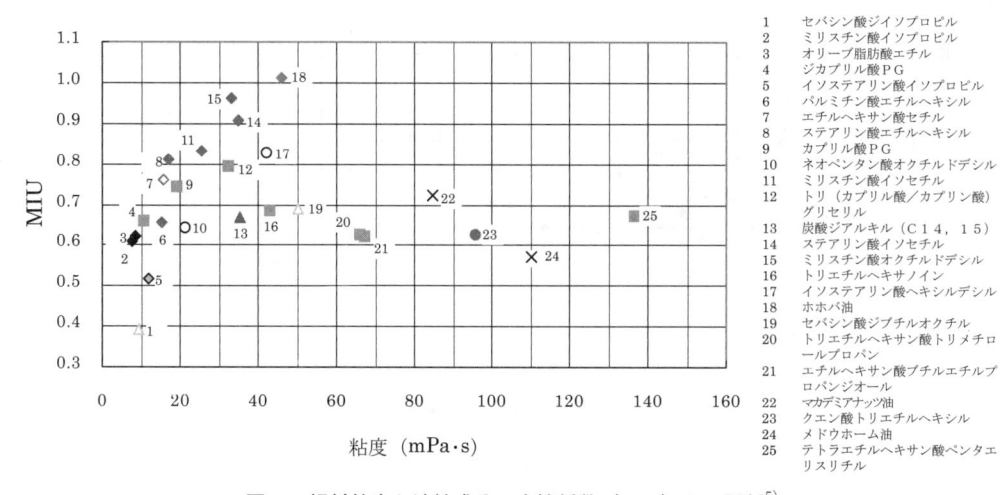

図1 相対粘度と油性成分の摩擦係数（MIU）との関係[5]

興味深いのは，25番のテトラエチルヘキサン酸ペンタエリスリチルで，相対粘度が高いにもかかわらず，MIUは25種類の油の中でそれほど高くない。逆に，ホホバ油は，相対粘度は50mPa・sであるのに，MIUが約1で最も高い値を示した。

したがって，相対粘度が高いからといって，必ずしもMIUも高いとは限らないことがわかる。しかし，実際に触ってみると，粘度が高くなると，伸びにコクが出てきて，しっとり感があるような感覚をもつ。

2.3 油性成分のIOB値と凝固点（曇り点，融点）

油性成分のIOB値と凝固点（曇り点，融点）の関係を図2に示した[5]。

油脂類のエモリエント性や閉塞性に関して，無機性/有機性バランス（IOB）値が低くなると，閉塞性が大きくなり，角質の柔軟効果が高くなるという報告がある[6,7]。

油性成分の凝固点を示したが，常温での状態で，固形，半固形，液状の違いにより感触に影響を与える因子の一つとなる。固形のものはクリームのワックス成分となり，半固形のものは，液状のものと比較して，重厚でしっとり感が出る。さらに，液状のものは，凝固点が低ければさらっとした感触で，低温でも透明な油性基剤を調製するのに適した油性成分となる。

1	スクワラン
2	ホホバ油
3	ステアリン酸イソセチル
4	ミリスチン酸オクチルドデシル
5	イソステアリン酸ヘキシルデシル
6	ミリスチン酸イソセチル
7	ステアリン酸エチルヘキシル
8	パルミチン酸エチルヘキシル
9	エチルヘキサン酸セチル
10	イソステアリン酸イソプロピル
11	オリーブ脂肪酸エチル
12	パルミチン酸イソプロピル
13	ミリスチン酸イソプロピル
14	ネオペンタン酸オクチルドデシル
15	炭酸ジアルキル（C14，15）
16	トリイソステアリン酸トリメチロールプロパン
17	セバシン酸ジブチルオクチル
18	トリイソステアリン酸ポリグリセリル-2
19	エチルヘキサン酸ブチルエチルプロパンジオール
20	リンゴ酸ジイソステアリル
21	トリ（カプリル酸／カプリン酸）グリセリル
22	ジカプリル酸PG
23	トリエチルヘキサン酸トリメチロールプロパン
24	トリエチルヘキサノイン
25	テトラエチルヘキサン酸ペンタエリスリチル
26	セバシン酸ジイソプロピル
27	クエン酸トリエチルヘキシル
28	アジピン酸ジイソプロピル
29	カプリル酸PG
30	パルミチン酸セチル
31	（C30-50）アルコール
32	（C20-40）アルコール
33	ベヘニルアルコール
34	セタノール
35	バチルアルコール
36	オレイルグリセリル

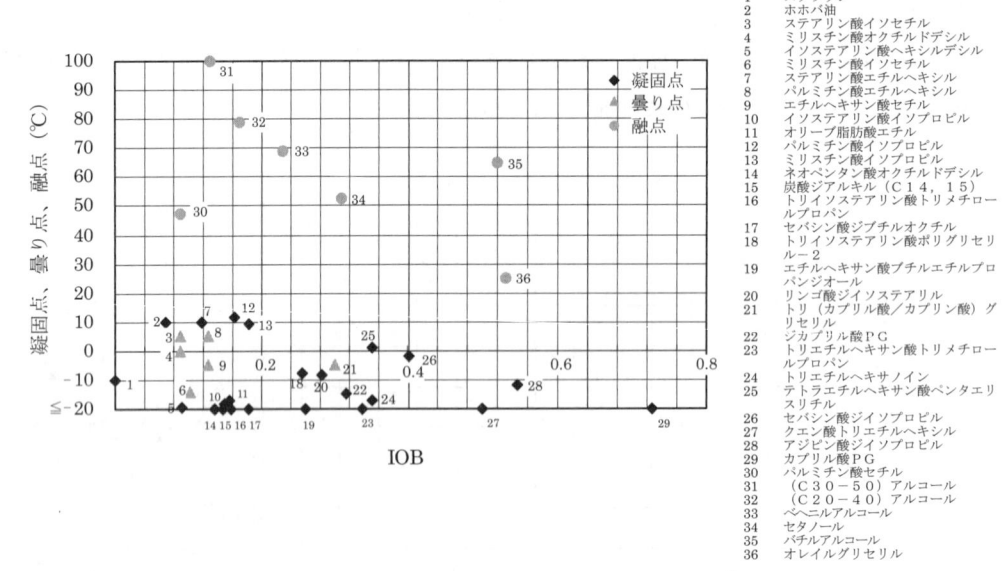

図2　IOBと凝固点（曇り点，融点）との関係[5]

第1章　処方と化粧品物性

2.4　モニター評価

　各種化粧品用油剤の物性評価に関して，粘度，摩擦係数が数値化できるようになり，特に摩擦係数は，皮膚での感触が数値化できる計測機器として期待されている。

　しかしながら，機器測定における数値化では差が出てくるが，実際にヒトが皮膚上に塗布した場合に，計測数値どおりの評価が出てくるのかが重要なポイントであり，代表的な油を用いて，モニター評価を実施した[8]。

　流動パラフィン55，350，エチルヘキサン酸セチル，メドゥホーム油の4品に関して，2品ずつ，手の甲に塗り比較した。パネラーは19～45才の男女計25名で行った。評価項目は，重い・軽い，しっとり・さっぱりについて検討した（図3）。

　まず，流動パラフィンの粘度違いでは，粘度が低い55は，軽くてさっぱりとしていて，粘度が高い350は，重くてしっとりしていると感じ，差ははっきりと表れた。

　流動パラフィン350とエチルヘキサン酸セチルと比較した場合，流動パラフィン350のほうが重くてしっとりと感じ，エチルヘキサン酸セチルのほうが軽くてさっぱりしていると評価された。

　流動パラフィン55とメドゥホーム油と比較した場合では，メドゥホーム油は重くしっとりしている。流動パラフィン55は，軽いが，さっぱり感に関しては，多少ばらつきが生じた。これは，粘度の違いだけではなく，流動パラフィンは炭化水素油で皮膚との親和性がなく，皮膚なじみが少し悪く，一概にさっぱりしているとは感じられなかったものと考える。

　次に，粘度の近いもの同士で比較した。

　流動パラフィン55とエチルヘキサン酸セチルとを比較した場合，流動パラフィン350とメドゥホーム油を比較した場合，感触的に近く，大きな差が認められなかった。流動パラフィン350とメドゥホーム油の比較について評価項目を，重い・軽いではなく，伸び・すべりが良い，重い（肌に早く落ち着く）で比較すると，流動パラフィンは，伸び・すべりが良く，メドゥホーム油は，肌に早く落ち着くという評価が出て，差が認められた。

　官能評価となると，まず用語から説明をしなくてはならず，また，日本語においては，微妙な表現方法もあり，なかなか感覚を共有でき，表現も一致させるのは，難しいものと考える。したがって，化粧品メーカーでは，パネラーとしてまず適・不適を決め，その後，育成をし，官能の信頼度を上げている。

子であるという評価が得られた。いずれもカルボキシビニルポリマーより良く、アルキル基を付けたことにより、感触面でも改善されたことが示唆された。

べたつきに関しては、HPC、カルボキシビニルポリマー、ヒアルロン酸ナトリウムが少なくて良い感触であった。ツッパリ感の観点からは、アクリル酸・メタクリル酸アルキル共重合体が最も少なく、次いで、カルボキシビニルポリマー、ヒアルロン酸ナトリウムであった。さらに、アクリル酸・メタクリル酸アルキル共重合体の中で、アルキル鎖数の違いで比較すると、アルキル鎖が多いグレードのもののほうが、ツッパリ感が少ない結果を得ている。

しっとり感に関しては、生体由来成分である、ヒアルロン酸ナトリウム、コラーゲンが良く、他との違いが認められた。

総合評価で比較すると、各分野で良い結果を得たヒアルロン酸ナトリウムが最も良く、次いで、アクリル酸・メタクリル酸アルキル共重合体、コラーゲンの順であった。

4 多価アルコールの特徴とモニター評価

4.1 特徴

多価アルコールは分子内に2個以上の水酸基をもつ化合物で、水酸基の数で2価、3価アルコールなどとよばれる。非常に高い吸湿性と保水性をもつため化粧品に最も汎用されている保湿剤である。吸湿性および保水性は、グリセリン、ジプロピレングリコール、1,3-ブチレングリコールの順に高く、クリームに配合し、皮膚に塗布した際の閉塞性は逆に1,3-ブチレングリコールが高く、吸湿性・保水性と閉塞性は逆の相関関係にある[11]。多価アルコールなどの保湿剤を配合した化粧品の塗布により、肌荒れの改善が報告されている[12]。多価アルコールは、非常に効果的な保湿剤であるが、低湿度下における吸湿量の低下[13]や、高濃度の使用での刺激性[14,15]、べとつき感などのデメリットも指摘されている。

化粧品における多価アルコールの利用は、スキンケア化粧品をはじめシャンプー・リンスなどの保湿剤として用いられる。ヒアルロン酸などの保湿性をもつ水溶性高分子と併用することにより相乗的に保湿作用が高まる。また化粧品の有効成分の溶解剤や製剤の低温安定化剤、増粘剤などとして利用される。1,3-ブチレングリコールやプロピレングリコール、ジプロピレングリコール、1,2-ペンタンジオールは保湿剤としての機能と同時に、防腐効果を期待して用いられることもある。そのほかの用途としては、エチレングリコールやグリセリン、プロピレングリコールおよびそれらの重合体が、界面活性剤の親水基として利用されている。

第1章 処方と化粧品物性

4.2 モニター評価

　グリセリン（GLY），プロピレングリコール（PG），ソルビトール（SOR），ポリエチレングリコール1500（PEG），ポリオキシエチレンメチルグルコシド（BMG）についてそれぞれ70％水溶液を用いてモニター評価した[16]。パネラーは，22～44才の男女計11名で実施した。評価は，伸び，肌なじみ，油性感，しっとり感，リッチ感について検討した。

　伸びについては，PGが良くSORが最も重く悪かった。GLYは，今回の評価の中では中程度であった。肌なじみに関しては，いずれの多価アルコールも評価は，やや良いから悪いで，中でも，普通よりやや良い肌なじみであったPGが最も良く，GLYがいつまでも伸びが止まらず悪い評価であった。

　しっとり感に関しては，伸びは悪かったが，SORが最も評価が高かった。次いでBMG，PEGであり，GLYより上位であった。リッチ感に関しては，いずれも普通の評価で，しっとり感のあったSORは逆になかった。したがって，水溶性物質では，リッチ感を得ることは難しいものと考える。

　次に，保湿剤の基準として良く用いられるGLYと相対評価した。

　PGに関しては，肌なじみは圧倒的にPGのほうが評価が高く，しっとり感では若干劣るが，伸び，リッチ感においてPGが優位であったため，総合評価でも高かった。

　SORに関しては，肌なじみ，しっとり感でGLYより優位であったにもかかわらず，伸びが悪いこと，リッチ感が物足りないという評価から，総合的にGLYより劣っていた。

　PEGに関しては，GLYに類似しているが，肌なじみ，リッチ感の点で優位となりGLYより好まれた。

　BMGに関しては，しっとり感，リッチ感がGLYより優位であったにもかかわらず，伸びがより重かった点から総合評価でも劣っていた。

5　製剤化した場合の特徴

　いままで述べたように，それぞれの化粧品原料についての特徴を把握し，製剤化するのであるが，油分量が多かったり，電解質が配合されたりした場合には，乳化安定性が悪く，安定化の工夫をしなくてはならない。一般に，安定性を重視した処方にすればその分使用感が悪くなり，逆に使用感を重視した処方にすれば安定性が悪くなる傾向にある。したがって，安定性と使用感，物理的測定値と官能評価の対応関係が確立できれば，商品開発期間が短縮されることになる。

5.1 乳化化粧品の使用感とレオロジーの関係

森田らは，官能評価と粘度計による物性評価との相関性を求めた。ずり速度とずり応力との関係においてフロー曲線を描いたとき，ある流動曲線の型と使用感との間に相関性が得られたことを報告している[17]（図4）。このとき用いた粘度計は，コーンプレートタイプの粘度計で，容器から取り出すときの「流動性」または「硬さ」，そして皮膚上に伸ばすときの「伸び」について，種々のタイプの乳化物で高い相関性が得られている。それは，粘度計の特性で，測定時のコーンプレートの動きが，容器から取り出すときと皮膚上に伸ばすときの動作に類似していることからと考えている。ただし，べたつきに関しては，相関性が得られなかった。飯田らの報告によると，粘度計を用いるより，テンシプレッサーから得た物性値のほうが高い相関性が得られたことを報告している[18]。

水溶性高分子であるアクリル酸・メタクリル酸アルキル共重合体で調製されたエマルションは，手のりが悪いという欠点をもっている。このエマルションの粘弾性を改善する目的で，筆者らは，アクリル酸・メタクリル酸アルキル共重合体と各種水溶性高分子との併用によるレオグラムを検討した[19]。これらの結果のうち，カルボキシビニルポリマーの併用についての結果を図5に示す。アクリル酸・メタクリル酸アルキル共重合体1部に対して，カルボキシビニルポリマーを2部併用すると，アクリル酸・メタクリル酸アルキル共重合体単独よりも降伏値が大きくなり，小さな応力下で流れにくくなっている。このことから，エマルションの粘弾性が改善できていることがわかり，また，実際の官能試験においても，こしが出て，手のりの改善ができたとの評価結果を得た。

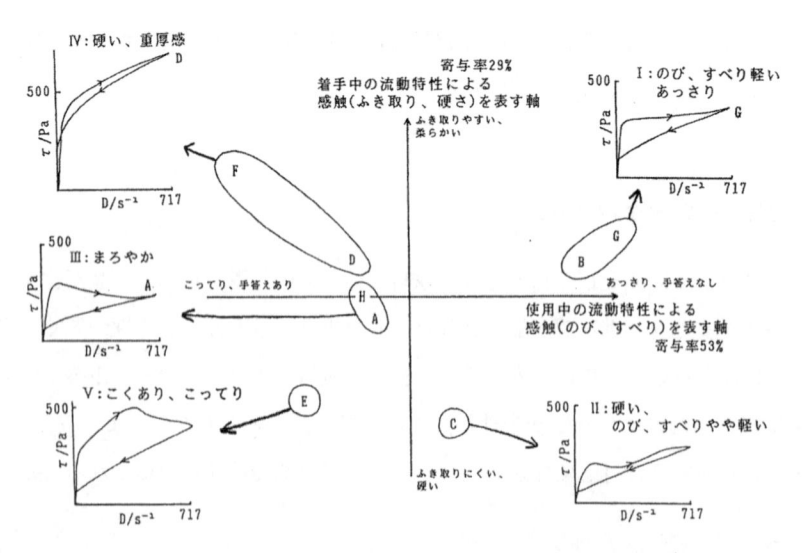

図4　各種マッサージクリームの流動曲線と使用感の関係[17]

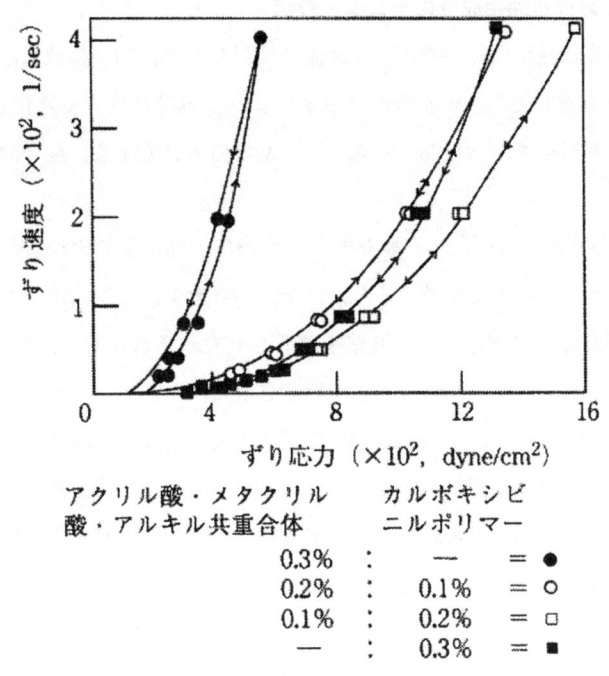

図5 アクリル酸・メタクリル酸アルキル共重合体とカルボキシビニル
ポリマー混合系におけるエマルションのレオグラム[19]

5.2 乳化構造の違いによる効果の違い

製剤化するときの乳化剤の違いによっても，調製されたクリームの構造に違いがあり，例えば，サンスクリーンクリームのSPF値に違いが生じた。筆者らは，親油性ポリグリセリンエステルをおもな成分とした配合乳化剤[20]を使用した場合，通常の酸化エチレン系の活性剤を使用して得たサンスクリーンクリームよりSPF値が高かったことを報告している[21]。これは，αゲル構造が形成され，固形成分が少量で粘性のあるエマルションが得られ，適度なチキソトロピー性のあるクリームとなり，皮膚上で効率的な紫外線吸収膜が形成されたことによるものと考えている。

また，ヘアトリートメントにおいて，ベヘニルトリメチルアンモニウムクロリド/1-ヘキサデカノール/水で形成されるαゲル構造に関して，レオロジー的に解析している。グリセリンを配合することによりゲル強度が増し，さらに，トリートメント使用中に保護効果の高さを期待する意見が得られたという報告がある[22]。

5.3 クリーム中における油相成分のモニター評価

2節の油性成分の液状油についてモニター評価を検討したが,同一の液状油をクリーム製剤としてモニター評価を実施した[23]。官能差が出やすいように単純な処方で乳化し比較した。また,油分量は官能差が最も出やすかった25％で統一し,基本処方は変えずに配合油分の種類を変え調製した。

流動パラフィン350とエチルヘキサン酸セチルについて,油単独で比較した場合と同様,それぞれを用いて調製したクリームで比較すると,エチルヘキサン酸セチル配合クリームは,油性感を感じさせず伸びが良く,適度なしっとり感を感じさせた。それに対し,流動パラフィン350配合クリームは,伸びが重く,肌に厚ぼったさを感じさせた。

流動パラフィン350とメドゥホーム油について,油単独で比較した場合,流動パラフィンのほうが,伸び・すべりの面で良く優れていた。クリームを調製した場合,流動パラフィンのほうがわずかに伸びの面で良い評価が得られたが,メドゥホーム油配合クリームのほうが,しっとり感があるという評価が得られた。

6 おわりに

以上から,油単独で評価した使用感が,最終的製剤に配合した場合でも使用感に大きく影響を与えることが確認された。したがって,処方化する場合,個々の原料の特徴を把握し,配合原料を選択していかなければならない。さらに,使用感に関しては,個々の配合量で変わり,乳化状態,分散状態によっても大いに変わってくることが知られている。そして,目指す最終化粧品をよりスピーディーに製品化するために,より人間の感覚に近いデータが得られる計測機器の開発が期待される。

文　献

1) H. Dobrev, Use of Cutometer to assess epidermal hydration, *Skin Res. Technol.*, **6**, 239 (2000)
2) M. Egawa, M. Oguri, T. Hirao, M. Takahasi and M. Miyakawa, The evaluation of skin friction using a frictional feel analyzer, *Skin Res Technol.*, **8**, 41 (2002)
3) A. V. Rawlings, Trends in stratum corneum research and the management of dry skin conditions, *Int. J. Cosmet. Sci.*, **25**, 63 (2003)

第1章 処方と化粧品物性

4) R. Blummer, S. Godersky, Rheological studies to objectify sensations when cosmetic emulsions are applied to the skin, *Colloids Surf. A Physicochem. Eng. Asp.*, **152**, 89 (1999)
5) NIKKOL，油相成分技術資料，日光ケミカルズ㈱
6) 尾沢達也，西山聖二，熊野可丸，香粧会誌，**11**，279（1987）
7) 正木仁ほか，粧技誌，**21**，139（1987）
8) ㈱コスモステクニカルセンター社内報告書
9) 新化粧品ハンドブック，日光ケミカルズ㈱，p.105（2006）
10) ㈱コスモステクニカルセンター社内報告書
11) 特開平3-74319
12) 特開平4-193822
13) 特開平2-262508
14) 特開昭51-9732
15) U. S. Patent 3, 927, 199
16) ㈱コスモステクニカルセンター社内報告書
17) 森田正道ほか，粧技誌，**24**，91（1990）
18) 飯田一郎ほか，第25回SCCJ研究討論会要旨集，p.81（1988）
19) 宇治謹吾ほか，粧技誌，**27**，206（1993）
20) 特開平7-284645
21) 宇治謹吾ほか，第2回ASCS大会発表論文報告会講演要旨集，p.63（1995）
22) 赤塚秀貴，*Fragrance Journal*，**36**(7)，36（2008）
23) ㈱コスモステクニカルセンター社内報告書

第2章　使用感評価に基づく処方設計

美崎栄一郎*

1　開発動向と背景

　メイクアップ化粧料においては，化粧仕上がり，すなわち「見え」をコントロールすることが商品として求められているのは当然であるが，実際には，見えという光学機能だけではなく，使用感触も商品の購入判断において重要であることが判っている。また，使用感が仕上がりのイメージを左右することもあり，化粧塗布時の密着感や手触りの滑らかさといったレオロジー特性を追求することは，メイクアップ化粧料を処方設計する際には，必須となる。つまり，光学制御と感触制御は，機能的には独立した現象であるが，化粧品を使うお客様は感覚的に使用時の感触と化粧仕上がりを同時に評価している。従って，化粧仕上がりだけが良くても感触が悪ければ，その商品の評価は高くならないのが常である。そこで，光学特性とレオロジー特性の両立が化粧品に用いる機能性粉体には必須であるが，光学機能性のある材料は，使用感触に劣るものが多いのが現実である。本章では具体的な化粧品原料の開発事例として，化粧品で一般的に用いられる光学機能性粉体（微粒子酸化チタン）を噴霧乾燥法により複合化処理することにより，光学機能性は維持しつつ使用感触を改善することを試みた例を報告したい。微粒子酸化チタンは，紫外線防御用途で使われており，化粧品では必須の原料であるが，使用感触には良くない。

　実際の化粧品原料の開発現場では，化粧品原料粉体の使用感触を定量的に評価するのは難しく，官能評価によることが多かった。一方，粉体の摩擦試験機は様々開発されているが，圧縮状態の粉体の摩擦力を定量的に評価できる手法は少なかった。更に，板状粉体の定量的な摩擦試験は困難であった。そこで我々は，圧縮状態の粉体の摩擦力を定量的に評価できる装置を開発し，その評価手法を基準としながら，具体的に素材開発を行い，使用感評価の高い処方を設計できるように検討を行った。

2　単繊維摺動式摩擦試験機の開発

　官能評価で感知しているような微妙な粉体の摩擦特性を定量的に評価するために，単繊維摺動

＊　Eiichiro Misaki　花王㈱　総合美容技術研究所

第2章 使用感評価に基づく処方設計

式摩擦試験機を試作した。装置の概略図を図1に示す。試料粉体は両軸圧縮可能なセルに投入され，セルは水平方向にスライドするリニアテーブルの上に設置されている。圧縮速度やスライド速度はPCによって自動制御でき，セル中で圧縮される粉体層の高さ及びスライド距離は変位計にて実測できるように設計した。単繊維は直径0.16mmのナイロン繊維を使用し，粉体層の水平方向に貫通させ，片端を摩擦力測定用のロードセルに接続し，もう一方を錘で引っ張ることにより単繊維の張力を調整した。両軸圧縮する機構により，実験中はこの貫通した繊維は常に粉体層の中心を通る。

粉体セルの詳細を図2に示す。粉体セルは内径40mmの円筒状であり，上杵と下杵で両軸圧縮される機構を持つ。上杵は粉体圧縮時の脱気を行えるように焼結金属製のフィルターと通気管を

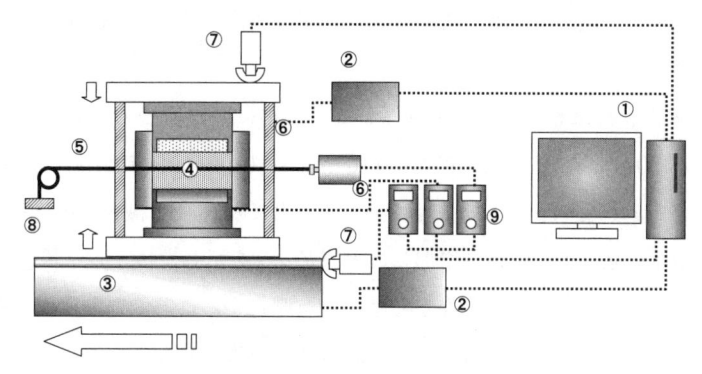

図1 単繊維摺動式摩擦試験機の回路図
①PC・ADコンバータ，②モータ，③スライドテーブル，④試料粉体，⑤単繊維，⑥両軸圧縮機構，⑦変位計，⑧錘，⑨アンプ

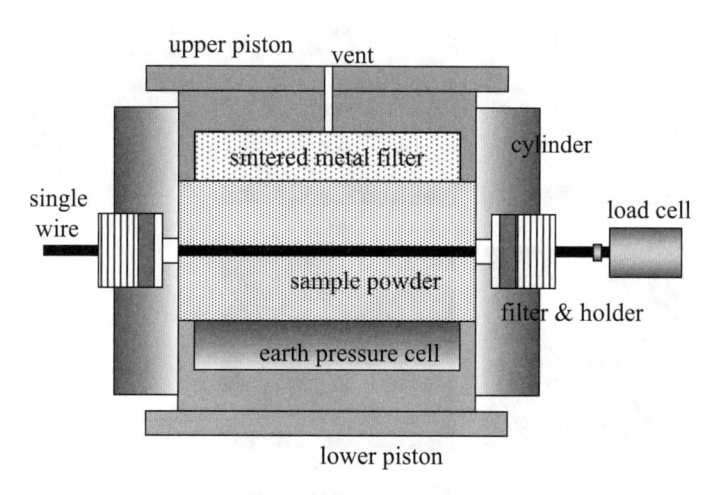

図2 粉体セルの回路図

有し,両軸圧縮時の粉体圧を計測制御できるように下杵には土圧計を設置した。本機構により安定的に粉体層の圧密度の調整が可能となり,パウダーファンデーションのような固形粉体化粧料,すなわち粉体を圧縮した成型体としてユーザーの手に渡るが,その状態から粉をほぐして使うというような使用形態の粉体製品に関して摩擦特性を実使用系に近い形で評価することが可能となる。

3 一般的な化粧品原料の摩擦特性

粉体試料にはパウダーファンデーションで一般的に用いられる原料を用いた。板状粉体として,マイカ,タルク,ラウロイルタウリンカルシウム(以下,Ca-LT)の3種,球状粉体としてナイロンパウダー,不定形粒子として顔料グレードの酸化チタン及び微粒子酸化チタンを用いた。図3にSEM写真を示す。

図4に代表的な実験結果を示す。粉体層圧Pと単繊維にかかる張力Fを時系列でプロットした。設定した圧力150kPaまで圧縮(圧縮速度0.01mm/s)し,一定圧で60秒間保持する。その後,テストセルを水平方向に0.04mm/sで平行移動することで粉体と単繊維間の摩擦力を測定する。摺動初期は,単繊維の張力Fは急速に増加し最大値$F\mathrm{max}$を示した後,定常状態へ移行していくことが確認できる。粉体圧の制御をしながら摩擦力を測定することで定常状態の張力Fは一定の定常値を示しており,このことからも粉体圧制御の効果が確認できる。これらの結果より本装置は動的な状態から静的な状態まで推移する粉体の摩擦現象を把握することが可能であることが判る。

図3 試料に用いた原料のSEM写真

第2章　使用感評価に基づく処方設計

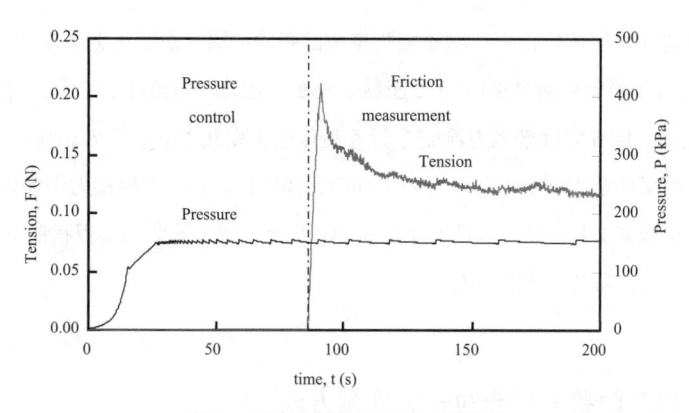

図4　張力と粉体圧の時間的経過

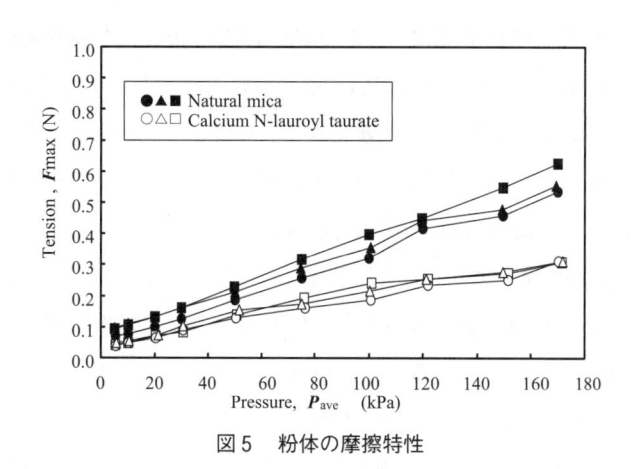

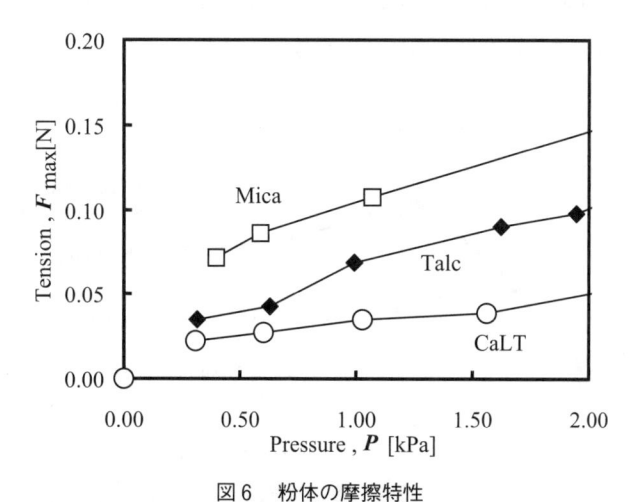

図5　粉体の摩擦特性

図6　粉体の摩擦特性
粉体圧の平均値P_{av}と最大張力Fmaxの関係を示す

代表的な板状粉体の摩擦特性を単繊維摺動摩擦試験機で調べた結果を図5に示す。図5では，天然マイカとCa-LTの実験結果をn=3で記載したが，どの圧力条件下でも再現性良く測定できていることが判る。図6では摩擦力測定を行う粉体圧を変化させ，その粉体圧の平均値Pavと最大張力Fmaxの関係をプロットした。いずれの粉体圧においても摩擦力が低いのは，Ca-LT，タルク，マイカの順であり，我々専門パネラーの評価と一致する傾向で板状粒子の摩擦特性も本測定装置で定量化できることが判った。

4 使用感触の改善―複合粒子の作製方法

感触の悪い光学機能性粉体の代表例として，微粒子酸化チタンを複合化処理により，使用感触を改善することを試みた。微粒子酸化チタンとCa-LTとの複合化を噴霧乾燥法により行った。具体的には，Ca-LTを80℃の溶媒（水とIPAの混合溶媒/重量ベースで1対1）に溶解させた後に微粒子酸化チタンを投入・分散させ，噴霧乾燥により複合粒子を得た。噴霧乾燥には，2流体ノズル式スプレードライヤー（大川原製作所ODT-8）を用いた。操作条件は，流量0.6L/min，スプレー圧0.55MPa，入口温度200℃，出口温度110±10℃とした。

図7に示した摩擦試験の結果より，複合粒子化することで摩擦力が小さくなっていることが判る。専門パネラーによる官能評価においても，使用感触の改善効果は確認されている。一方，UV防御性能は，これらの複合粒子を配合したファンデーションと同じく複合化していない微粒子酸化チタンを配合したファンデーションを作製し，*in vivo*評価した。UV-Bに対する指標であるSPF（Sun Protection Factor）値は，両者ともに28であった。一方，UV-Aに対する指標であるPA（Protection Grade of UV-A）値は，両者ともにPA++（かなり効果がある）となり，複合粒子化してもUV防御性能は発揮できることが確認された。

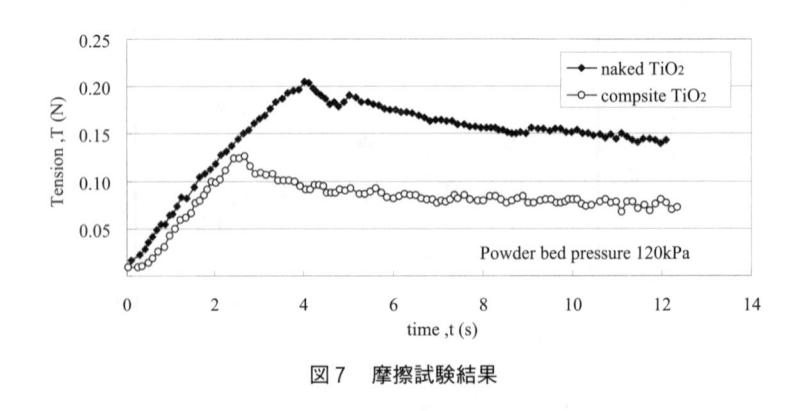

図7　摩擦試験結果

第 2 章　使用感評価に基づく処方設計

5　まとめ

　応用例として，噴霧乾燥法を用いて，具体的に，微粒子酸化チタンとCa-LTを複合化することにより，微粒子酸化チタンの使用感触の改善を試み，本摩擦試験機で確認したところ，摩擦の少ない滑らかな使用感の複合粒子を得ることができた。このように，処方設計において，原料粉体の使用感を改善した上で用いるケースは多い。また，それらの使用感評価を官能評価に頼らず再現性良く測定するために，化粧品用原料の摩擦特性を評価できる新たな単繊維摩擦試験機を提案した。また，従来手法では，測定が困難であった板状粉体に対しても定量評価が可能であり，その結果は専門家による官能評価と同様であり化粧品原料の評価に充分使用できるものであることが判った。

　また，今回複合化処理を行った微粒子酸化チタン粒子の光学性能であるUV防御能は，複合化していない微粒子酸化チタンを配合したものと比べて，処方系で同等であり，光学特性と使用感触の両立した複合粒子及び処方を作製することが可能となった。

文　献

- K. Yagi et al., "Optial Rejuvenating Makeup Using An Innovative Shape-controlled Hybrid Powder", IFSCC Conference., Florence（2005）
- H. Shiomi, E. Misaki et al., "High Chroma Pearlescent Pigments Disigned by Optical Simulation", FATIPEC Congress., Hungary（2006）
- F. Suzuki et al., "Preparation and Optical Property of TiO_2-Coated Talc Pigment", *J. Japan. Soc. Colour Mater.*, **79**(8), 329-336（2006）
- A. Kashimoto et al., "Internal Structure and Physical Properities of Metal Salt of Long-Chain Alkyl Phosphate", *J. Japan. Soc. Colour Mater.*, **74**(8), 387-390（2001）
- Y. Nonomura et al., "The Crystal Structure and Tribology of a Novel Organic Crystalline Powder: the Mechanism of Lubricity", *Bull. Chem. Soc. Japan.*, **75**, 2305-2308（2002）
- K. Sakamoto and D. Kaneko, "Functional Powder Derived from Amino Acid-Properties and Applications of Amihope LL-" *J. Japan. Soc. Colour Mater.*, **65**(2), 88-93（1992）
- Y. Nonomura et al., "Physical Properities of Lamellar Crystalline Powder and Application to Cosmetics", *J. Japan. Soc. Colour Mater.*, **75**(11), 525-529（2002）
- Y. Nonomura et al., "The Internal Structure and Tribology of Calcium Lauroyl Taurate", *Chemistry Letters*, **2**, 216-217（2002）

- T. Tanaka, "Application and Performanace of Various Surface Treated Powders and Pigments in Cosmetics Field", *J. Japan. Soc. Colour Mater.*, **79**(2), 67-74 (2006)
- A. Hashimoto, M. satoh *et al.*, "Tensite Fracture Behavior of Fiber-Powder Mixture and Energy Consumption for Pulling out Single Fiber from Powder Bed", *J. Soc. Powder Tedchnol.*, **39**, 22-27 (2002)

第3章　触覚機構に基づく製品評価装置の開発

田中真美[*]

1　はじめに

　五感には視覚，聴覚，触覚，味覚，嗅覚があるが，化粧品の使用感評価法においては，視覚，嗅覚，触覚が使用感に大きく影響すると考えられる。視覚による使用感は「つや」「美しい色見」「透明感」「光沢」など，嗅覚は「香り」など，触覚は「手触り感」「しっとりさ」「なめらかさ」「さらさら」「しなやかさ」などが分かる。このように触覚は香粧品の使用感を感じるのに多くの感覚を得ることが可能である。視覚については，画像技術の発達によりカメラを用いたものが多く開発されており，その有効性が確認されている。それに比し，触覚については，近年研究者たちが興味を持ち取り組みが行われているようであるが，香粧品が使用される部分は皮膚や毛髪など直接目に見える部分が主であるために触覚・触感への追求も遅かった。

　これまで製品の触感評価の方法として触覚と関連した各物理量を計測することが進められてきていた。得られるデータは摩擦に関するもの，各種形状計測，圧縮，曲げ，引っ張りやねじり剛性など多数あるが，ヒトの触感との対応を見つけることは極めて困難であることがこれまで報告されている。また，ヒトは触覚を用いて身体と対象物との接触を知覚するだけに限らず，撫でる，触る，押しつける等の様々な動作を欲しい情報に応じて無意識のうちに選び，これらをアクティブに行うことによって，対象物の質感や手触り感などの感性量の知覚も行うことが可能である。

　著者はこのようなことから，ヒトが触感として感じているものは従来測定されている物理量とは異なるものではないかと考え，ヒトの触覚感覚受容器の特徴を実現するセンサおよび信号処理方法，アクティブな触動作を可能とする機構，さらに触動作機構と統合したセンサシステムを提案し，このセンサシステムの有効性を確認している[1〜3]。本章では，ヒトの触動作および触覚感覚受容器について述べ，これらの特徴を利用して著者らが開発している触覚センサシステム，そしてその応用例として毛髪の触感計測について紹介する。

---

[*] Mami Tanaka　東北大学　大学院医工学研究科　教授

2 ヒトの触動作および触覚受容器について

2.1 ヒトの触動作および調査結果等について

触運動知覚の研究はこれまで多くなされており，視覚を用いずにテクスチャー，硬さ，重さ，形状のような触覚情報をどのような動き（探索行為）をして得られるか調査されている。Ledermanらによって得られた各動作と触覚情報の関係を表1に示す[4]。表中の（I）から（VII）は欲しい触覚情報を示しており，それぞれ次のように対応している。（I）テクスチャー，（II）硬さ，（III）温度，（IV）重さ，（V）体積，（VI）全体の形，（VII）細部の形状。欲しい情報によって必要な動作がそれぞれ異なることが分かる。

著者らも布のテクスチャーを測定する方法や温冷感を測定する時の，触動作の調査をこれまで行っている。テクスチャーを測定する時には，指を横方向へ動かすが，その時の調査実験装置および得られた結果の一例である指走査方向の力（Fx）と垂直方向の力（Fz）を図1に示す[5]。また温冷感を測定するためには手のひらの静止接触圧[6]を行うことなどを確認しており，この時の実験方法および結果の一例を図2に示す。

表1　探索行為と触覚情報の関係

	I	II	III	IV	V	VI	VII
横方向の動き	◎	○	○				
圧迫	○	◎	○				
静止接触	○		◎		○	○	
挙上			○	◎	○	○	
包み込み	○	○	○	○	◎	◎	
輪郭探索	○	○	○	○	○	○	●

◎は極めて適した動作，○は有効な動作，●は極めて適しており，かつ必須の動作

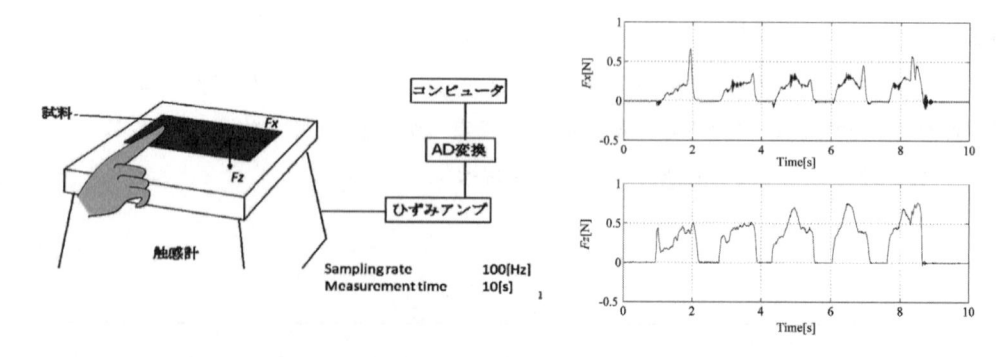

図1　テクスチャーの触動作の調査実験装置（左）および実験結果（右）

第3章 触覚機構に基づく製品評価装置の開発

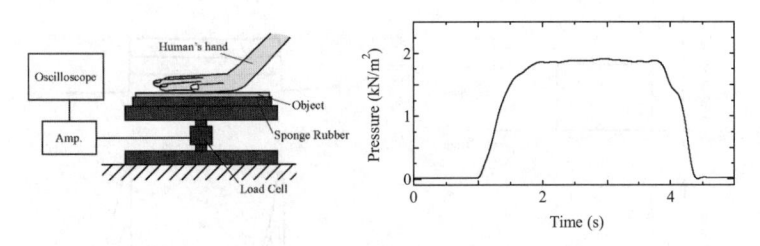

図2 温冷感計測の触動作の実験装置（左）および実験結果(右)

2.2 皮膚の感覚受容器について

次に皮膚の感覚受容器について述べる[7,8]。機械的受容器にはマイスナー小体，メルケル触盤，パチニ小体およびルフィニ小体が挙げられ，その形状や位置について図3に示す。受容野の特徴として受容野の大きさの違いで，小さいものはI，大きいものがIIと分類される。またこれらの感覚器の順応性の速さの違いで，速いものがFA，遅いものがSAと分類される。以上より，FAI，FAII，SAI，SAIIの4種類に分けることができる。FAIにはマイスナー小体，FAIIにはパチニ小体，SAIはメルケル触盤，SAIIはルフィニ小体が対応すると考えられており，各受容器の役割が異なっていることも興味深い。

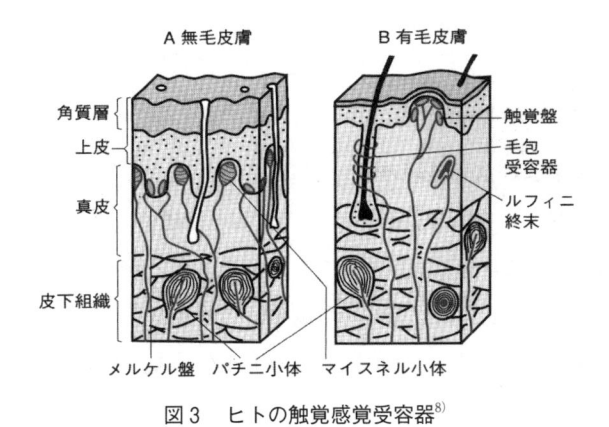

図3 ヒトの触覚感覚受容器[8]

3 触感センサシステム

前節で示したような触動作を実現する機構とヒトの感覚受容器の代替えとなるようなセンサ材料を組み合わせて用いることが触感センサシステムには有効ではないかと提案する。

著者らは図4に示すように圧力パルスに対する，機能性材料の1つである圧電材料の出力電圧

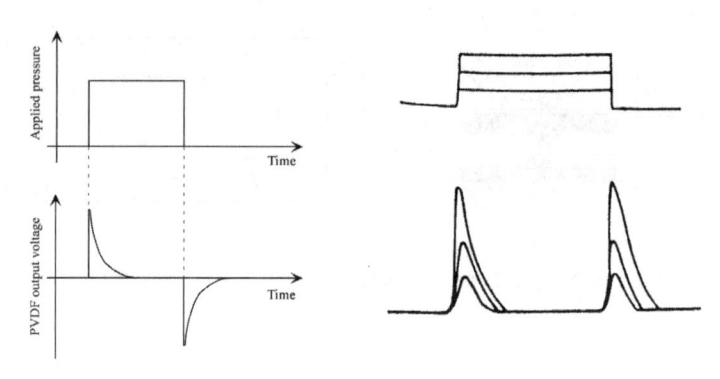

図4　皮膚の感覚受容器[7]

特性が前述の人間の皮膚感覚受容器の1つであるパチニ小体の応答出力特性[7]に類似していることに着目した。さらに圧電材料の中で非常に薄く極めて柔軟であり，日常での使用や生体の測定に適していると考えられる高分子圧電材料のポリフッ化ビニリデン（Polivinylidene Fluoride，以下PVDF）をセンサ素子とすることとした。なお，パチニ小体は前述した通りFAIIに分類される感覚受容器である。特に，圧，振動，触圧などの速い変化の情報を送る感覚受容器であり，周波数250〜300Hzの刺激に対し最も感度が高い特徴を有している。触動作機構とこのセンサ受感材を組み合わせることにより様々な触覚情報を得ることが可能となると考える。

4　触覚感性計測

4.1　センサシステムおよび信号処理方法

測定方法は対象物に対し一定圧で押しつけ，スライド機構により一方向へ走査するものであり，テクスチャーの触動作に着目したものである。図5にセンサシステムの概略図および写真を示す。センサの部分は各測定対象物に合わせて調整は必要となるが，PVDFフィルムをセンサ素子とするセンサを搭載することで，基本的にはこのようなシステムでテクスチャーの測定は可能であると考える。

センサ出力については，信号の大きさを評価することが重要であると考え次の式よりPVDFセンサ出力の$n1$番目から$n2$番目までのデータを用いて分散（VAR）を求める。VARは次式により求められる。

$$VAR = \frac{1}{N-1} \sum_{k=n1}^{n2} (Vo(k) - \overline{Vo})^2 \tag{1}$$

ここで，Nは区間$n1$番目から$n2$番目までのポイント数，$Vo(k)$はk番目のPVDFの出力データ，

第3章 触覚機構に基づく製品評価装置の開発

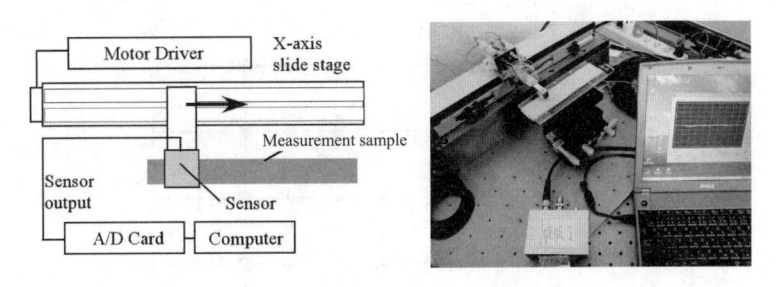

図5 テクスチャー計測装置(左)および実験装置外観(右)

$\overline{Vo}$は解析区間の出力平均値を示す。

また,前述したパチニ小体が最も敏感に働く振動刺激の周波数帯域を有することに着目して中周波数解析を行う。センサ出力にFFT解析を行い, FFT解析によって得られるパワースペクトル密度(PSD)を用いて中周波数域での信号の分布量の評価である*FFT_AREA*を求める。*FFT_AREA*は次式で表せる。

$$FFT\_AREA = \sum_{f=100}^{500} PSD(f) \tag{2}$$

ただし,PSD(f)はf [Hz]におけるパワースペクトル密度を意味する。

4.2 毛髪触感測定システム

本センサシステムを毛髪触感計測へ応用した例について述べる[3]。毛髪を測定する様子と毛髪測定用のセンサの詳細を図6に示す。

対象物には,健康な毛髪100本のストランド(Sample G)とこれにハイブリーチ処理,超音波処理を施し人工的に損傷させたストランド(Sample B)を使用する。また,これらに対し,コンディショナー成分の含まれていないシャンプー1で洗浄を行い乾燥させた状態(S1),およびコンディショナー成分の含まれているシャンプー2で洗浄後,コンディショナー処理を施し乾燥させた状態(C2)の2つの状態を用意した。ヒトの触感についての官能評価の結果を図7に

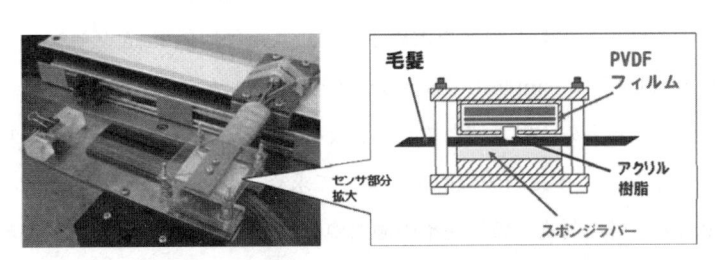

図6 毛髪計測システム
システム写真(左)およびセンサ詳細図(右)

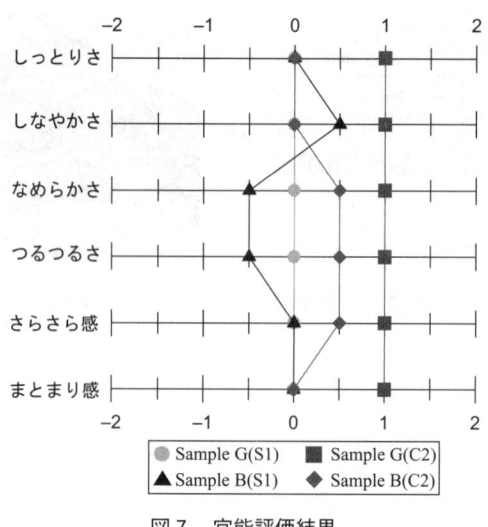

図7　官能評価結果

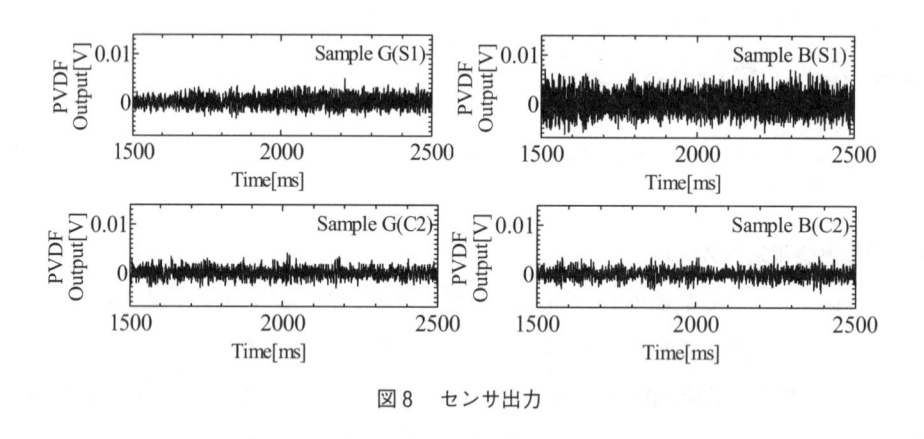

図8　センサ出力

示す。Sample G（S1）を基準として評価した結果である。結果より分かるように，Sample G（C2）が最も良いが，Sample B（C2）でも良好に感じていること，Sample B（S1）があまり良好でないことが分かる。毛髪サンプルに対しセンサにより計測を行った結果の一例を図8に示す。サンプルによって振幅の大きさに違いが出ていることが分かる。

　また得られたセンサ出力に対し分散を求める。得られた分散値VARとサンプルとの関係を図9に示す。これよりVARはSample G，Sample BともにS1からC2にかけて大きな減少傾向が見られた。この傾向はヒトの手触り感との対応と良好に対応しており，触感センサとしての有効性のある可能性を示せた。また周波数解析によって求められるFFT_AREAについてもVARと同様に手触り感との良好な対応，特に毛髪の触感の感性ワード「なめらかさ」等と良好に対応することが確認されている[9]。

第 3 章　触覚機構に基づく製品評価装置の開発

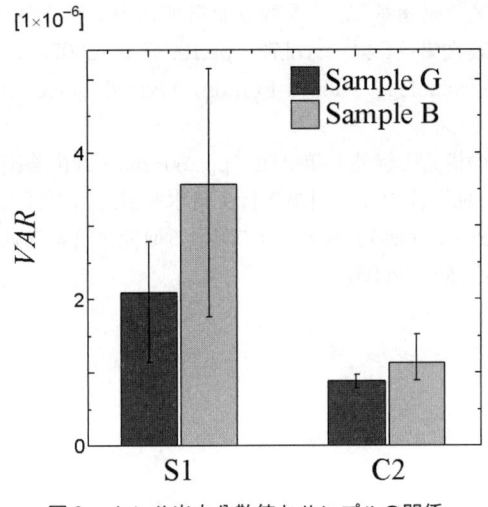

図 9　センサ出力分散値とサンプルの関係

5　おわりに

　本章ではヒトの触動作，触覚感覚受容器について簡単に述べ，これらを基に著者らが開発しているセンサシステムについて紹介した。ヒトの触動作や触覚受容器の特徴を生かしたこのようなシステムを実現することによって，物理量を計測しても十分に表現することが困難であると言われてきた感性ワードの定量化等が可能となってきており，極めて有効なアプローチであると考える。

文　　献

1) M. Tanaka, J. Leveque, H. Tagami, K. Kikuchi, S. Chonan, The "Haptic finger"-a New Device for Monitoring Skin Condition, *Skin Research and Techonology*, **9**, 131-136（2003）
2) M. Tanaka, Y. Numazawa, "Rating and valuation of human haptic sensation", *International Journal of Applied Electromagnetics and Mechanics*, vol.**19**, pp.573-579（2004）
3) 田中真美，川副智行，清水秀樹，特開2007-252657
4) S. J. Lederman and R. L. Klatzky, The psychobiology of the hand, pp.16-35（1998）
5) 小林秀光，田中真美，触覚感性計測用センサシステムの開発に関する研究，日本機械学会 IIP2008，情報・知能・精密機器部門講演論文集，107-109（2008）

6) 田中由浩, 田中真美, 長南征二, "手触り感計測用センサシステムを用いた触覚感性計測", 日本機械学会論文集（C編）, vol.73, pp.169-176（2007）
7) G. M. Shepherd, Neurobiology（Third Edition）, Oxford University Press, London, pp.267-277（1994）
8) 佐藤, 佐伯,「人体の構造と機能」第2版, pp.260-263, 医歯薬出版㈱（2003）
9) 奥山武志, 針生誠, 柿沢みのり, 川福智行, 清水秀樹, 田中真美, 毛髪手触り感計測用センサシステムによるヘアケア効果の評価に関する研究, 日本機械学会2008年年次大会講演論文集, Vol.5, 259-260（2008）

第4章　メンタルヘルスケアにおける美容と化粧の役割

平尾直靖[*]

1　はじめに

　どうして，女性は美しく，魅力的でありたいと願うのだろうか。理由を尋ねても，多くの女性には理由を述べることは難しいだろう。

　しかし，こんな女性の姿を想像していただきたい。仕事が多忙を極め，睡眠や食生活が不規則な時期が続いたある朝，鏡をのぞく。頬には「にきび」ができ，目の周りには「くま」があらわれ，いつの間にか，目元に「しわ」が浮かんでいるのを見つける。他の人にどんなふうに見られるだろうか。すぐに元に戻るだろうか。そんな，不安，焦り，ちょっとした絶望感が，表情を曇らせ，自然にため息がこぼれる様子が目に浮かんでくる。

　美しく，魅力的であることは，女性にとって，自らと周囲の人々とをよりよい形で結び，自らのアイデンティティ（identity）を支える大切な価値である。もしも，美しさがそこなわれれば，日常の様々なストレスから自分を守ってくれている，自らの内と外にある心の支えが揺らいでしまう。化粧や美容は，外見の美しさを保ち魅力を高める手段にすぎない。しかし，心理・社会的ストレスに満ちた現在の社会環境や，外見の美しさが持つ社会的な意味を考えれば，美容や化粧が女性の魅力を支えることで，どれだけメンタルヘルスケアに関与しているか，その大きさが想像できるだろう。

　本章では，心理・社会的なストレス（stress）とメンタルヘルスとの関係について概略した上で，化粧と美容がストレスマネジメント（stress management）に果たす役割，そしてメンタルヘルスケアへの寄与について述べる。

2　ストレスとメンタルヘルス

2.1　ストレスとは

　ストレスという概念が，現在，一般的に用いられているような意味で使われるようになったのは，キャノン（W.B. Cannon, 1871-1945）と，セリエ（H.Selye, 1907-1982）の研究に端を発し

---

　[*]　Naoyasu Hirao　㈱資生堂　ビューティーソリューション開発センター　研究員

ている。冷たい水の中に身体を浸しても，私たちの深部体温は一定に保たれる。キャノンは，生体が恒常性を保とうとする機能を「ホメオスタシス（homeostasis）」と表現した。また，セリエは，力学的刺激・温熱刺激・化学的刺激など，恒常性を揺さぶる刺激に対し，刺激の種類に関係なく共通性の高い生理反応が生じることを見出し，「全身適用症候群（general adaptation syndrome）」と名づけた[1]。

　私たちは，急に犬に吼えられた時にも，つり橋を踏み抜いて川に落ちそうになった時にも，心拍数が上昇する，手の平に汗をかくなど，共通性の高い生理的反応を生じ，同時に，恐怖感・緊張感などの精神的な不快感を感じる。私たちは一般に，このような生理的・心理的な反応（以後，ストレス反応），あるいはそれらを引き起こす状況や刺激（以後，ストレッサー）を総称して「ストレス」と呼称している。

2.2　ストレス反応の生理的機序

　生体は外部からのストレッサーに対して，前述のように共通性の高い生理反応を発現するが，この反応の制御は，主に「視床下部-下垂体-副腎皮質系（hypothalamus-pituitary-adrenal axis: HPA系）」「交感神経-副腎系（sympathoadrenal system）」の2系統で行われている[2]。具体的な研究例は後述するが，ストレスの緩和効果を検証するために用いられる代表的な生理学的指標の一つであるコルチゾール（cortisol）濃度は，HPA系の活動を反映する。また，心拍数（heart rate）や血圧（blood pressure）には，交感神経と副交感神経からなる自律神経系の活動が反映される。

　HPA系の活動に伴って分泌量が変化するコルチゾールは，ストレスホルモンと呼ばれている。コルチゾールは糖代謝など，生体内で重要な役割を果たすと同時に，免疫機能を抑制する作用を有している。このこと一つを取ってみても，ストレスは神経系・内分泌系のみでなく，免疫系とも関係している。本章の主題はメンタルヘルスケアにあるので詳細は割愛するが，肌の美と健康に及ぼすストレッサーの影響については，精神神経内分泌学および精神神経免疫学の観点から，すでに数多くの知見が報告されている[3,4]。

2.3　現代社会の状況とストレス緩和の必要性

　ところで，ストレス反応は精神的に不快感を伴うものであっても，本来，生体にとって適応的な意味を持つ。そうすると，ストレス反応を意図的に緩和させる，つまり抑制させることは，生体のホメオスタシスを阻害することではないのか，と問われるかもしれない。

　最初に結論を述べると，ストレス反応の緩和は必ずしも適応を阻害し，生体に不利益を生じるものではない。なぜなら，生物に備わった前述のような適応機能は，私たちが日常的に頭を痛め

第4章　メンタルヘルスケアにおける美容と化粧の役割

ている心理・社会的ストレッサーに対処するために獲得されたものではなく，むき出しの自然環境の中で，気候の変化や外敵の脅威に対して，生命を維持するために進化させたものだからである[1]。

　HPA系，交感神経-副腎系の亢進は，外敵を前にした時に，エネルギーを大量に費やし，いわゆる「闘争か逃走か（fight or flight）」という状況に適応するために，最適な生理状態に移行する生体反応であり，生命を維持する上で極めて合理的な機能である。しかし，現代社会に生きる私たちが直面する心理・社会的ストレッサーに適応する上で求められる生理的状態とは，必ずしも一致しない。例えば，重要な会議でプレゼンテーションをすることを考えてみれば，HPA系，交感神経-副腎系を亢進させた過度な緊張状態が，適応的だとは到底考えられないだろう。

　現代社会の環境に適合していない生理機能の過剰な亢進が，かえって非適応的に作用していることが，私たちの抱えるストレスの本質である。長い進化の過程で獲得した生体の機能と，現在，私たちが置かれている環境とのミスマッチについては他にも例が指摘されている。飢餓に適応するために高度に進化した機能が，メタボリックシンドロームの問題の根源といわれており，また，本来適応的に作用するはずの免疫機能が，花粉症やアトピー性皮膚炎など，自己免疫疾患の基盤となっている。高度に進化を遂げることで生み出された，多大な心理・社会的ストレッサーの中に生きる私たちが環境に適応するためには，ストレスマネジメントが必要なのである。

2.4　ストレスによるメンタルヘルスへの悪影響

　ストレスはメンタルヘルスを蝕む。以下に若干，ストレスとメンタルヘルスとの関係について，精神医学・臨床心理学領域の知見を引用しておきたい。

　代表的な精神疾患の一つである「うつ病（depression）」には，近年特に，社会的な関心が向けられている。うつ病の症状は，ゆううつな気分，寂しさ，もの悲しさなどの言葉で表現できる「抑うつ気分」と，思考や意欲などの精神機能や行動機能が低下する「精神運動抑制」とを特徴としている[5]。うつ病の生涯罹患率については，ある調査では女性で8.3%，男性で4.2%という数字が示されており，女性の生涯罹患率は男性よりも高い[6]。うつ病の発症メカニズムについては，一般に，神経伝達物質であるセロトニン（serotonin）やノルアドレナリン（noradrenaline）など，モノアミンのシナプスでの作用が関連していることが知られている。しかし近年の研究から，ストレスによるHPA系の亢進と，うつ病の発症・増悪との関係についても明らかにされつつある。この知見は「外傷後ストレス障害（posttraumatic stress disorder: PTSD）」によるストレス反応性の増大や，母子分離されたサルにおいて副腎皮質ホルモンの過剰な分泌が頻繁に起こるといった知見から導かれたもので，一時的なものであっても強いストレスが繰り返されることで，慢性的なうつ状態を生じる生理学的な機序が提案されている[7]。

その他にも，心理・社会的ストレスなどの環境因子が，幻覚や妄想，思考・認知障害などの症状を特徴とし，かつては精神分裂病と呼ばれていた「統合失調症（schizophrenia）」の増悪因子として働くことも知られている[8]。また，一過性の強いストレスがPTSDの発症因となることは，すでに一般に広く浸透しており[9]，近年，災害や事件後の心のケアが重要視されるようになった。

社会的に，ストレスやトラウマ，心のケアという言葉が氾濫している近年の状況を見ると，やや神経質になりすぎているようにも思われるが，少なくとも，メンタルヘルスのためのストレスマネジメントに対する社会的な意識の高さを反映していることは間違いない。

3 化粧や美容によるメンタルヘルスケア

3.1 化粧や美容によるストレス反応の緩和

現代社会で生活をしている多くの人にとって，困難さを伴う人間関係は，日常生活での最も大きいストレッサーだろう。一方，家族や友人，恋人の存在は，多くの人にとってかけがえのないもので，近しい人との「ふれあい」ほど，傷つけられた心を癒してくれるものもない。

私たちは文字通りの肌の触れ合いの大切さについて，過去の研究をあらためて紐解くことで示唆を得ることができる。例えば，Harlowの赤毛ザルを対象とした古典的研究[10]では，母ザルから隔離した子ザルを，針金でできた代理母ザルと，柔らかい布をかぶせた代理母ザルとともに檻にいれて観察した。この研究では，子ザルが一日の大半の時間を，ミルクを得られる前者の代理母ではなく，肌触りのよい後者の代理母と接して過ごしていたことから，子ザルにとって母ザルが単に栄養を満すことだけを求める対象ではないことを示した。さらに，その後行われた多くのベビーマッサージの研究は，ベビーマッサージには発育の促進，情緒の安定，免疫系の亢進などといった，医科学的・心理的に好ましい効果があることを示した[11]。これらの発見は，社会的にも，「ふれあい」の価値を見直す重要な機会を提供した。

同じように，美容や化粧の中で行うマッサージにおいても，肌を美しくする効果だけでなく，心身に与える好ましい影響が注目され，数多くの研究報告がなされてきた。

一例として著者らが行った研究を紹介する[12]。図1は24～58歳の一般健常者女性30名を対象として行った試験結果を示している。クレンジングに始まり，20分間のオイルマッサージを含む計60分間の美容技術者によるエステティック施術を施し，その前後の唾液中コルチゾール濃度および血圧の変化を観察した。その結果，施術後のコルチゾール濃度の低下，血圧の低下が認められた。これらの指標は，前述の通り生理的なストレス反応を反映するもので，マッサージを含む美容行為がストレスを緩和させるのに有効な手段でありうることを示している。この研究例と同じように，美容技術者が行う施術の心理・生理学的な効果を示す研究は数多く報告されている[13]。

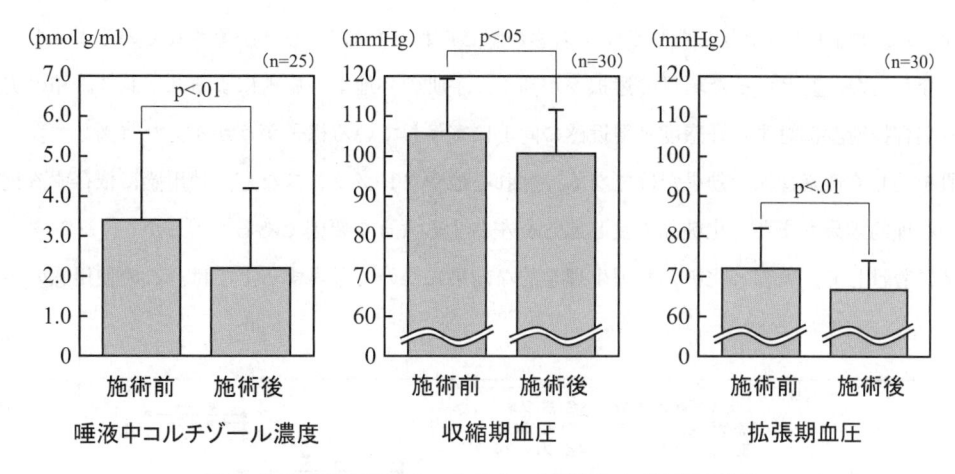

第4章 メンタルヘルスケアにおける美容と化粧の役割

図1 施術前後の唾液中コルチゾール濃度および血圧の変化
各指標の施術前後の平均値と標準偏差，従属2標本のt検定結果を示した。施術によって，心理的なリラックス感が得られるとともに，一般にストレスによって惹起される生理反応が抑制されることが示されている。

ところで，このようなストレス緩和効果は，どのような機序で生じていて，どのような刺激の要素に依存しているのだろうか。化粧品の豊かな触感やフレグランスが心理的な効果に関係していることは，化粧品の使用感によって心理的効果に差があることなどから[14]，すでに確かめられている。同時に，美容技術者の介在は，心理・社会的な観点から見ると無視することのできない重要な要因として，ストレス緩和効果の発現に寄与していると考えられる。

著者らはさらに，心理・生理学的な効果における，美容技術者の介在の意味について考察を深めるため，前述の研究において，施術を受けた被験者を対象にアンケートデータを取得した。

施術を受けた被験者を対象に，美容技術者の印象についてのアンケートへの回答を求めた。施術者に対する「好感・親近感」について回答を求めたところ，施術の終了後に「好感・親近感」が「増した」「やや増した」と回答した人の割合はそれぞれ66%，33%にのぼり，「変わらなかった」「ややなくなった」「なくなった」と回答した被験者はいなかった。同時に，施術者に対する印象に最も一致する「色」を色環で示された色の中から選択することを求めたところ，施術後のイメージとして施術前よりも暖色系の色を選択した人の割合が高かった。選択した色に込めた意味についての回答では，青系統での「誠実・清潔・落ち着いた」など信頼感を示すイメージに対して，より暖色系の，緑・黄系統では「やわらかい・明るい・さわやか」，赤系統では「やさしい・あたたかい」といった安心感・親近感の意味が込められていることが示された。これらの結果により，確かに，エステティックの施術後に，受術者が美容技術者に対して抱く「好感・親近感」が，より高まったと考えられる。なお，印象の変化の理由については，「手肌のぬくもりが心地

よかったため」「ゆったりしたリラックス感が感じられたため」「心身が癒されているような気持ちになれたため」といった項目の選択率が高く，手肌の心地よい施術によるストレス緩和の実感が，美容技術者に対する好感度・親近感の向上に寄与している様子がうかがえた（図2，表1）。

肌を美しく健康に保つ効果だけでなく，触れ心地やフレグランスなど，使用感に依存する化粧品の心理的効果もまた，化粧品の良し悪しを左右する大きな要因である[15]。しかし，メンタルヘルスに着目して，美容と化粧の心理生理学的な効果について考察する上では，この使用感の要因

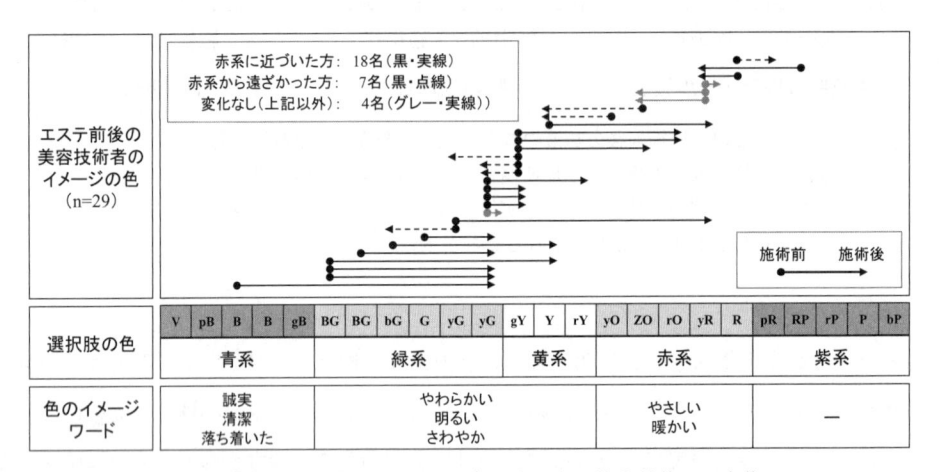

図2　「施術者に対するイメージ」を表す色の施術前後での変化

受術者が美容技術者に対して抱くイメージを色で選択させ，さらに選択した色のイメージについて形容詞を用いた説明を求めた。上段には各被験者が選択した施術前後の色を示した。施術後にはより暖色系の色を選択する傾向が見られ，美容技術者に対してより安心感・親近感を抱くようになった様子がうかがえた。

表1　「親近感」が増した理由の選択率

項目	選択者率
手肌の感触やぬくもりが心地よかったため	97%
ゆったりしたリラックス感が感じられたため	90%
心身が癒されているような気持ちになれた	77%
施術中の化粧品の香りが心地よかった	43%
リッチな気分を味わえた	40%
肌の状態を良く導く効果感が実感できたため	33%
新鮮な体験だった	33%
自分の肌や体調のことを理解されたような気持ちになれた	7%

30名の被験者全員が，施術後に美容技術者に対する「好感・親近感」が「増した」あるいは「やや増した」と回答したが，その理由をたずねた結果，手肌のぬくもりによるリラックス感，癒しの実感が寄与している様子がうかがえた。

第4章 メンタルヘルスケアにおける美容と化粧の役割

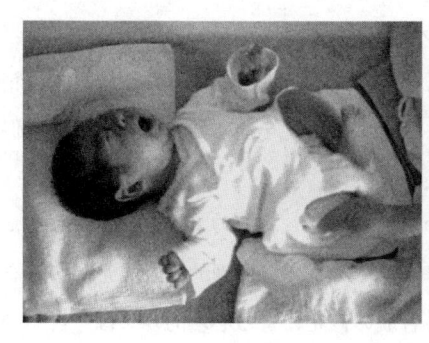

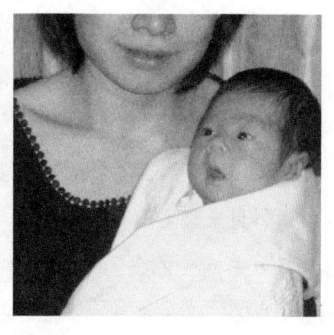

図3 「ふれあい」の大切さ
泣いている子供は，そっと抱き上げてやると落ち着く……。五感の中でも触感は，視覚や聴覚と比べて，情報を効率的に伝達するのには適さないが，触覚への刺激は心を強く揺さぶる。

に加えて，人と人との「ふれあい」の影響を無視することはできない。「ふれあい」は人が心の平衡を保ちながら生きていく上で，かけがえのない価値を持つものである（図3）。メンタルヘルスのためのストレス対処法には，精神医学や臨床心理学の領域で培われた有用な方法もあるが，美容と化粧の価値について問い直してみるなら，「ふれあい」による癒しの場としての価値もまた軽視できないものであり，美容や化粧がまさに愛用される理由の一つといえるだろう。

3.2 外見や装いを整えることによる心理・社会的な効果

次に，メーキャップの心理的効果について述べていきたい。公言されることは少ないが，容貌の魅力と社会的な利益・不利益との間に関係があることは，すでに多くの社会心理学的な研究によって明らかにされている。容貌は「好感度」「信頼感」「能力の評価」に少なからず影響をおよぼす。また，容貌に障害を持つ人は，他者との付き合いに消極的な傾向が見出されるなど，社会的な相互作用の中で自身の行動にもその影響が及ぶ。人は外見を手がかりに，相手の年齢や社会的な立場，性格など，様々なことを想像する。そこには時に，偏見や差別に基づく判断も含まれる[16,17]。

顔面に大きな外傷を生じるケースに比べれば，必ずしも重篤とはいえない「にきび」のような皮膚疾患ですら，ボディーイメージに悪影響をおよぼし，抑うつや不安を増大させることが報告されている[18]。QOL（Quality of Life）が身体の健康や，衣・食・住だけではなく，人と人との関係に大きく依存する以上，容貌の良し悪しが，メンタルヘルスに与える影響を無視することはできない[19]。

化粧療法は，前述のような容貌の持つ心理・社会的な影響を前提として，化粧が心理学的な過程を介して心理-生理的な治療効果をもたらすことを期待して行われるものである[20]。化粧療法

におけるメーキャップには大きく分けて2つの作用が期待されている[21]。一つは，容貌の障害を補うことで，それに起因する心理的な悪影響を緩和させること。もう一つは，主に精神疾患や認知症を患っている方を対象とし，化粧という日常生活行動を通じて情動の活性化を促すことを意図している。ここでは主に，前者について述べる。

メーキャップは外見を整える有効な手段の一つである。容貌の障害がメンタルヘルスに悪影響を与えるなら，メーキャップでその障害を修正することで，心理的に好ましい影響を与えうることは容易に想像できる。メーキャップによる容貌の修正による心理的効果は，自らの外的な変化を観察し他者が抱くであろう印象を思い描いたり，自分の姿を見た他者の好意的な反応を認知することで生じるものと考えられており，アイデンティティの自覚が得られ，社会的な積極性が高まるといった効果が考えられている[22]。実際に，顔面神経麻痺の患者に対して化粧療法を適用した例として，顔の左右非対称性を修正するメーキャップ指導を施すことで，抑うつ性や神経質さの低下など，性格の変化が確かめられたとする報告もなされている[23]。

社会的にも化粧の有用性が認知されるようになったことで，近年，化粧品メーカーが青あざ，赤あざ，白斑，肌の凹凸などを有効にカバーする専用のメーキャップ化粧品を開発し（図4）[24]，同時に，専門性の高い美容技術者が対象者に指導を施す施設を設立して，ソーシャル・ビューテ

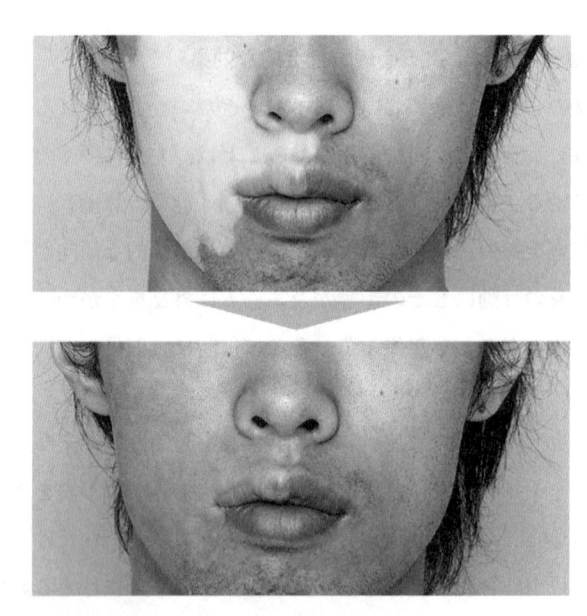

図4 専用の化粧品を用いて「白斑」をカバーした例
使用した化粧品は資生堂社製 "パーフェクトカバーVV" である。23名の被験者にこの化粧品の継続使用を求めた結果，主観的QOL（quality of life）尺度得点が向上したとする研究報告がなされている[24]。

第 4 章　メンタルヘルスケアにおける美容と化粧の役割

ィー・ケア活動を行っている例[25]など，社会福祉に貢献するものとして化粧療法の活動も広がりを見せている。

メーキャップは，前述のマッサージやエステティック，スキンケア化粧品による「ストレス反応の抑制作用」とは異なる形で，ストレスの緩和そしてメンタルヘルスの維持に寄与している。

メーキャップによって外見を美しく装うことで，対人関係における好感度や信頼感を高め，嫌悪感や不信感がもとで生じる不快な心理的・社会的ストレッサーを回避することができる（心理的・社会的ストレッサーの回避）。また，前述のように，この社会の中で自分が何者であるのか，アイデンティティの自覚を得ることで，心理社会的ストレッサーに対する耐性が高まり，過剰なストレス反応の惹起を抑制する効果も期待できる（ストレッサーに対する内的な耐性の強化）。さらに，外的なストレッサーに対して心身の恒常性を保つ上で必要な社会的資源，つまり家族や友人，職場や学校での良好な人間関係を維持する上でも有用な手段である（ストレッサーに対する外的な資源の強化）。

メーキャップが皮膚の上に形成する膜は，ほんのわずかな厚みしか持たない。しかし，心理・社会的な意味では，ストレッサーから自らを守り，メンタルヘルスを支える力強い盾となりうるのである。

4　おわりに

科学の歴史を紐解いてみると，容貌の研究はタブーであったことがわかる。Bull & Rumseyは，1988年に"The Social Psychology of Facial Appearance"という著書の中で，1960年ごろまでは容貌について扱った心理学的研究が少ないことについて，「人がどう判断されるかにはルックスが重要という不愉快な見解を科学的に証明する羽目になるのを回避したのではないであろうか，と考えるものも多い」と説明している[16]。歴史的に見ても，特に西洋では，生まれながらの自然な美しさに対し，化粧による人工的な美しさは常に攻撃されてきた[26]。近年になり，化粧の心理的効果に関する研究が進み，また，化粧による美を偽りのものとしてヒステリックに否定する風潮もあまり見られなくはなっているが，美容の問題はいまだに扱いの難しさをはらんでいる。容貌を美しく，魅力的に保つことによる影響についても，その手段としての化粧についても，公に議論の俎上に乗せることへのためらいは，今も完全に払拭されているとはいえない。しかし，メンタルヘルスを考える上で美の問題が決して小さいものではないという事実を踏まえれば，研究を重ね，得られた知見を的確に周知し，メンタルヘルスケアの手段としての化粧や美容を提供することは社会的な責任であるという意識が，美容に携わる者には必要であると考えられる。

文　献

1) 阿部恒之，ストレスと化粧の社会生理心理学，フレグランスジャーナル社，pp.4-14, 19-20（2002）
2) 佐藤昭夫，朝長正徳（編），ストレスの仕組みと積極的対応，藤田企画出版，pp.9-21（1991）
3) 土屋徹，細井純一，フレグランスジャーナル，**24**(11), 26-34（1996）
4) 阿部正彦，鈴木敏幸，福井寛（編），最新・化粧品の機能創製・素材開発・応用技術，技術教育出版社，pp.81-103（2007）
5) 仙波純一，石丸昌彦，精神医学，放送大学教育振興会，62-87（2006）
6) 加藤登志子，こころの科学，**128**, 55-58（2001）
7) G. ウォーレンシュタイン，ストレスと心の健康-新しいうつ病の科学，培風館，pp.53-101（2005）
8) 下山晴彦（編），よくわかる臨床心理学，ミネルヴァ書房，pp.66-67（2003）
9) 加藤進昌，こころの科学，**129**, 12-16（2006）
10) H.W. Harlow, *American psychologist*, **13**, 673-685（1958）
11) T.M. Field, "Touch in early development", Lawrence Erlbaum Associates, pp.105-115（1995）
12) 武田克之，原田正太郎，安藤正典，化粧品の有用性 評価技術の進歩と将来展望，薬事日報社，pp.255-263（2001）
13) 織田弥生，阿部恒之，心理学評論，**45**(1), 61-73（2002）
14) N. Hirao, M. Fukuoka, Y. Oda, S. Tsukada, S. Suzuki, Proc.5th ASCS, 448-453（2001）
15) 平尾直靖，日本化粧品技術者会誌，**36**(1), 1-9（2002）
16) R. Bull, B. Rumsey，人間にとって顔とは何か？，講談社（1995）
17) J.A. Graham and A.M. Kligman, "The psychology of cosmetic treatment", Prager Publishers（1985）
18) B. Barankin, J. DeKoven, *Canadian family physician*, **48**, 712-717（2002）
19) 美容皮膚科学，南山堂，pp.166-172（2005）
20) 宇山侊男，阿部恒之，フレグランスジャーナル，**26**(1), 97-106（1998）
21) 余語真夫，*creabeaux*, **11**(3), 33-38（1997）
22) 資生堂ビューティーサイエンス研究所（編），化粧心理学，フレグランスジャーナル社，pp.155-160（1993）
23) J. Kanzaki, K. Oshiro, T. Abe, *ENT Journal*, **77**, 270-274（1998）
24) 坪井良治ほか，皮膚の科学，**5**(1), 72-80（2006）
25) 村澤博人（編），メイクセラピーガイド，フレグランスジャーナル社，pp.91-95（2008）
26) 高木修（監修），化粧行動の社会心理学，北大路書房，48-63（2001）

化粧品の使用感評価法と製品展開 《普及版》　（B1089）

2008 年 12 月 25 日　初　版　第 1 刷発行
2014 年 7 月 8 日　普及版　第 1 刷発行

　監　修　　秋山庸子, 西嶋茂宏　　　　Printed in Japan
　発行者　　辻　賢司
　発行所　　株式会社シーエムシー出版
　　　　　　東京都千代田区神田錦町 1-17-1
　　　　　　電話 03 (3293) 7066
　　　　　　大阪市中央区内平野町 1-3-12
　　　　　　電話 06 (4794) 8234
　　　　　　http://www.cmcbooks.co.jp/

〔印刷　株式会社遊文舎〕　　　Ⓒ Y. Akiyama, S. Nishijima, 2014

落丁・乱丁本はお取替えいたします。

本書の内容の一部あるいは全部を無断で複写（コピー）することは，法律で認められた場合を除き，著作者および出版社の権利の侵害になります。

ISBN978-4-7813-0892-0　C3047　¥5200E